Einführung in die funktionale Programmierung mit Miranda

Von Ralf Hinze
Universität Bonn

 B. G. Teubner Stuttgart 1992

Dipl.-Inform. Ralf Thomas Walter Hinze

Geboren 1965 in Marl. Von 1984 bis 1990 Studium der Informatik mit Nebenfach theoretischer Medizin an der Universität Dortmund mit Abschluß Diplom. Seit 1990 wiss. Angestellter an der Abteilung Informatik der Universität Bonn.

Die Deutsche Bibliothek – CIP-Einheitsaufnahme

Hinze, Ralf:
Einführung in die funktionale Programmierung mit Miranda /
von Ralf Hinze. – Stuttgart : Teubner, 1992
  ISBN 978-3-519-02287-9   ISBN 978-3-322-93090-3 (eBook)
  DOI 10.1007/978-3-322-93090-3

Dieses Buch widme ich meinen Eltern.

Vorwort

MIRA. *You have often*
Begun to tell me what I am ; but stopp'd,
And left me to a bootless inquisition,
Concluding ' Stay ; not yet.'

PRO. *The hour's now come ;*
The very minute bids thee ope thine ear.

— „The Tempest" von William Shakespeare (Akt 1, Szene 1)

Das vorliegende Buch ist aus Begleitmaterialien zu einem Programmierkurs entstanden, den ich im Sommersemester 1991 an der Universität Bonn gehalten habe. Es beschreibt grundlegende und weiterführende Konzepte der funktionalen Programmierung und der Programmiersprache Miranda[1].

Eine rein funktionale Sprache wie Miranda ist aus mindestens drei Gründen eine interessante und faszinierende Alternative sowohl zu herkömmlichen, imperativen Sprachen als auch zu hybriden Sprachen wie LISP oder Scheme, die neben einem funktionalen Kern viele imperative Konstrukte inkorporieren.

1. Funktionale Programme sind kürzer, einfacher zu verstehen und besitzen einen höheren Abstraktionsgrad als korrespondierende imperative Programme.

2. Sie sind einer mathematischen Behandlung einfacher zugänglich.

3. Die angenehmen mathematischen Eigenschaften (Funktionen sind Funktionen im mathematischen Sinn) erleichtern eine Implementierung auf parallelen Rechnerarchitekturen.

Insbesondere der letzte Punkt eröffnet für die Zukunft vielversprechende Perspektiven.

Miranda verkörpert die Tugenden funktionaler Sprachen in besonderer Weise. Die Syntax ist prägnant und frei von syntaktischem Ballast. Funktionen wie Typen werden mittels (rekursiver) Gleichungen definiert. Muster auf der linken Seite von Funktionsdefinitionen fördern die Lesbarkeit der Definitionen.

Ein wichtiges Konzept der Programmierung ist das Abstraktionsprinzip. Miranda unterstützt Abstraktion auf Wertebene via Funktionsdefinitionen und lokaler Definitionen, auf Typebene via generischer und abstrakter Datentypen und auf Modulebene via generischer Module.

---

[1] Miranda ist ein eingetragenes Warenzeichen von Research Software Ltd.

Von besonderem Interesse sind der Auswertungsmechanismus (lazy evaluation) und das polymorphe Typsystem. Der Auswertungsmechanismus erlaubt die Definition potentiell unendlicher Datenstrukturen und befreit den Programmierer von der Festlegung spezieller Auswertungsreihenfolgen.

Das polymorphe Typsystem kombiniert Sicherheit (die typgerechte Verwendung einer Funktion wird zur Übersetzungszeit geprüft) mit Flexibilität (unterschiedliche Verwendungen einer Funktion sind zulässig) und Bequemlichkeit (der Typ einer Funktion muß nicht deklariert werden, sondern wird hergeleitet).

Konzept und Gliederung

Das Buch erarbeitet Konzepte der funktionalen Programmierung mittels zahlreicher Beispiele und weniger durch theoretische Erörterungen. Leicht verständliche oder aus anderen Sprachen bekannte Konzepte werden kurz besprochen, wohingegen unbekannte oder für funktionale Sprachen typische Konzepte ausführlich behandelt werden. Die Sprache Miranda ist dabei stets der zentrale Bezugspunkt. Gleichwohl lassen sich große Teile des Buches ohne Schwierigkeiten auf andere funktionale Sprachen wie Haskell oder SML übertragen.

Das Buch ist wie folgt gegliedert. In Kapitel 1 grenzen wir moderne funktionale Sprachen von imperativen und hybriden Sprachen ab und geben einen kurzen Überblick über Miranda. Vordefinierte Typen und einfache Formen der Wertedefinition werden in Kapitel 2 behandelt. Kapitel 3 führt die verbleibenden Formen der Wertedefinition ein. Eine ausführliche Beschreibung des Typsystems und des Verfahrens, mit dem die Typen von Funktionen hergeleitet werden, findet man in Kapitel 4. Dem Thema „Funktionen höherer Ordnung" ist Kapitel 5 gewidmet. Kapitel 6 beschäftigt sich mit sogenannten List-Comprehensions, die eine einfache Möglichkeit darstellen, über Listen zu iterieren. Breiten Raum nimmt die Beschreibung benutzerdefinierter Typen in Kapitel 7 ein. Wir gehen u. a. auf die Realisierung einfacher Übersetzer, auf Sortieralgorithmen (Heapsort) und auf Suchstrukturen (binäre Suchbäume, 2-3-Bäume, AVL-Bäume) ein. Kapitel 8 befaßt sich eingehend mit dem Auswertungsmechanismus von Miranda. Dies schließt eine Vielzahl von Themen ein: Realisierung von Backtracking-Techniken, Syntaxanalyse, Übersetzung von Prolog-Prädikaten in Miranda-Funktionen, Verarbeitung und Verwendung unendlicher Datenstrukturen. Kapitel 9 beschreibt das Modulkonzept und behandelt grundlegende Themen des Software-Engineerings. Den Abschluß bildet die Diskussion von Ein- und Ausgabetechniken zur Definition interaktiver Programme in Kapitel 10.

Im Anschluß an jedes Kapitel sind zahlreiche Übungsaufgaben aufgeführt, die dazu dienen, den Stoff zu vertiefen. Darüberhinaus enthält der Anhang verschiedene Vorschläge für Programmierprojekte.

Adressaten

Das Buch richtet sich sowohl an Lernende als auch an Lehrende der Informatik. Voraussetzung für das Studium des Buches sind elementare Informatik- und Mathematikkenntnisse, wie sie im universitären Grundstudium vermittelt werden. Der Leser sollte z. B. kontextfreie Grammatiken kennen und einfache algebraische Umformungen durchführen können. Erfahrungen mit einer (imperativen) Programmiersprache erweisen sich als hilfreich, sind aber streng genommen nicht notwendig. Auf Grund der vielen Übungsaufgaben und der im Anhang aufgeführten Programmierprojekte bietet sich das Buch auch als Grundlage für einen Programmierkurs oder ein Programmierpraktikum an.

Hinweise an den Leser

Lesern, die sich das Themengebiet im Selbststudium erarbeiten, sei die Lösung der Übungsaufgaben ans Herz gelegt. Nur auf diese Weise kann das Verständnis des Gelernten überprüft und seine Anwendung erprobt werden. Die Übungen sollten zunächst mit Papier und Bleistift gelöst werden, bevor die Korrektheit mit Hilfe eines Rechners (Miranda läuft unter dem Betriebssystem UNIX[2] auf einer Vielzahl von Rechnern) überprüft bzw. validiert wird. Um die Unterscheidung zwischen einfachen und schwierigen Übungen zu erleichtern, sind die Aufgaben mit Folgen von maximal drei Sternen markiert, deren Anzahl proportional zum Arbeitsaufwand bzw. zum Schwierigkeitsgrad wächst.

Die Programmierprojekte sollen dazu anregen, die in verschiedenen Kapiteln vorgestellten Konzepte zusammenzuführen und auf ein abgeschlossenes Problem anzuwenden. Die in Anhang A aufgeführten Vorschläge können von einem Einzelnen innerhalb einer Woche bearbeitet werden, wohingegen das in Anhang B beschriebene Projekt innerhalb einiger Wochen nur von einer Gruppe gelöst werden kann. Die Projekte unterstützen somit die Einübung der „Programmierung im Großen" und der Arbeit in einem Team.

Notationen und Konventionen

Formaler Programmtext ist in `Schreibmaschinenschrift` gesetzt. Falls eine im Text definierte Funktion in Miranda vordefiniert ist, wird dies durch einen Kommentar der Form `|| = lines` deutlich gemacht (`lines` ist in diesem Fall der Name der vordefinierten Funktion). Weicht die im Text definierte Funktion in einigen Details (z. B. im Laufzeitverhalten) von der korrespondierenden Standardfunktion ab, so wird der Kommentar `|| ~ lines` verwendet. Generell gilt, daß Funktionen

---

[2] UNIX ist eingetragenes Warenzeichen von AT&T.

gleicher Bedeutung auch gleiche Namen erhalten, die evtl. durch ein Apostroph (`lines'`) oder eine Ziffer (`lines2`) ergänzt werden.

Passagen, die beim ersten Lesen ohne Verständnisverlust übersprungen werden können, sind in einer kleineren Schrift gesetzt. In einer solchen Passage wird z. B. auf Fallstricke bereits beschriebener Konzepte hingewiesen.

Ich habe mich bemüht, soweit wie möglich Anglizismen zu vermeiden und deutsche Begriffe zu verwenden. Schwer zu übersetzende Ausdrücke wie Offside-Regel — bedeutet wörtlich übersetzt Abseitsregel — werden allerdings beibehalten. Dies hat den Vorteil, daß die Lektüre der fast ausschließlich englischsprachigen Arbeiten auf diesem Gebiet erleichtert wird. Noch eine Bemerkung zu weiblichen und männlichen Formen der Anrede: Wenn von „Lesern" gesprochen wird, sind stets Leserinnen und Leser gemeint.

Danksagungen

Mein Interesse für die „Welt der funktionalen Programmierung" wurde während meiner Studienzeit von Prof. Harald Ganzinger geweckt. Dafür möchte ich ihm meinen Dank aussprechen. Mein Dank gilt weiterhin dem Entwickler von Miranda, David Turner, und den Autoren zahlreicher Artikel und Bücher, aus denen ich stofflich schöpfen konnte. Darüber hinaus möchte ich den Herausgebern und allen Korrektoren danken, die mich auf viele Fehler und Mängel aufmerksam gemacht haben: Prof. Hans-Jürgen Appelrath, Holger Berse, Wolfram Burgard, Prof. Volker Claus, Mark Fischer, Anja Hartmann, Ullrich Hustadt, Jürgen Kalinski, Barbara Kraft-Schlüter, Heike Kranzdorf, Peter Schmidt, Heiner Schorn, Christoph Wedi. Ein besonderer Dank gebührt Ulrike Griefahn und Michael Meister, ohne deren Verbesserungen und Anregungen das Buch nicht in der jetzigen Form vorliegen würde. Schließlich bin ich Prof. Armin B. Cremers zu Dank verpflichtet, der mir die Arbeit an diesem Buch erst ermöglicht hat. Vielen Dank, Judith, für Deine Unterstützung während der Zeit, wo das Buch „fast fertig" war.

Reaktionen jeglicher Art (insbesondere originelle Lösungen der Übungsaufgaben) sind sehr willkommen (e-mail: `ralf@uran.informatik.uni-bonn.de`).

Bonn, den 22. September 1991   Ralf Hinze

Inhaltsverzeichnis

Abbildungsverzeichnis

1 Einleitung

Miranda gehört zur Klasse der funktionalen oder applikativen Programmiersprachen. Die Bezeichnung „funktionale Programmiersprache" deutet bereits an, daß das Hauptaugenmerk auf dem mathematischen Begriff der Funktion liegt. Funktionen sind in funktionalen Sprachen normale Werte, d. h., alle Möglichkeiten, die etwa bei der Verarbeitung ganzer Zahlen zur Verfügung stehen, können auch bei der Verarbeitung von Funktionen verwendet werden. Wesentliche und integrale Bestandteile moderner funktionaler Programmiersprachen, zu denen Miranda zweifellos gehört, sind darüber hinaus ein flexibles Typsystem und ein Modulkonzept.

Wir wollen im folgenden der Frage nachgehen, warum es sich lohnt, eine funktionale Sprache zu erlernen. Antworten auf diese Frage gibt es sicherlich viele; zusammenfassend und damit auch etwas vereinfachend könnte man sagen, daß funktionale Sprachen zur Erstellung komplexer Software-Systeme besser geeignet sind als herkömmliche, imperative Sprachen.

In den 70er Jahren wurde der Begriff der „Software-Krise" geprägt, als man feststellte, daß nicht länger die Hardware die Kosten eines Computersystems bestimmte, sondern in zunehmenden Maße die Software. Schreckensmeldungen von fehlerhaften und unzuverlässigen Softwarepaketen bestimmten die Fachpresse. Seit dieser Zeit hat sich die Situation nicht gravierend verbessert. Dies liegt im wesentlichen an zwei Dingen.

Zum einen hat man festgestellt, daß die Produktivität eines Programmierers, gemessen an getesteten und dokumentierten Zeilen Quelltext, unabhängig von der verwendeten Programmiersprache ist. Aus diesem Grund bewirkte die Einführung von Fortran eine wesentliche Steigerung der Produktivität, da Fortran-Programme gegenüber äquivalenten Assembler-Programmen etwa um den Faktor 10 kürzer sind. Die Entwicklung der sogenannten strukturierten Programmiersprachen, wie z. B. Pascal , hat in dieser Hinsicht keine weiteren Verbesserungen bewirkt. Wenn man an eine Sprache wie Ada denkt, ist eher eine gegenläufige Tendenz zu beobachten. Wir werden in den nachfolgenden Kapiteln sehen, daß Miranda-Programme verglichen mit Fortran- oder Pascal-Programmen um eine Größenordnung knapper und prägnanter sind.

Der zweite Grund für das Fortbestehen der Software-Krise ist in der Tatsache zu sehen, daß imperative Sprachen einer mathematischen Behandlung schwerer zugänglich sind als rein funktionale Sprachen. Dies wird jeder bestätigen, der sich mit formalen Korrektheitsbeweisen von imperativen Programmen (Hoare-Kalkül oder Dijkstras „weakest precondition") beschäftigt hat. Wir werden an verschiede-

nen Beispielen aufzeigen, wie einfach Eigenschaften von funktionalen Programmen
hergeleitet werden können oder wie vergleichsweise elegant und systematisch in einer funktionalen Sprache ein Programm aus einer Spezifikation gewonnen werden
kann.

Auch wenn es relativ unwahrscheinlich ist, daß in absehbarer Zeit funktionale
Programmiersprachen in einem industriellen Rahmen eingesetzt werden, ist es dennoch lohnenswert, eine funktionale Sprache zu beherrschen. Zum einen bieten sich
funktionale Sprachen als Spezifikationssprachen an, in denen ein Problem knapp,
präzise und mit angemessenem Abstraktionsgrad formuliert werden kann. Zum
anderen können diese Sprachen im Bereich des „rapid prototyping" sinnvoll eingesetzt werden, wo es darum geht, in kurzer Zeit einen Prototypen eines geplanten
Software-Systems zu erstellen und an diesem die Tragfähigkeit der grundlegenden
Ideen zu überprüfen.

Die Geschichte der funktionalen Programmierung reicht zurück in die 30er
Jahre des 20. Jahrhunderts mit den Arbeiten von Church und Kleene über den
λ-Kalkül [Church 32, Church 41]. Der Formalismus des λ-Kalküls kann als Kern
jeder funktionalen Sprache angesehen werden. Auch in der Sprache LISP, die 1960
von McCarthy [McCarthy 60] vorgestellt wurde, findet man die λ-Notation wieder.
In dem zitierten Artikel wird zum ersten Mal aufgezeigt, wie nichttriviale Programme als Funktionen über Listenstrukturen formuliert werden können. Weitere
Meilensteine bilden der Artikel [Landin 66], in dem Landin viele Ideen der funktionalen Programmierung entwickelt, und die Turing-Award-Lecture [Backus 78],
in der Backus konventionelle Programmiersprachen stark kritisiert und einen applikativen Programmierstil propagiert.

Die Sprache Miranda, die 1984 von David Turner [Turner 85] entwickelt wurde,
baut auf den vom gleichen Autor entworfenen Sprachen SASL [Turner 79] und
KRC [Turner 82] auf. SASL wurde mit der Intention entwickelt, eine leichter
lesbare Variante von LISP zu Unterrichtszwecken zur Verfügung zu haben. In der
Sprache KRC findet man bereits bewachte Gleichungen, Pattern-Matching und
List-Comprehensions. Miranda erweitert KRC um ein polymorphes Typsystem,
das von der Sprache ML adaptiert wurde [Milner 78], und um ein Modulkonzept,
das ebenfalls auf Ideen beruht, die in ML zum ersten Mal realisiert worden sind
[MacQueen 85].

1.1   Eigenschaften funktionaler Sprachen

Auf Dijkstra geht die Bemerkung zurück, daß man die Prinzipien einer (imperativen) Sprache verstanden hat, wenn man das Konzept der Variablen verstanden
hat.

Variablen sind uns aus der Mathematik vertraut, sie werden dort als Abkürzungen ($\pi := 3,14159\ldots$), als Parameter ($f(x) = 2x + 1$) oder als Unbekannte in Gleichungen verwendet:

$$x^2 - 2x + 1 = 0$$

Der Name „Variable" ist eigentlich etwas irreführend, denn in einem gegebenen Kontext bezeichnet eine Variable immer den *gleichen* Wert. So würde niemand auf die Idee kommen, zu argumentieren, daß die obige Gleichung erfüllt werden kann, indem das erste Auftreten von x durch 3 und das zweite Auftreten durch 5 substituiert wird (vgl. [Turner 82]).

Mit diesem fundamentalen Prinzip der Mathematik, das von dem Logiker Russell mit „referential transparency" bezeichnet wurde, brechen sämtliche imperativen Sprachen. Variablen bezeichnen nicht länger Werte, sondern Behälter, deren Inhalt beliebig verändert werden kann. In der Sprache C wird diese Eigenschaft besonders deutlich, da dort sogar innerhalb von Ausdrücken Variablenwerte geändert werden können:

```
x = 3;
y = (++x)*(x--);
```

Der Wert, auf den die Variable y gesetzt wird, ist nicht nur abhängig von der Umgebung, sondern auch von der Reihenfolge, in der der Ausdruck auf der rechten Seite der Zuweisung berechnet wird. Aus diesem Grund sind imperative Programme einer mathematischen Argumentation nur sehr schwer zugänglich.

Im Erhalt der „referential transparency" liegt der grundlegende Unterschied zwischen funktionalen und imperativen Sprachen. Nach [Stoy 77] kann dieses Prinzip wie folgt zusammengefaßt werden:

> Ein Ausdruck wird nur verwendet, um einen *Wert* zu benennen. In einem gegebenen Zusammenhang bezeichnet ein Ausdruck immer den gleichen Wert. Aus diesem Grund können Teilausdrücke durch andere mit dem gleichen Wert ersetzt werden (Substitutionsprinzip).

Das Substitutionsprinzip stellt ein wichtiges Merkmal der mathematischen Beweisführung dar. Im Kontext funktionaler Sprachen erleichtert dieses Merkmal u. a. den Nachweis von Programmeigenschaften oder die Transformation von Programmen.

Als unmittelbare Konsequenz aus dem Prinzip der „referential transparency" rufen Ausdrücke in funktionalen Sprachen keine Seiteneffekte hervor. Das Ergebnis einer Funktion wird ausschließlich durch die Parameter bestimmt, die an die

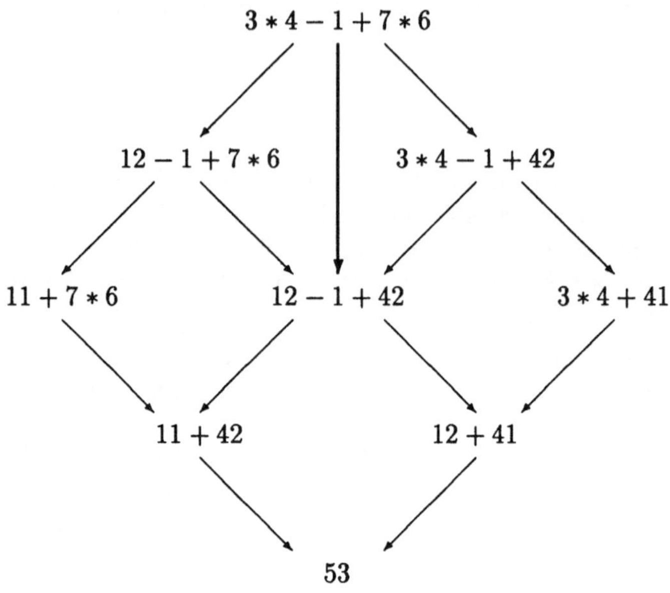

Abbildung 1.1: Church-Rosser-Eigenschaft

Funktion übergeben werden. Der Wert eines Ausdrucks ist unabhängig von der
Reihenfolge, in der dieser Ausdruck vereinfacht wird. In Abbildung 1.1 sind die
verschiedenen Möglichkeiten, den Ausdruck $3*4-1+7*6$ zu reduzieren, graphisch
dargestellt. Diese Eigenschaft, die uns aus der Schulmathematik wohlvertraut ist,
wird Konfluenz oder Church-Rosser-Eigenschaft genannt. Da die Auswertung von
Teilausdrücken sich nicht gegenseitig beeinflußt, können Ausdrücke insbesondere
parallel ausgewertet werden (in dem Beispiel in Abbildung 1.1 durch den dicken
Pfeil angedeutet).

In einer imperativen Sprache ist die Welt aufgeteilt in Ausdrücke und Anweisungen. Die zentrale Anweisung ist die Zuweisung. Ein Problem wird durch die
schrittweise (inhärent sequentielle) Veränderung des globalen Zustandsraumes mit
Hilfe der Zuweisung gelöst. Ein imperatives Programm besteht im wesentlichen aus
einer *Folge* von Anweisungen, die streng sequentiell abgearbeitet werden müssen.
Ein funktionales Programm besteht hingegen aus einer *Menge* von Definitionen
und einem Ausdruck, der in der durch die Definitionen gegebenen Umgebung ausgewertet wird.

Funktionen werden in imperativen Sprachen stiefmütterlich behandelt. Sie
können nicht als Ergebnis einer Berechnung zurückgegeben werden oder in Da-

tenstrukturen abgespeichert werden. Alles dies ist in einer funktionalen Sprache möglich: Funktionen sind sogenannte Bürger 1. Klasse („first-class citizens").

Funktionen höherer Ordnung, d. h. Funktionen, die funktionale Objekte als Argument erwarten oder als Ergebnis liefern, können verwendet werden, um generische Funktionen zu programmieren oder um typische Rekursionsmuster zu implementieren. Eine Sortierfunktion, die bezüglich der Vergleichsoperation parametrisiert ist, ist ein typisches Beispiel für eine generische Funktion. Die Funktion, die eine Funktion auf jedes Element einer Liste anwendet, implementiert ein typisches Rekursionsmuster auf Listen (siehe Kapitel 5).

Man kann die Vertreter der funktionalen Sprachen bezüglich ihrer Auswertungsstrategie in zwei Klassen aufteilen: Sprachen wie Hope [Burstall 80] oder Standard ML [Harper 86] werten call by value aus (eager evaluation, strikt), Sprachen wie SASL, KRC, Miranda oder Haskell [Hudak 88] werten call by need aus (lazy evaluation, nichtstrikt). In den letztgenannten Sprachen wird ein Teilausdruck nur dann ausgewertet, wenn er zur Berechnung notwendig ist, während in den erstgenannten Sprachen, wie auch in Pascal, ein Ausdruck bei der Übergabe an eine Funktion automatisch reduziert wird. Nichtstrikte Sprachen bieten die Möglichkeit, auch unendliche Datenstrukturen vernünftig zu verarbeiten (siehe Kapitel 8).

Frühe funktionale Sprachen wie LISP oder SASL sind ungetypte Sprachen. Es hat sich allerdings gezeigt, daß eine stark getypte Sprache bei der Entwicklung großer Softwarepakete viele Vorteile bietet. Viele Tippfehler, aber auch logische Fehler können schon zur Übersetzungszeit als Typfehler abgefangen werden. Bei der Spezifikation von Schnittstellen spielen Typen eine prominente Rolle. Monomorphe Typsysteme[1], wie das Pascal Typsystem, schränken den Programmierer allerdings unnötig ein. So muß etwa bei listenverarbeitenden Funktionen der Typ der Listenelemente angegeben werden mit dem Ergebnis, daß eine Funktion, die die Länge einer Liste bestimmt, für jeden Grundtyp neu programmiert werden muß. Der Prozedurrumpf ist identisch, die verschiedenen Prozeduren unterscheiden sich nur in den Typdeklarationen.

Polymorphe Typsysteme, wie sie in SML oder Miranda verwirklicht sind, bieten dem Benutzer Sicherheit, Flexibilität und Bequemlichkeit. Es wird durch das System gewährleistet, daß zur Laufzeit keine Typfehler auftreten können. Die Typen von Funktionen werden jedoch nur soweit wie nötig eingeschränkt, um diese Eigenschaft zu garantieren. Darüber hinaus muß der Benutzer die Typen der von ihm definierten Funktionen nicht angeben, sondern sie werden automatisch vom System hergeleitet (siehe Kapitel 4).

---

[1]In einem monomorphen Typsystem besitzt jedes Objekt der Sprache *genau einen* Typ. Monomorphe Typsysteme werden von polymorphen Typsystemen unterschieden. Letztere erlauben es, daß ein Objekt *mehrere,* sogar unendlich viele Typen besitzt.

1.2   Überblick über Miranda

Im folgenden wollen wir einen kurzen Überblick über die Programmiersprache
Miranda geben[2]. Es wird nicht erwartet, daß alle vorgestellten Konzepte nach
Lektüre dieses Abschnitts erfaßt und verstanden worden sind. Der Abschnitt hat
eher den Charakter eines Aperitifs, der die Geschmacksnerven weckt, ohne den
Hunger zu befriedigen.

Ein Miranda-Programm (im Kontext der funktionalen Programmierung spricht
man besser von einem *Skript*) besteht aus einer Sammlung von Definitionsgleichungen, die für das jeweilige Problem interessante Funktionen und Datentypen
definieren. Die Reihenfolge, in der die Definitionen angegeben werden, ist nicht signifikant, d. h., in Miranda ist es möglich, einen Top-Down-Entwurf durchzuführen.
Die Definitionen bilden die Umgebung, in der die im Miranda-Interpreter eingegebenen Ausdrücke ausgewertet werden.

Die Syntax ist kurz, prägnant und an mathematische Notationen angelehnt. So
wird die Funktionsanwendung einfach durch Hintereinanderschreiben von Funktion
und Argument notiert. Das folgende Beispiel zeigt ein sehr einfaches Skript.

```
z = sq x / sq y
sq n = n*n
x = a + b
y = a - b
a = 10
b = 5
```

In der Definition der Funktion sq ist der Bezeichner n der formale Parameter; sein
Geltungsbereich beschränkt sich auf die Gleichung, in der er eingeführt wird. Der
Geltungsbereich der anderen Bezeichner z, sq, x und y erstreckt sich über das
gesamte Skript.

Wie auch in LISP spielen Listenstrukturen in Miranda eine wichtige Rolle.
Listen werden mit eckigen Klammern und Kommata notiert.

```
days = ["Mon","Tue","Wed","Thu","Fri","Sat","Sun"]
```

Es gibt viele vordefinierte Operatoren, die auf Listen arbeiten. Der Operator ++
konkateniert zwei Listen, : hängt ein Element vor eine Liste.

Funktionsdefinitionen haben die Form von bewachten Ausdrücken. Die Wächter, boolesche Ausdrücke, unterscheiden zwischen verschiedenen Alternativen.

---

[2] Der Überblick lehnt sich an den Artikel „An Overview of Miranda" von David Turner an [Turner 86].

```
ggt a b = a,                    if b=0
        = b,                    if a=0
        = ggt (a mod b) b,      if a>=b
        = ggt a (b mod a),      otherwise
```

Lokale Definitionen werden mit dem Schlüsselwort **where** eingeführt; sie dürfen
beliebig geschachtelt werden.

```
fac n = mult 1 n                                    || divide and conquer
        where
        mult l r = 1,                       if l>r
                 = 1,                        if l=r
                 = mult l m * mult (m+1) r,  if l<r
                   where
                   m = (l+r) div 2
```

Die Einrückung einer Definition bestimmt die Zugehörigkeit zur Schachtelungstiefe.
Formal wird das Ende einer lokalen Definition durch die sogenannte Offside-Regel
festgelegt.

Neben Wächtern auf der rechten Seite, können auch Muster auf der linken Seite
verwendet werden, um Fallunterscheidungen zu programmieren.

```
fib 0 = 0
fib 1 = 1
fib (n+2) = fib (n+1) + fib n
```

Auch listenverarbeitende Funktionen können mit Hilfe von Mustern, die zwischen
der leeren Liste und einer Liste mit einem Kopfelement und einer Restliste unterscheiden, definiert werden.

```
length [] = 0                                       || = #
length (a:x) = 1 + length x

take' 0 x = []                                      || = take
take' (n+1) [] = []
take' (n+1) (a:x) = a : take' n x
```

Funktionen können als Parameter an andere Funktionen übergeben werden, das
Ergebnis von Funktionsaufrufen sein oder in Datenstrukturen integriert werden.

```
while p f a = while p f (f a),  if p a
            = a,                otherwise

arithmetic = [+,-,*,/,div,mod,^]
```

Iterationen über Listen können mit Hilfe sogenannter List-Comprehensions einfach definiert werden. Im folgenden Beispiel wird eine Liste definiert, die die ersten hundert Quadratzahlen in aufsteigender Reihenfolge enthält.

```
sqs = [n*n | n<-[1..100]]
```

Der Bezeichner n ist eine lokale Variable des Ausdrucks. Die Variable läuft über alle Elemente der Liste auf der rechten Seite des Zeichens <-. Ein Konstrukt dieser Form heißt Generator. Neben Generatoren können in einer List-Comprehension auch Filter aufgeführt werden. Ein Filter ist ein boolescher Ausdruck, der den Bereich der durch Generatoren eingeführten Variablen einschränkt.

```
factors n = [i | i<-[1..n]; n mod i=0]
```

Eine List-Comprehension darf mehrere Generatoren beinhalten; die in Generatoren eingeführten lokalen Variablen sind in weiter rechts stehenden Generatoren sichtbar.

```
delete [] = []
delete (a:x) = [(a,x)] ++ [(b,a:y) | (b,y)<-delete x]

perms [] = [[]]
perms x = [a:z | (a,y)<-delete x; z<-perms y]
```

Der Auswertungsmechanismus von Miranda ist lazy, d. h., ein Teilausdruck wird nur dann ausgewertet, wenn das Ergebnis für die Gesamtberechnung unbedingt benötigt wird. Damit ist insbesondere die Möglichkeit gegeben, mit potentiell unendlichen Datenstrukturen zu arbeiten. Einfache Beispiele für unendliche Listen sind:

```
twos = 2:twos
odds = [1,3..]
```

Das Sieb des Eratosthenes ist ein bekanntes Verfahren zur Bestimmung von Primzahlen. Das Verfahren kann in Miranda wie folgt realisiert werden.

```
primes = sieve [2..]
         where
         sieve (a:x) = a : sieve [y | y<-x; y mod a ~= 0]
```

Mit take 100 primes erhält man eine Liste der ersten hundert Primzahlen.

Miranda ist eine stark getypte Sprache, jeder Ausdruck hat einen (allgemeinsten) Typ, der zur Übersetzungszeit hergeleitet wird. Es ist garantiert, daß Programme, die die Typprüfung passiert haben, zur Laufzeit keinen Typfehler hervorrufen.

Die Typen von Funktionen können auf die folgende Art und Weise angegeben werden.

```
sq :: num->num
```

Der vordefinierte Typ num umfaßt sowohl ganze Zahlen als auch Fließkommazahlen. Damit ist sq eine Funktion, die eine Zahl als Argument nimmt und eine Zahl als Ergebnis liefert. Die Typen von Funktionen werden nur soweit wie nötig eingeschränkt, um die korrekte Abarbeitung zu garantieren. Mit dem Symbol * werden Stellen in einer Typangabe bezeichnet, die nicht näher präzisiert werden müssen.

```
id' x = x                                    || = id
id' :: *->*
```

Die Identitätsfunktion id nimmt ein Argument eines beliebigen Typs und liefert ein Element des gleichen Typs zurück, d. h., id kann als Funktion num->num, char->char oder auch (num->num)->(num->num) verwendet werden.

Wenn die Typen der definierten Funktionen nicht angegeben werden, so werden sie vom Compiler automatisch hergeleitet. Für die bisher definierten Funktionen werden die folgenden Typen inferiert.

```
a, b, x, y, z :: num
days :: [[char]]
ggt :: num->num->num
fac, fib :: num->num
length :: [*]->num
take' :: num->[*]->[*]
while :: (*->bool)->(*->*)->*->*
arithmetic :: [num->num->num]
sqs :: [num]
factors :: num->[num]
delete :: [*]->[(*,[*])]
perms :: [*]->[[*]]
twos, odds, primes :: [num]
```

Der Benutzer kann neue Typen definieren. Binärbäume, die numerische Markierungen an den Blättern enthalten, werden durch die folgende Datentypdefinition eingeführt.

```
numtree ::= NumTip num | NumBin numtree numtree
```

Elemente des Typs **numtree** werden mit Hilfe der Konstruktoren **NumTip** und **NumBin** konstruiert.

```
shrub = NumBin (NumBin (NumTip 1) (NumTip 4)) (NumTip 2)
```

Die Konstruktoren können darüber hinaus als Muster auf der linken Seite von Funktionsdefinitionen verwendet werden, um Operationen auf Binärbäumen zu definieren.

```
sumup (NumTip n) = n
sumup (NumBin left right) = sumup left + sumup right
```

Es besteht auch die Möglichkeit, generische Datentypen zu definieren, d. h., man kann einen Typ definieren, der bezüglich bestimmter Grundtypen parametrisiert ist. Der vordefinierte Typ „Liste" ist ein typisches Beispiel für einen generischen Datentyp. Der Typ **numtree** kann wie folgt verallgemeinert werden.

```
bintree * ::= Tip * | Bin (bintree *) (bintree *)
```

Mit Hilfe der obigen Typdefinition wird eine gesamte Familie von Datentypen definiert; diese umfaßt z. B. **bintree num**, **bintree char**, **bintree (num->num)** aber auch **bintree (bintree num)**, etc. Die Funktion **mirror** mit

```
mirror (Tip n) = Tip n
mirror (Bin left right) = Bin (mirror right) (mirror left)
```

erhält den Typ

```
mirror :: bintree *->bintree *
```

und kann somit für die Verarbeitung von Binärbäumen über einem beliebigen Grundtyp eingesetzt werden.

Mit Hilfe eines abstrakten Datentyps kann der Zugriff auf Elemente eines Typs auf einen festgelegten Satz von Funktionen beschränkt werden. Ein abstrakter Datentyp besteht aus einer Signatur

```
abstype stack * with
    empty    :: stack *
    isempty  :: stack *->bool
    push     :: *->stack *->stack *
    pop      :: stack *->stack *
    top      :: stack *->*
```

und einer Menge von Implementierungsgleichungen.

```
stack *    == [*]
empty      = []
isempty s  = s=[]
push a s   = a:s
pop (a:s)  = s
top (a:s)  = a
```

Ein Element vom Typ `stack *` kann außerhalb der Implementierungsgleichungen
nur mit den in der Signatur angegebenen Funktionen manipuliert werden.

Das Modulkonzept von Miranda ist sehr einfach. Es gibt Direktiven, um Bezeichner nach außen sichtbar zu machen

```
%export bintree mirror
```

und um andere Dateien zu importieren.

```
%include "treesort"
```

Darüber hinaus ist es möglich, parametrisierte oder generische Skripten zu definieren. Dies sind Skripten, in denen freie Variablen enthalten sind, die erst mit einer
`%include`-Direktive an Werte oder Typen gebunden werden. Das folgende Skript
`gensort.m` definiert ein generisches Sortiermodul.

```
%free { element :: type; lse :: element->element->bool; }

qsort [] = []
qsort (a:x) = qsort [b | b<-x; lse b a] ++ [a] ++
                 qsort [b | b<-x; ~lse b a]
```

Um dieses Modul zu verwenden, muß für jede Variable eine Bindung angegeben
werden.

```
%include "gensort" { element == num; lse = >=; }
```

Die importierte Funktion `qsort` kann verwendet werden, um numerische Listen
absteigend zu sortieren.

1.3   Warum nicht LISP oder Scheme?

Der Begriff „funktionale Programmierung" wird in erster Linie mit der Programmiersprache LISP assoziiert. Diese Assoziation ist allerdings nicht ganz gerechtfertigt, da heutige LISP-Dialekte viele nichtfunktionale Konstrukte inkorporieren, so daß sie mit gleichem Recht auch das Attribut imperativ verdienen. Aus diesem Grund bezeichnen wir LISP als hybride Sprache.

LISP ist aus einer Vielzahl von Gründen nur bedingt geeignet für die Vermittlung von Konzepten der funktionalen Programmierung.

1. Die Syntax ist schwer lesbar. In der konzeptionellen Einfachheit der Syntax — sie ist in wenigen Minuten erklärt — liegt auch eine ihrer großen Schwächen. Man vergleiche etwa die in Abbildung 1.2 aufgeführte Definition von `take` (in Scheme-Syntax) mit der korrespondierenden Miranda-Definition aus Abschnitt 1.2.

2. Die Verwendung historisch begründeter Namen wie `car`[3] und `cdr` beeinträchtigt die Lesbarkeit der Programme zusätzlich.

3. Die fehlende syntaktische Unterscheidung zwischen Programmen und Daten erschwert den Zugang zur Sprache und macht die Verwendung zusätzlicher Konstrukte (`quote`) notwendig. In der einheitlichen Darstellung von Programmen und Daten liegt aber auch eine der großen Stärken von LISP, da Programme, die andere Programme verarbeiten (Interpreter, partielle Auswerter), leicht definiert werden können.

4. Die Semantik von LISP ist kompliziert und schwer zu verstehen — die Sprachbeschreibung von Common LISP umfaßt mehr als tausend Seiten.

5. Die Semantik von LISP ist strikt (çall by value). Dies erschwert die Behandlung unendlicher Datenstrukturen (nur möglich via `delay` und `force`).

6. Viele LISP-Dialekte verwenden dynamische Bindung. Dieser Bindungsmechanismus wird i. allg. mehr zu den Fehlern als zu den positiven Eigenschaften gerechnet, da insbesondere der Gebrauch von Funktionen höherer Ordnung eingeschränkt wird („funarg problem").

7. LISP ist dynamisch getypt. Auf die Vorteile statisch getypter Sprachen gehen wir in Kapitel 4 ausführlich ein.

8. LISP kennt keine benutzerdefinierten Datentypen. Viele LISP-Dialekte identifizieren die leere Liste und den booleschen Wert `False`.

```
(define take
   (lambda (n x)
      (cond
         ((zero? n) '())
         (else (cond
                  ((null? x) '())
                  (else (cons (car x)
                               (take (-1+ n) (cdr x))))))
      ))
 )))
```

Abbildung 1.2: Definition von take in Scheme

Scheme ist ein moderner Dialekt der Sprache LISP, auf den einige der genannten Nachteile nicht zutreffen: die Semantik ist wesentlich einfacher, Scheme verwendet statische Bindung und enthält einen funktionalen Kern.

Ungeachtet dieser Tatsache tendieren sowohl LISP als auch Scheme dazu, Konzepte zu vermischen anstatt zu trennen. Aus diesem Grund sollte man Miranda als einführende Sprache in die Welt der funktionalen Programmierung den Vorzug geben.

1.4 Literaturhinweise

Im anglo-amerikanischen Sprachraum sind mittlerweile sehr viele Publikationen erschienen, die sich mit dem Thema der funktionalen Programmierung auseinandersetzen.

Ein immer noch lesenswerter „Klassiker" unter der einführenden Literatur ist [Henderson 80]. Moderne Einführungen, die neben Sprachbeschreibungen auch theoretischen Hintergrund und Implementierungstechniken vermitteln, bieten sowohl [Field 88] als auch [Reade 89]. Einen besonderen Akzent auf die Vermittlung mathematischer Methoden legen [MacLennan 90] und [Bird 88a]. Insbesondere aus dem letztgenannten Werk, das sich in der Syntax an Miranda anlehnt, sind viele Anregungen für das vorliegende Buch entnommen worden.

Eine für Studenten der ersten Semester gut lesbare Einführung in die funktionale Sprache SML gibt [Wikström 87].

---

[3]Der Name car ist ein Relikt aus der ersten LISP-Implementierung, in der auf den Kopf einer Liste über den Inhalt des Adreßregisters zugegriffen wurde (contents of address register).

An der Implementierung nichtstrikter, funktionaler Sprachen interessierten Lesern sei [Peyton Jones 87] ans Herz gelegt.

Eine weitere, wertvolle Informationsquelle ist darüber hinaus der Informatik-Duden, der dem Autor während der Erstellung des Buches als unentbehrliches Nachschlagewerk gedient hat.

2 Vordefinierte Typen

In diesem Kapitel lernen wir die vordefinierten Datentypen von Miranda kennen. Man kann zwischen primitiven bzw. skalaren Datentypen wie Zahlen (num), Wahrheitswerten (bool), Zeichen (char) und strukturierten Typen bzw. Typkonstruktoren wie Tupeln, Listen und Funktionen unterscheiden. Die primitiven Datentypen werden nur sehr kurz behandelt, da sie aus anderen Sprachen hinlänglich bekannt sein dürften. Großen Raum nimmt die Darstellung der auf den jeweiligen Typen vordefinierten Operatoren und Funktionen ein. Da die entsprechenden Abschnitte mit der Intention geschrieben worden sind, kurze Beschreibungen zum Nachschlagen zur Verfügung zu stellen, sollten sie beim ersten Lesen nur überflogen werden.

Leser, die begleitend zur Lektüre des Buchs am Rechner praktische Übungen durchführen möchten, finden in Abschnitt 2.7 nähere Hinweise zum Miranda-System.

Der Typ eines Bezeichners wird in Miranda in der folgenden Form angegeben.

```
f :: s->t
```

Vor dem Symbol :: können mehrere durch Kommata getrennte Bezeichner angegeben werden, nach dem Symbol wird ein Typ spezifiziert. Eine Wertespezifikation kann an einer beliebigen Stelle im Skript erfolgen, sollte aber aus Gründen der Lesbarkeit direkt vor oder hinter der korrespondierenden Definition angegeben werden. Die obige Spezifikation besagt, daß f eine Funktion mit dem Argumenttyp s und dem Ergebnistyp t ist. Die Funktion g mit g :: s->t->u ist eine Funktion mit zwei Parametern: Der erste Parameter ist vom Typ s, der zweite vom Typ t (siehe Abschnitt 2.6 und Abschnitt 5.1). Treten in einer Typangabe Folgen von Sternen auf, so handelt es sich um eine polymorphe bzw. um eine generische Funktion. Besitzt h den Typ [*]->*, so kann h als Funktion vom Typ [num]->num, [bool]->bool, [[char]]->[char] usw. verwendet werden (vgl. Abschnitt 4.1), d. h., die Sterne können durch einen beliebigen Typ ersetzt werden.

2.1 Der Typ num

In Miranda wird nicht zwischen ganzen Zahlen (Pascal: integer) und Fließkommazahlen (Pascal: real) unterschieden. Beide Zahlenarten können in Ausdrücken

Operator	Bemerkung
+ -	Infix, linksassoziativ
-	Präfix
* / <u>div</u> <u>mod</u>	Infix, linksassoziativ
^	Infix, rechtsassoziativ

Abbildung 2.1: Arithmetische Operatoren mit aufsteigender Bindungsstärke

frei kombiniert werden; ganze Zahlen werden automatisch in Fließkommazahlen konvertiert, wenn dies nötig ist.

Fließkommazahlen werden mit doppelter Genauigkeit berechnet und ganze Zahlen mit *beliebiger* Genauigkeit. Beispiele für Zahlen sind

```
4.5     34e-6     12     24329020081766400000
```

Es gibt eine ganze Reihe vordefinierter Operatoren und Funktionen auf Zahlen. Operatoren werden wie gewohnt in Präfix- oder Infixschreibweise notiert. Mehrdeutigkeiten, die bei komplexeren Ausdrücken auftreten, werden durch die Angabe von Bindungsstärke (Präzedenz) und Assoziativität der Operatoren aufgelöst. Der Ausdruck

```
7-3*4+9
```

wird vollständig wie folgt geklammert,

```
(7-(3*4))+9
```

da * stärker bindet als - und + und die beiden letzten Operatoren linksassoziativ sind. In Abbildung 2.1 sind die arithmetischen Operatoren mit aufsteigender Bindungsstärke (von oben nach unten) aufgeführt. Die vordefinierten, arithmetischen Funktionen mit der Angabe ihrer Stelligkeit sind in Abbildung 2.2 aufgelistet. Eine Funktion der Stelligkeit 0 hat den Typ **num**, der Stelligkeit 1 den Typ **num->num** und der Stelligkeit 2 den Typ **num->num->num**.

2.2 Der Typ bool

Die Wahrheitswerte werden in Miranda mit **False** und **True** bezeichnet[1]. Die vordefinierten logischen Operatoren sind in Abbildung 2.3 aufgeführt. Der Operator \/ bezeichnet die Disjunktion, der Operator & die Konjunktion und der

---

[1]Beachte: Die Großschreibung ist obligatorisch. **False** und **True** sind sogenannte Konstruktoren (siehe Abschnitt 7.1).

Funktion		Bemerkung
`abs neg`	1	Absolutwert; `neg x = -x`
`subtract`	2	`subtract x y = y-x`
`e pi`	0	transzendente Zahlen
`hugenum tinynum`	0	kleinste bzw. größte Fließkommazahl
`sqrt`	1	Quadratwurzel
`sin cos arctan`	1	trigonometrische Funktionen
`exp log log10`	1	Exponentialfunktion und Logarithmus
`entier`	1	`entier x` ist die größte ganze Zahl `<=x`

Abbildung 2.2: Vordefinierte arithmetische Funktionen

Operator	Bemerkung
`\/`	Infix, rechtsassoziativ
`&`	Infix, rechtsassoziativ
`~`	Präfix
`> >= = ~= <= <`	Vergleichsketten sind erlaubt

Abbildung 2.3: Boolesche Operatoren und Vergleichsoperatoren

Funktion	Typ	Bemerkung
`integer`	`num->bool`	ganze Zahl?
`min2 max2`	`*->*->*`	Minimum bzw. Maximum

Abbildung 2.4: Vordefinierte boolesche und Vergleichsfunktionen

Operator `~` die Negation. Die Vergleichsoperatoren sind mit Ausnahme der funktionalen Typen[2] auf allen Typen, auch auf den strukturierten Typen definiert. Es ist zulässig, sogenannte Vergleichsketten zu bilden:

```
0<d<=30      0<a<b<=n
```

In Abbildung 2.4 sind weitere vordefinierte Funktionen aufgeführt. Mit Hilfe der Funktion `integer` kann überprüft werden, ob ein Element vom Typ `num` eine

---

[2]Zwei Funktionen können nicht verglichen werden, da die Gleichheit von Funktionen unentscheidbar ist.

Funktion	Typ	Bemerkung
code	char->num	Umwandlung Zeichen in ASCII-Code
decode	num->char	Umwandlung ASCII-Code in Zeichen
digit letter	char->bool	Test auf Zugehörigkeit zu einer Zeichenklasse

Abbildung 2.5: Vordefinierte Funktionen auf Zeichen

ganze Zahl ist. Die Funktion min2 bzw. max2 bestimmt das Minimum bzw. das
Maximum zweier Werte. Diese beiden Funktionen sind auf allen nichtfunktionalen
Typen definiert, da die Vergleichsoperatoren ebenfalls auf allen nichtfunktionalen
Typen definiert sind.

2.3 Der Typ char

Der Typ char umfaßt die Menge aller ASCII-Zeichen. Elemente des Typs werden
wie üblich in einfachen Anführungsstrichen angegeben, darüber hinaus gelten die
gleichen Konventionen wie in C (bezüglich der Escape-Sequenzen). Beispiele für
Zeichen sind

```
'a'    '\n'    '\''    '\12'
```

In Abbildung 2.5 sind die vordefinierten Funktionen auf Zeichen aufgeführt. Die
Funktion code berechnet den ASCII-Code eines Zeichens; ihre Umkehrfunktion ist
decode. Mit Hilfe der Funktion digit bzw. letter kann überprüft werden, ob
ein Zeichen eine Ziffer bzw. ein Buchstabe ist.

2.4 Tupeltypen

Die einfachsten strukturierten Typen in Miranda sind die Tupeltypen. Ein Tupel
entspricht einem Element eines kartesischen Produkts bzw. einem Record in Pascal.
Ein Beispiel für ein Tupel ist

```
t = (1,'a',True)
```

Tupel werden wie üblich mit runden Klammern notiert. Die einzelnen Elemente,
die durchaus verschiedene Typen besitzen können, werden durch Kommata getrennt. Der Typ des Tupels t ist

Funktion	Typ	Bemerkung
fst	(*,**)->*	Projektion auf die erste Komponente eines Paars
snd	(*,**)->**	Projektion auf die zweite Komponente eines Paars

Abbildung 2.6: Vordefinierte Funktionen auf Tupeln

```
t :: (num,char,bool)
```

Für die Notation von Tupeltypen wird somit die gleiche Syntax verwendet wie für die Notation von Tupeln. Auf 2-Tupeln sind die beiden Projektionsfunktionen fst und snd vordefiniert (vgl. Abbildung 2.6). Die folgenden Beispiele zeigen einige Anwendungen der Projektionsfunktionen. Das Zeichen „▷" bedeutet, daß der Ausdruck auf der linken Seite zu dem Ausdruck auf der rechten Seite vereinfacht werden kann.

```
        fst (1,'a')   ▷  1
        snd (1,'a')   ▷  'a'
fst (snd (1,(2,3)))   ▷  2
```

2.5 Listentypen

Listen stellen *die* zentrale Datenstruktur in Miranda dar; es gibt eine ganze Reihe von vordefinierten, listenverarbeitenden Funktionen. Darüber hinaus wird der Benutzer durch eine Reihe von Konzepten, Punkt-Punkt-Notation (dotdot notation) und List-Comprehensions (siehe Kapitel 6), bei der Definition von Listen unterstützt.

Eine Liste ist eine Folge von Elementen des gleichen Typs und ähnelt einem Array in Pascal (ohne Feldgrenzen, aber auch ohne die Möglichkeit auf Elemente in *konstanter* Zeit zuzugreifen). Der Datentyp „Liste über einem Grundtyp t" kann rekursiv definiert werden. Die leere Liste

```
[]
```

ist eine Liste über dem Grundtyp t. Ist ein Element a des Typs t und eine Liste x über dem Grundtyp t gegeben, so ist

```
a:x
```

eine Liste über dem Grundtyp **t** mit dem Kopfelement **a** und der Restliste **x**. Der
Operator : ist rechtsassoziativ. Die Liste der Zahlen von 1 bis 8 kann somit wie
folgt notiert werden.

```
1:2:3:4:5:6:7:8:[]
```

Wenn wir listenverarbeitende Funktionen definieren, wird uns das obige Rekursionsschema wieder begegnen (Fallunterscheidung zwischen der leeren Liste und
einer Liste bestehend aus einem Kopfelement und einer Restliste und rekursive
Verarbeitung der Restliste). Für die Liste der Zahlen von 1 bis 8 kann alternativ
die übliche Listennotation verwendet werden.

```
[1,2,3,4,5,5,6,7,8]
```

Der Typ dieser Liste ist

```
[num]
```

d. h., ein Typ in, eckige Klammern eingeschlossen, bezeichnet den Listentyp über
diesem Grundtyp.

Für Listen von Zahlen (`[num]`) und Listen von Zeichen (`[char]`) gibt es spezielle, abkürzende Schreibweisen. Für die Definition von Zahlenintervallen (Punkt-
Punkt-Notation) ist die folgende Syntax vorhanden (**a**, **b** und **c** stehen jeweils für
beliebige Ausdrücke vom Typ **num**).

    `[a..b]`   Liste der Zahlen von **a** bis einschließlich **b** mit Schrittweite 1.

    `[a..]`   (Unendliche) Liste der Zahlen ab **a** mit Schrittweite 1.

    `[a,b..c]` Liste der Zahlen von **a** bis **c**, wobei die Differenz von **a** und **b** die
                Schrittweite bestimmt. Die Schrittweite kann auch negativ sein.

    `[a,b..]`   (Unendliche) Liste der Zahlen ab **a** mit der Schrittweite **b-a**.

Sind **a** und **b** Fließkommazahlen und ist **b-a** nicht ganzzahlig, so ist **b** *nicht* in der Ergebnisliste enthalten.

```
[1.1 .. 5]   ▷   [1.1,2.1,3.1,4.1]
```

Listen von Zeichen können mit der üblichen Syntax für Zeichenketten (Strings)
notiert werden. Statt

```
['h','e','l','l','o']
```

Operator	Bemerkung
: ++ --	Infix, rechtsassoziativ
#	Präfix
!	Infix, linksassoziativ

Abbildung 2.7: Listenoperatoren

können die einzelnen Zeichen in doppelte Anführungsstriche

```
"hello"
```

gesetzt werden. Auch hier gelten die gleichen lexikalischen Konventionen wie in
der Sprache C.

Die vordefinierten Operatoren auf Listen sind in Abbildung 2.7 aufgeführt,
wie üblich mit steigender Bindungskraft von oben nach unten. Der Operator ++
bezeichnet die Konkatenation von Listen, -- bezeichnet die Listensubtraktion,
d. h., x--y entfernt sukzessive die ersten Auftreten von Elementen der Liste y aus
der Liste x. Mit # wird die Länge einer Liste bestimmt und mit x!n wird auf
das (n+1)-te Element der Liste x zugegriffen (die Indizierung beginnt bei 0). Die
folgenden Beispiele zeigen einige Anwendungen der Operatoren.

```
'h':"ello "++"world"   ▷   "hello world"
    "hello"--"eloy"    ▷   "hl"
            #"hello"   ▷   5
           "hello"!1   ▷   'e'
```

Die listenverarbeitenden Funktionen, die in der Standardumgebung definiert sind,
sind in Abbildung 2.8 zusammengestellt. Die Funktion hd bzw. tl bestimmt den
Listenkopf bzw. den Listenrest einer nichtleeren Liste. Mit Hilfe von **reverse** wird
eine Liste gespiegelt. Die Funktionen **postfix**, **last** und **init** sind die zu den
Funktionen :, hd und tl *dualen* Funktionen, d. h., sie implementieren die gleichen
Operationen in einer Welt, in der alle Listen mit **reverse** gespiegelt sind. Die
ersten n Elemente einer Liste berechnet **take n**; drop n bestimmt die Restliste
ohne die ersten n Elemente. Zwischen den Funktionen bestehen die folgenden
Zusammenhänge (x ist eine beliebige Liste).

```
            hd x : tl x   =  x,   if x~=[]
  postfix (last x) (init x) =  x,   if x~=[]
        take n x ++ drop n x  =  x
```

Funktion	Typ	Bemerkung
`hd last`	`[*]->*`	erstes bzw. letztes Listenelement
`tl init`	`[*]->[*]`	Liste ohne das erste bzw. letzte Element
`take`	`num->[*]->[*]`	die ersten n Elemente der Liste
`drop`	`num->[*]->[*]`	Liste ohne die ersten n Elemente
`postfix`	`*->[*]->[*]`	duale Funktion von :
`reverse`	`[*]->[*]`	gespiegelte Liste
`member`	`[*]->*->bool`	Test auf Mitgliedschaft in einer Liste
`index`	`[*]->[num]`	Liste aller Indizes einer Liste
`mkset`	`[*]->[*]`	Entfernung doppelter Elemente
`sort`	`[*]->[*]`	Sortierfunktion
`merge`	`[*]->[*]->[*]`	Mischen zweier sortierter Listen
`spaces`	`num->[char]`	`spaces n = rep n ' '`
`cjustify`	`num->[char]->[char]`	zentrierte Ausrichtung
`ljustify`	`num->[char]->[char]`	linksbündige Ausrichtung
`rjustify`	`num->[char]->[char]`	rechtsbündige Ausrichtung
`lay layn`	`[[char]]->[char]`	zeilenweise Ausgabe von Strings (numeriert)
`lines`	`[char]->[[char]]`	Aufteilung eines Strings in Zeilen
`transpose`	`[[*]]->[[*]]`	Transposition einer Matrix
`rep`	`num->*->[*]`	`rep 6 'o' = "oooooo"`
`repeat`	`*->[*]`	unendliche Wiederholung eines Wertes
`limit`	`[*]->*`	erstes Element gleich dem Listennachfolger
`numval`	`[char]->num`	Umwandlung eines String in eine Zahl
`shownum`	`num->[char]`	Umwandlung einer Zahl in einen String
`showfloat`	`num->num->[char]`	Fließkommaformat
`showscaled`	`num->num->[char]`	Wissenschaftliches Format

Abbildung 2.8: Vordefinierte Funktionen auf Listen

Die Funktion `member` überprüft, ob ein Element (2. Argument) in einer Liste (1. Argument) enthalten ist. Der Ausdruck `index x` berechnet alle gültigen Indizes der Liste `x`.

```
index "hello"  ▷  [0,1,2,3,4]
```

Wenn Mengen durch Listen ohne doppelte Elemente repräsentiert werden, so kann `mkset` benutzt werden, um eine Liste in diese Mengenrepräsentation umzuwandeln.

Mit Hilfe der Funktionen `sort` und `merge` können Listen sortiert bzw. zwei sortierte Listen gemischt werden. Da die Vergleichsoperatoren auf allen nichtfunktionalen Typen definiert sind, können auch die Sortierfunktionen auf Listen über Elementen eines beliebigen nichtfunktionalen Typs angewendet werden.

Die Funktionen `spaces`, ..., `transpose` werden zur Formatierung von Ausgaben verwendet. Angewendet auf die Zahl n erzeugt `spaces` eine Liste mit n Leerzeichen. Die Familie der `justify`-Funktionen kann benutzt werden, um einen String durch Einfügen von Leerzeichen auf eine vorgegebene Breite auszurichten. Die Funktion `lay` fügt eine Liste von Strings zusammen, wobei jeder String mit einem Zeilenvorschub abgeschlossen wird; `layn` numeriert die Zeilen zusätzlich durch. Die Funktion `lines` bricht einen String an Zeilenvorschüben auf. Möchte man eine Liste von Strings spaltenweise ausgeben, so erweist sich die Funktion `transpose` als nützlich, die eine Liste von Listen transponiert.

Eine Liste mit n identischen Elementen gibt `rep n` zurück; `repeat a` erzeugt eine unendliche Liste, die nur das Element `a` enthält. Die Funktion `limit` bestimmt das erste Element einer Liste, das gleich seinem Nachfolger in der Liste ist.

Um eine Zahl in einen String umzuwandeln, wird die Funktion `shownum` verwendet. Die Funktion `showfloat` gibt die Zahl im Fließkommaformat (<nat>.<nat>) aus; `showscaled` im wissenschaftlichen Format (<digit>.<nat>e[+ | -]<nat>). Die Umkehrfunktion von `shownum` ist `numval`.

2.6   Funktionale Typen

Da Miranda zur Klasse der funktionalen Programmiersprachen gehört, gilt den funktionalen Objekten und den funktionalen Typen das Hauptaugenmerk des Interesses. Wir werden in diesem Abschnitt die grundlegenden Formen der Funktionsdefinition kennenlernen. Weiterführende Formen werden in Kapitel 3 eingeführt.

Die Funktionsapplikation, d. h. die Anwendung einer Funktion auf ein Argument, wird einfach durch Juxtaposition von Funktion und Argument notiert. So bezeichnet

```
f a
```

die Anwendung der Funktion `f` auf das Argument `a`. Damit der Ausdruck wohlgetypt ist, müssen folgende Bedingungen erfüllt sein (`s` und `t` bezeichnen beliebige Typen).

1. Der Ausdruck `f` muß den Typ `s->t` besitzen.

2. Der Ausdruck `a` muß den Typ `s` besitzen.

Sind beide Bedingungen erfüllt, so besitzt `f a` den Typ `t`. Die Applikation bindet stärker als alle anderen Operatoren und ist *linksassoziativ*. Der Ausdruck

Operator	Bemerkung
.	Infix, assoziativ

Abbildung 2.9: Operatoren auf Funktionen

```
f a b
```

wird somit vollständig wie folgt

```
(f a) b
```

geklammert. Um zu überprüfen, ob dieser Ausdruck wohlgetypt ist, müssen wir
die obigen Bedingungen zweimal anwenden. Somit muß gelten:

```
f :: s->(t->u)
a :: s
b :: t
```

Demnach ist **f** eine Funktion höherer Ordnung, sie nimmt ein Element vom Typ
s und gibt als Ergebnis eine Funktion vom Typ **t->u** zurück. Für den Moment
genügt es, sich **f** als Funktion mit zwei Parametern vorzustellen. In Kapitel 5
werden wir sehen, wie man Funktionen dieses Typs sinnvoll verwenden kann.

Da der Pfeil **->** rechtsassoziativ ist, können in dem obigen Beispiel die Klammern ausgelassen werden.

```
f :: s->t->u
```

Es gibt nur einen vordefinierten Operator auf funktionalen Objekten: die Komposition von Funktionen (vgl. Abbildung 2.9). So erhält man mit **hd.tl** bzw. mit
last.init eine Funktion, die das zweite bzw. das vorletzte Element einer Liste berechnet. In Abbildung 2.10 sind weitere vordefinierte Funktionen aufgeführt. Die
Funktion **id** ist das neutrale Element der Komposition. Der Ausdruck **const 25**
bezeichnet die Funktion, die angewendet auf ein beliebiges Argument konstant 25
zurückgibt. Um die Reihenfolge der Argumente einer zweistelligen Funktion zu
vertauschen, kann die Funktion **converse** verwendet werden. Die Funktion **error**
bricht die Auswertung eines Ausdrucks ab und gibt die angegebene Fehlermeldung
aus. Mit **undef** wird der undefinierte Wert bezeichnet. Jeder Versuch, auf **undef**
zuzugreifen, verursacht einen Programmabbruch.

Definitionen haben die Aufgabe, Werte an Bezeichner zu binden. Es wird von
der Syntax nicht unterschieden, ob ein Bezeichner an eine Zahl, ein Tupel oder an

Funktion	Typ	Bemerkung
id	*->*	Identitätsfunktion
const	*->**->*	konstante Funktion
converse	(*->**->***)->**->*->***	Vertauschung der Argumente
error	[char]->*	Fehlerabbruch
undef	*	undefiniert

Abbildung 2.10: Weitere vordefinierte Funktionen

ein funktionales Objekt gebunden wird. Gleichwohl wird der Benutzer bei der Definition von Funktionen besonders unterstützt. Eine Definitionsgleichung besteht aus einer linken und einer rechten Seite. Im einfachsten Fall besteht die linke Seite nur aus dem definierten Bezeichner und die rechte Seite aus dem definierenden Ausdruck.

```
a = 5
b = a^3-a^2
second = hd.tl
quad = sq.sq
vowel = member "aeiou"
```

Der Geltungsbereich der Bezeichner a, ..., vowel erstreckt sich über das gesamte Skript, in dem sich die Definitionen befinden. Die definierten Bezeichner dürfen auf der rechten Seite einer Gleichung verwendet werden. Rekursive oder verschränkt rekursive Definitionen sind zulässig, machen aber in diesem einfachen Kontext keinen Sinn (vgl. Aufgabe 2.5).

Zur Vereinfachung (Reduktion) von Ausdrücken werden die Gleichungen, von links nach rechts gerichtet, verwendet: Die linke Seite wird durch die rechte Seite ersetzt (das Zeichen ▷ bedeutet „wird vereinfacht zu").

```
4*b  ▷  4*(a^3-a^2)
     ▷  4*(5^3-a^2)
     ▷  4*(125-a^2)
     ▷  4*(125-5^2)
     ▷  4*(125-25)
     ▷  4*100
     ▷  400
```

Um Funktionen zu definieren, werden auf der linken Seite nach dem Funktionsnamen die formalen Parameter aufgeführt.

```
inc n = n+1
twice f = f.f
const' x y = x                                    || = const
subst x y z = x z (y z)
```

Der Geltungsbereich der formalen Parameter erstreckt sich nur auf die rechte Seite der Gleichung. In dem Ausdruck auf der rechten Seite können somit neben globalen Bezeichnern auch lokale Parameter verwendet werden.

Damit eine Funktionsdefinition wohlgetypt ist, müssen beide Seiten der Gleichung denselben Typ besitzen. Dies kann allerdings nicht so leicht entschieden werden, da die Typen der definierten Funktion und der formalen Parameter nicht bekannt sind. In Abschnitt 4.2 werden wir ein Verfahren kennenlernen, mit dessen Hilfe diese Typprüfung vorgenommen werden kann und bei dem die unbekannten Typen bestimmt werden (Typinferenz). Für den Moment begnügen wir uns damit festzuhalten, welchen Typ die definierte Funktion besitzt, wenn die Typen der Parameter bekannt sind. Ist die Gleichung

```
f x1 x2 ... xn = e
```

mit `n>=0` gegeben und besitzen die `xi` die Typen `ti` und `e` den Typ `te`, dann erhält `f` den Typ

```
f :: t1->t2-> ... ->tn->te
```

Auf diese Weise wird also eine Funktion höherer Ordnung definiert. Die oben aufgeführten Funktionen erhalten somit folgende Typen:

```
inc    :: num->num
twice  :: (*->*)->*->*
const' :: *->**->*
subst  :: (*->**->***)->(*->**)->*->***
```

Soll eine Funktion auf Tupeln arbeiten, muß auf der linken Seite explizit ein Tupel angegeben werden.

```
rotate (a,b,c) = (c,a,b)
swap   (a,b,c) = (b,a,c)
```

Die Funktionen `rotate` und `swap` erhalten die folgenden Typen.

```
rotate :: (*,**,***)->(***,*,**)
swap   :: (*,**,***)->(**,*,***)
```

Bei der Vereinfachung einer Funktionsapplikation werden die aktuellen Parameter für die formalen Parameter in der rechten Seite der Gleichung eingesetzt. Anschließend wird die linke Seite durch die rechte Seite ersetzt.

```
twice twice inc 0  ▷  (twice.twice) inc 0
                   ▷  (twice (twice inc)) 0
                   ▷  (twice (inc.inc)) 0
                   ▷  ((inc.inc).(inc.inc)) 0
                   ▷  (inc.inc) ((inc.inc) 0)
                   ▷  (inc.inc) (inc (inc 0))
                   ▷  (inc.inc) (inc 1)
                   ▷  (inc.inc) 2
                   ▷  inc (inc 2)
                   ▷  inc 3
                   ▷  4
```

An verschiedenen Stellen der Reduktion gibt es mehrere Möglichkeiten, um Teilterme zu vereinfachen. Das Ergebnis der Vereinfachung ist jedoch unabhängig von der Wahl des reduzierten Teilterms (Konfluenz). Der Leser ist eingeladen, verschiedene Alternativen auszuprobieren.

Um die Gültigkeit einer Gleichung zwischen nichtfunktionalen Objekten nachzuweisen, gibt es ein relativ einfaches Verfahren. Man vereinfacht zunächst beide Seiten der Gleichung. Nur wenn beide Ergebnisse *identisch* sind, ist auch die Gleichung gültig (Church-Rosser-Eigenschaft). Wir zeigen

```
id x = subst const const x
```

durch Reduktion beider Seiten (**x** sei beliebig).

```
              id x  ▷  x
subst const const x  ▷  const x (const x)
                   ▷  x
```

Da wir die Gleichheit für ein beliebiges **x** nachgewiesen haben, gilt nach dem Extensionalitätsprinzip (zwei Funktionen sind gleich, wenn die Funktionswerte an allen Stellen übereinstimmen):

```
id = subst const const
```

Auf diese Art und Weise kann die Gleichheit funktionaler Objekte nachgewiesen werden.

2.7 Miranda-System

In diesem Abschnitt wollen wir uns mit dem Miranda-System beschäftigen, das
von Research Software Limited vertrieben wird. Leser, die keinen Zugang zu einem
Miranda-System haben, können den Abschnitt ohne Verständnisverlust überspringen.

Das System besteht aus einem Interpreter, mit dem Ausdrücke ausgewertet
werden können, einem Compiler und einem On-Line-Manual, in dem das System
und die Sprache Miranda erklärt werden.

Das Miranda-System läuft auf verschiedenen Rechnern, die Verfügbarkeit des
Betriebssystems UNIX ist zur Zeit allerdings eine notwendige Voraussetzung für
den Betrieb von Miranda. Im folgenden setzen wir grundlegende UNIX-Kenntnisse
voraus.

Miranda wird mit dem Kommando `mira` aufgerufen. Optional kann als Argument eine Datei angegeben werden, in der sich ein Miranda-Skript befindet, mit
dem in der Sitzung gearbeitet werden soll. Diese Datei bezeichnen wir im folgenden
mit „Arbeitsdatei".

```
mira bintree
```

Die Arbeitsdatei muß die Endung „.m" haben. Die Endung braucht beim Auf-
ruf nicht angegeben zu werden: sie wird automatisch ergänzt. Die bezeichnete
Datei, im obigen Beispiel `bintree.m`, wird beim Aufruf automatisch übersetzt;
der erzeugte Code wird in einer Datei gleichen Namens mit dem Suffix `.x`, im
obigen Beispiel `bintree.x`, abgespeichert. Wenn beim Aufruf keine Datei dieses
Namens existiert, so wird eine entsprechende Meldung ausgegeben. Die in der
Arbeitsdatei definierten Bezeichner bilden die Umgebung, in der Ausdrücke im
Miranda-Interpreter ausgewertet werden.

Nach dem Aufruf erscheint das Prompt `miranda`, und es ist möglich, Ausdrücke
einzugeben, die ausgewertet werden sollen. Eine Auswertung kann durch Eingabe
von Control-C unterbrochen werden. Mit Control-D wird der Interpreter verlassen. In Abbildung 2.11 ist ein kurzes Beispiel für eine Miranda-Sitzung angegeben;
die Eingaben des Benutzers sind jeweils unterstrichen. Die Umgebung, in der die
Ausdrücke ausgewertet werden, bilden die in diesem Kapitel eingeführten Bezeichner.

Bei der Entwicklung eines Programms werden typischerweise die drei folgenden
Schritte iteriert.

1. Die Arbeitsdatei wird mit einem Editor verbessert bzw. neu erstellt, wenn
   noch keine Datei dieses Namens vorhanden war. Der Editor wird mit dem
   Befehl `/edit` (bzw. kurz `/e`) vom Interpreter aufgerufen.

```
1 ralf@antimon > mira kap2.lit


            T h e   M i r a n d a   S y s t e m

          version 2.014 last revised 24 May 1990

          Copyright Research Software Ltd, 1990


(20000 cells)
compiling kap2.lit.m
checking types in kap2.lit.m
for help type /help
Miranda [1,3..7]
[1,3,5,7]
Miranda # $$
4
Miranda [1,3..99]!17
35
Miranda [1,3..99]!17.0

program error: fractional number where integer expected (!)
Miranda vowel::
char->bool
Miranda ?subst
subst::(*->**->***)->(*->**)->*->*** defined in "kap2.lit.m"
Miranda twice twice
<function>
Miranda $$ rotate (1,2,3)
(3,1,2)
Miranda /quit
miranda logout
2 ralf@antimon >
```

Abbildung 2.11: Miranda-Sitzung

2. Ist die Arbeitsdatei verändert worden[3], so wird die Datei nach dem Verlassen des Editors *automatisch* neu übersetzt.

3. Wenn die Datei fehlerfrei übersetzt wurde, dann können die in der Arbeitsdatei definierten Funktionen ausgetestet werden.

Dieser Zyklus wird i. allg. solange durchlaufen, bis die Funktionen die gewünschten Ergebnisse liefern.

In einem Ausdruck kann man sich auf den Wert des zuletzt eingegebenen Ausdrucks mit **$$** beziehen (siehe Abbildung 2.11). Der Typ eines Ausdrucks kann mit dem Kommando <exp> :: erfragt werden. Informationen über einen Bezeichner erhält man mit Hilfe des Kommandos ? <identifier>. Die Typinformationen erweisen sich insbesondere dann als nützlich, wenn bei der Übersetzung Fehler auftreten.

Sowohl im Interpreter als auch in der Arbeitsdatei sind die Bezeichner aus der Standardumgebung , `stdenv.m`, sichtbar. Eine Liste *aller* sichtbaren Bezeichner erhält man mit dem Kommando ?.

Treten bei der Übersetzung der Arbeitsdatei Fehler auf, so ist es nützlich, wenn die fehlerhaften Definitionen gezielt verbessert werden können. Mit dem Kommando ?? <identifier> wird der Editor aufgerufen und der Cursor wird auf die erste Zeile der Definition des Bezeichners positioniert.

Wenn das verwendete UNIX-System über eine grafische Benutzeroberfläche verfügt, dann mutet der oben beschriebene Entwicklungsprozeß etwas antiquarisch an. Verwendet man eine derartige Oberfläche, so wird man i. allg. mehrere Fenster öffnen, z. B. ein Fenster, in dem Miranda aufgerufen wird, und ein Fenster, in dem ein Miranda-Skript editiert wird. Damit das Miranda-System auch auf Veränderungen der Arbeitsdatei reagiert, die mit einem externen Editor vorgenommen werden, muß man die Environment-Variable `RECHECKMIRA` mit dem UNIX-Kommando setzen:

```
setenv RECHECKMIRA yes
```

Damit wird erreicht, daß vor jeder Auswertung eines Ausdrucks zunächst überprüft wird, ob die Arbeitsdatei verändert wurde. Wenn dies der Fall ist, dann wird die Arbeitsdatei automatisch neu übersetzt.

Mit dem Befehl `/count` wird die Ausgabe von Statistiken über die Laufzeit und den benötigten Speicherplatz für die Auswertung eines Ausdrucks eingeschaltet. Diese Statistiken sind insbesondere für die Untersuchung des Laufzeitverhaltens von Funktionen interessant.

---

[3] Das ist immer der Fall, wenn das Erstellungsdatum der „.m“-Datei jünger ist als das der „.x“-Datei.

```
Miranda /count
Miranda twice twice twice rotate (1,2,3)
(3,1,2)
||reductions = 300, cells claimed = 255, no of gc's = 0, cpu = 0.00
```

Die erste Zahl gibt die Anzahl der Vereinfachungsschritte an, die zweite Zahl
die Anzahl der benötigten Speicherzellen, die dritte Zahl bezeichnet die Zahl
der notwendigen Speicherbereinigungen (garbage collection) und die vierte Zahl
die tatsächliche Laufzeit in Sekunden. Bei der Interpretation der Vereinfachungsschritte ist allerdings etwas Vorsicht geboten. Zum einen werden die Schritte einer
abstrakten Maschine gezählt und *nicht* etwa die Zahl der Funktionsaufrufe, und
zum zweiten sind viele Standardfunktionen intern codiert und werden in *einem*
Schritt reduziert. So ist die Zahl der Vereinfachungsschritte konstant, die für die
Vereinfachung der Ausdrücke

$$[0..1000]!0 \qquad [0..1000]!10 \qquad [0..1000]!100 \qquad [0..1000]!1000$$

benötigt wird, nicht aber die Laufzeit. Diese wächst linear zum angegebenen Index.

Wenn die Berechnung von Ausdrücken längere Zeit in Anspruch nimmt, ist es nützlich,
wenn man eine Reihe von Ausdrücken angeben kann, die automatisch nacheinander ausgewertet
werden. Zu diesem Zweck können sogenannte „here-Dokumente" verwendet werden. Enthält die
Datei **benchmark** die folgenden Zeilen,

```
mira kap2.lit <<!
/count
twice twice inc 0
twice twice twice inc 0
twice twice twice twice inc 0
/quit
```

so kann, nachdem die Datei mit dem UNIX-Kommando **chmod +x benchmark** ausführbar gemacht wurde, der Benchmark mit dem folgenden UNIX-Kommando gestartet werden:

```
benchmark > benchmark.log &
```

Die Ausgabe des Miranda-Systems wird in die Datei **benchmark.log** umgelenkt. Durch die Angabe des Zeichens **&** werden die Berechnungen im Hintergrund durchgeführt[4]. Nach Auswertung
der Ausdrücke sind in der Datei **benchmark.log** die folgenden Angaben enhalten[5].

```
4
||reductions = 24, cells claimed = 22, no of gc's = 0, cpu = 0.00
16
||reductions = 97, cells claimed = 70, no of gc's = 0, cpu = 0.00
65536
||reductions = 327758, cells claimed = 229451, no of gc's = 0, cpu = 2.68
```

---

[4] Da der Prozeß weder Zeichen von der Standardeingabe liest, noch Zeichen auf die Standardausgabe
ausgibt, ist es auch möglich, sich auszuloggen, ohne daß der Prozeß gelöscht wird.

[5] Die Laufzeit bezieht sich auf eine Sun Sparcstation 4/330.

Kommando	Kommentar
<exp>	Auswertung eines Ausdrucks
<exp> ::	Ausgabe des Typs eines Ausdrucks
?	Ausgabe der aktuellen Umgebung
? <identifier>	Informationen über den Bezeichner
?? <identifier>	Definition des Bezeichners editieren
! <command>	Ausführung des Shell-Kommandos
!!	Wiederholung des letzten Shell-Kommandos
/edit /e	Arbeitsdatei editieren
/file <fileid> /f <fileid>	Arbeitsdatei wechseln
/help /h	Anzeige der wichtigsten Kommandos
/man /m	Aufruf des On-Line-Manuals
/quit /q	Verlassen des Systems
/aux	Anzeige zusätzlicher Kommandos
/cd	Wechsel des aktuellen Verzeichnisses
/count	Anschalten von Statistiken
/nocount	Ausschalten von Statistiken
/editor <command>	Änderung des Editors
/heap <nat>	Veränderung der Größe des Arbeitsspeichers

Abbildung 2.12: Kommandos des Miranda-Interpreters

Falls der Arbeitsspeicher für die Auswertung eines Ausdrucks nicht ausreicht,
kann er mit dem Kommando /heap <nat> vergrößert werden. Der Arbeitsspeicher hat eine voreingestellte Größe von 20.000 Zellen; für die meisten Anwendungen
dürfte dies ausreichend sein. Es sollte beachtet werden, daß ein großer Arbeitsspeicher die Auswertung von Ausdrücken *verlangsamt*, da das Betriebssystem sehr
häufig Teile des virtuellen Speichers auf Sekundär-Speichermedien auslagern muß.

Der Editor, der vom System standardmäßig verwendet wird, ist der Editor **vi**. Mit dem
Kommando **/editor** ist es möglich, seinen Lieblingseditor voreinzustellen;

```
/editor jove +! %
```

Die vom Benutzer vorgenommenen Einstellungen werden für die nachfolgenden Sitzungen gesichert. Zu diesem Zweck wird im Wurzelverzeichnis des Benutzers automatisch die Datei .mirarc
angelegt.

Ein Überblick über die wichtigsten Kommandos wird in Abbildung 2.12 gegeben.

2.8 Syntax

Für die Beschreibung der formalen Syntax von Miranda verwenden wir eine Variante der Backus-Naur-Form. Nichtterminalsymbole werden in spitze Klammern eingeschlossen, Terminalsymbole werden in Schreibmaschinenschrift gesetzt, die wir auch für die Beispielprogramme verwenden. Ist <nt> ein Nichtterminalsymbol, so bezeichnet

{ <nt> }   eine beliebige Wiederholung des Symbols <nt>,

[<nt>]   ein optionales Auftreten des Symbols <nt>,

<nt>−list eine durch Kommata getrennte Folge von (mindestens einem) <nt> und

<nt> (;)   ein Auftreten von <nt>, das der Offside-Regel genügt.

Die Grammatikregeln werden nur soweit angegeben, wie die zugehörigen Konzepte vorher eingeführt werden. Auslassungen werden bei den jeweiligen Regeln durch „..." gekennzeichnet.

Mit der Offside-Regel werden wir uns in Abschnitt 3.1.1 beschäftigen. Die Offside-Regel wird immer dann verwendet, wenn man in konventionellen Sprachen eine explizite Klammerung mit **begin** und **end** vornehmen würde.

Ein Skript besteht aus einer Folge von Wertedefinitionen und Wertespezifikationen.

```
<script>  —→   { <decl> }        Skript
<decl>    —→   <def>             Wertedefinition
          |    <spec>            Spezifikation
          |    ...
```

Eine Wertedefinition ist eine Gleichung, auf der linken Seite steht der Name der definierten Funktion gefolgt von den formalen Parametern und auf der rechten Seite ein Ausdruck.

```
<def>     —→   <fnform> = <rhs>        skalare Definition
          |    ...
<fnform>  —→   <var> { <formal> }
          |    ...
<formal>  —→   <var>                   formaler Parameter
          |    ( [ <formal>−list ] )   Tupel
          |    ...
<rhs>     —→   <exp> (;)               unbedingter Ausdruck
          |    ...
```

Eine Wertespezifikation dient dazu, den Typ eines oder mehrerer Bezeichner anzugeben.

```
<spec>      ⟶   <var>-list :: <type> (;)      Wertespezifikation
            |   ...
<type>      ⟶   <argtype>
            |   <type> -> <type>             funktionaler Typ
            |   ...
<argtype>   ⟶   <typename>                   Typkonstante
            |   <typevar>                    Typvariable
            |   ( [ <type>-list ] )          Tupeltyp
            |   [ <type>-list ]              Listentyp
```

Die Produktionen für Ausdrücke <el> sind mehrdeutig. Diese Mehrdeutigkeiten werden gemäß der Präzedenz und Assoziativität der Operatoren aufgelöst.

```
<exp>       ⟶   <el>
            |   <prefix1>                    z.B.: not = ~
            |   <infix>                      z.B.: add = +
<el>        ⟶   <simple> { <simple> }        Applikation
            |   <prefix> <el>                Präfix-Notation
            |   <el> <infix> <el>            Infix-Notation
<simple>    ⟶   <var>                        Parameter, Funktionsname
            |   <constructor>                Konstruktor
            |   <literal>                    Konstante
            |   ( [ <expr>-list ] )          Tupel
            |   [ [ <expr>-list ] ]          Liste
            |   [ <expr> .. [ <expr> ] ]     Punkt-Punkt-Notation
            |   [ <expr> , <expr> ..
                [ <expr> ] ]                 dito mit Schrittweite
            |   ...
```

Der Operator - wird sowohl als Präfix-Operator als auch als Infix-Operator verwendet.

```
<var>         ⟶   <identifier>
<typename>    ⟶   <identifier>
<literal>     ⟶   <numeral> | <charconst> | <stringconst>
<constructor> ⟶   <Identifier>
<numeral>     ⟶   <nat> | <float>
<infix1>      ⟶   ++ | -- | : | \/ | & | ~ | > | >= | = | ~= |
                  <= | < | + | * | / | div | mod | ^ | ! | .
<infix>       ⟶   <infix1> | -
<prefix1>     ⟶   ~ | #
<prefix>      ⟶   <prefix1> | -
```

Operator	Bemerkung
: ++ --	Infix, rechtsassoziativ
\/	Infix, rechtsassoziativ
&	Infix, rechtsassoziativ
~	Präfix
> >= = ~= <= <	Vergleichsketten sind erlaubt
+ -	Infix, linksassoziativ
-	Präfix
* / <u>div</u> <u>mod</u>	Infix, linksassoziativ
^	Infix, rechtsassoziativ
.	Infix, assoziativ
#	Präfix
!	Infix, linksassoziativ

Abbildung 2.13: Übersicht über alle Operatoren

Kommentare werden durch zwei senkrechte Striche eingeleitet und erstrecken sich bis zum Zeilenende. Zwischen zwei syntaktischen Objekten können beliebig viele Leerzeichen eingestreut werden. In einigen Fällen, z. B. zwischen zwei Bezeichnern, müssen sogar Leerzeichen eingefügt werden.

$$
\begin{array}{rcl}
\langle\text{identifier}\rangle & \longrightarrow & \langle\text{lower}\rangle \ \{ \ \langle\text{digit}\rangle \ | \ \langle\text{upper}\rangle \ | \ \langle\text{lower}\rangle \ | \ \_ \ | \ ' \ \} \\
\langle\text{Identifier}\rangle & \longrightarrow & \langle\text{upper}\rangle \ \{ \ \langle\text{digit}\rangle \ | \ \langle\text{upper}\rangle \ | \ \langle\text{lower}\rangle \ | \ \_ \ | \ ' \ \} \\
\langle\text{typevar}\rangle & \longrightarrow & * \ \{ \ * \ \} \\
\langle\text{nat}\rangle & \longrightarrow & \langle\text{digit}\rangle \ \{ \ \langle\text{digit}\rangle \ \} \\
\langle\text{float}\rangle & \longrightarrow & \{ \ \langle\text{digit}\rangle \ \} \ . \ \langle\text{nat}\rangle \ [\ \langle\text{epart}\rangle \ ] \\
& | & \langle\text{nat}\rangle \ \langle\text{epart}\rangle \\
\langle\text{epart}\rangle & \longrightarrow & \text{e} \ [\ + \ | \ - \ ] \ \langle\text{nat}\rangle \\
\langle\text{charconst}\rangle & \longrightarrow & ' \ (\langle\text{visible}\rangle - (\backslash \ | \ ') \ | \ \langle\text{escape}\rangle) \ ' \\
\langle\text{stringconst}\rangle & \longrightarrow & " \ \{ \ \langle\text{visible}\rangle - (\backslash \ | \ ") \ | \ \langle\text{escape}\rangle \ \} \ " \\
\langle\text{escape}\rangle & \longrightarrow & \backslash \ (\text{n} \ | \ \text{t} \ | \ \text{f} \ | \ \text{r} \ | \ \text{b} \ | \ \backslash \ | \ ' \ | \ " \ | \ \langle\text{ascii-code}\rangle) \\
\langle\text{ascii-code}\rangle & \longrightarrow & \langle\text{digit}\rangle [\ \langle\text{digit}\rangle [\ \langle\text{digit}\rangle \ ]] \\
\langle\text{digit}\rangle & \longrightarrow & 0 \ | \ \cdots \ | \ 9 \\
\langle\text{lower}\rangle & \longrightarrow & \text{a} \ | \ \cdots \ | \ \text{z} \\
\langle\text{upper}\rangle & \longrightarrow & \text{A} \ | \ \cdots \ | \ \text{Z}
\end{array}
$$

In Abbildung 2.13 sind alle verfügbaren Operatoren zusammengefaßt. Wie üblich nimmt die Bindungsstärke der Operatoren von oben nach unten zu.

Aufgaben

Wie auch in anderen Programmiersprachen sollten in Miranda einige grundlegende Regeln bei der Programmierung beachtet werden.

Die Namen der Funktionen und Parameter sollten möglichst aussagekräftig sein, darüber hinaus sollten Bezeichner einheitlich verwendet werden, etwa der Bezeichner n für numerische Parameter und der Bezeichner x für Listen.

Die Funktionsweise einer nicht trivialen Funktion sollte in einem Kommentar erläutert werden. Kommentare werden in Miranda durch zwei senkrechte Striche | | eingeleitet und erstrecken sich bis zum Zeilenende. Neben dieser üblichen Konvention für Kommentare — Kommentare werden besonders gekennzeichnet, alles andere ist formaler Programmtext — ist in Miranda auch die umgekehrte Vorgehensweise möglich. In einem Skript, das mit dem Zeichen > beginnt, gilt alles als Kommentar bis auf die Zeilen, die mit einem > beginnen. Programmtexte, die dieser Konvention genügen, heißen Literate-Skripten. Ein Skript mit der Endung „lit.m" ist ebenfalls ein Literate-Skript, ohne daß die erste Zeile mit dem Zeichen > beginnen muß. Für die Bearbeitung der Übungsaufgaben wird die Verwendung von Literate-Skripten empfohlen.

Um die Unterscheidung zwischen einfachen und schwierigen Übungen zu erleichtern, sind die Aufgaben mit Folgen von Sternen markiert, deren Anzahl (0 bis 3) proportional zum Arbeitsaufwand bzw. zum Schwierigkeitsgrad wächst. Kein Stern bedeutet „leicht und mit geringem Zeitaufwand zu lösen", drei Sterne bedeutet „schwierig" oder „sehr zeitaufwendig".

Aufgabe 2.1 Wie werden die folgenden Ausdrücke vollständig gemäß den Regeln für Präzedenz und Assoziativität geklammert.

```
3 + 2 - 4       3 ^ 2 ^ 4        -3 * 5 ^ 2 + 4
~ 2 = 3 & 4 < 5 \/ ~ 1 = 1 & # [1,2,3] > [1,2,3]!1
0 : [1,2,3] ++ [4,5] -- [2,3,4] -- [4,5]
```

Werte die Ausdrücke aus.

Aufgabe 2.2 In der Sprache C gibt es eine Reihe sogenannter Zeichenklassifizierungsfunktionen, mit deren Hilfe die Zugehörigkeit eines Zeichens zu einer Zeichenklasse überprüft werden kann. Definiere die folgenden Funktionen

```
isalpha        isspace        islower
isdigit        isprint        isupper
isalnum        ispunct
```

in Miranda. Die Funktionen besitzen jeweils den Typ char->bool.

Aufgabe 2.3 Die Funktionen `rotate` und `swap` seien wie oben definiert.

1. Zeige, daß die folgenden Gesetze gelten.

   ```
   rotate.rotate.rotate = id
   swap.swap = id
   ```

2. Programmiere `rev` mit

   ```
   rev (a,b,c) = (c,b,a)
   ```

   unter Verwendung von `rotate` und `swap`.

3. Kann jede Permutation eines 3-Tupels mit `rotate` und `swap` programmiert werden?

Aufgabe 2.4* Das quadratische Polynom

$$f(x) \;=\; ax^2 + bx + c$$

wird durch das 3-Tupel `(a,b,c)` repräsentiert.

1. Definiere eine Funktion `val`, die den Funktionswert eines quadratischen Polynoms an einer angegebenen Stelle berechnet.

2. Definiere Funktionen `xmirror`, `ymirror` und `pmirror`, die ein Polynom an der x-Achse und an der y-Achse spiegeln und im Ursprung punktspiegeln.

3. Welche Beziehungen gelten zwischen den Funktionen `xmirror`, `ymirror` und `pmirror`?

4. Definiere eine Funktion, die die Ableitung eines quadratischen Polynoms berechnet.

Aufgabe 2.5 Gegeben sind die folgenden Definitionen

```
x = 2 - y
y = x
```

Welche Werte erhalten `x` und `y` und warum? Moral: Definitionsgleichungen sind keine (linearen) Gleichungssysteme.

Aufgabe 2.6 Definiere leere Listen vom Typ `[*]`, `[num]` und `[char]`.

Aufgabe 2.7 Warum sind die Listenoperationen `:` und `++` rechtsassoziativ?

Aufgabe 2.8 Das halboffene Intervall $[l, r[$ mit

$$[l,r[\quad := \quad \{x \mid l \le x < r\}$$

wird durch das Paar `(l,r)` repräsentiert. Definiere eine Funktion, die den Durchschnitt zweier halboffener Intervalle berechnet. Beachte: Das Paar `(a,a)` bezeichnet das leere Intervall.

Aufgabe 2.9* Definiere die folgenden listenverarbeitenden Funktionen unter Verwendung von Funktionen aus der Standardumgebung.

Funktion	Typ	Bemerkung
`left`	`num->[*]->[*]`	Präfix der angegebenen Länge
`right`	`num->[*]->[*]`	Suffix der angegebenen Länge
`mid`	`num->num->[*]->[*]`	Substring ab dem Index mit der Länge
`rotl`	`num->[*]->[*]`	zyklische Rotation nach links
`rotr`	`num->[*]->[*]`	zyklische Rotation nach rechts

Die folgenden Beispiele zeigen einige Anwendungen der Funktionen.

```
          left 3 "hello"     ▷   "hel"
         right 2 "hello"     ▷   "lo"
   mid 2 3 "hello world"     ▷   "llo"
         left 99 "hello"     ▷   "hello"
         mid 99 5 "hello"    ▷   ""
          rotl 2 "hello"     ▷   "llohe"
          rotr 7 "hello"     ▷   "lohel"
```

3 Definitionen

Ein Miranda-Skript besteht aus einer Sammlung von Wertedefinitionen, Typdefinitionen und Wertespezifikationen. Die Reihenfolge, in der die Definitionen bzw. Spezifikationen angegeben werden, ist nicht relevant; insbesondere können Werte- und Typdefinitionen bzw. Wertespezifikationen beliebig gemischt werden.

Die Sichtbarkeit von Bezeichnern erstreckt sich über das gesamte Skript, in dem sie definiert werden. Auf Grund dieser Tatsache können rekursive bzw. verschränkt rekursive Funktionen problemlos definiert werden.

```
even, odd :: num->bool
even x = x=0 \/ odd (x-1)
odd x  = x~=0 & even (x-1)
```

Da die Reihenfolge von Definitionen keine Rolle spielt, kann in Miranda ein Top-Down-Entwurf durchgeführt werden. Ein großes Problem wird gemäß diesem Entwurfskonzept in kleinere, überschaubarere Teilprobleme unterteilt. Dieser Verfeinerungsschritt wird solange iteriert, bis die Probleme trivial sind.

In Abschnitt 2.6 haben wir schon einige einfache Formen von Wertedefinitionen kennengelernt, in den drei folgenden Abschnitten werden wir die verbleibenden Konzepte einführen. Wir zeigen insbesondere, wie Wächter auf der rechten Seite und Muster auf der linken Seite von Gleichungen verwendet werden können, um Fallunterscheidungen zu programmieren. Mit Typdefinitionen beschäftigen wir uns in Kapitel 7 und mit Wertespezifikationen in Abschnitt 4.3.

Wertedefinitionen können in skalare und konforme Definitionen unterteilt werden. Skalare Definitionen bestimmen den Wert *einer* Variablen, die typischerweise einen funktionalen Typ besitzt (siehe Abschnitt 3.1). Konforme Definitionen bestimmen hingegen den Wert *mehrerer* Variablen und werden z. B. verwendet, um strukturierte Rückgabewerte einer Funktion zu verarbeiten (siehe Abschnitt 3.2). Die Sichtbarkeit eines definierten Wertes kann sich über das gesamte Skript erstrecken oder mit Hilfe einer lokalen Definition eingeschränkt werden (siehe Abschnitt 3.3).

Wenn ein Skript die Syntax- und die Typprüfung passiert hat, dann bildet die Menge aller im Skript aufgeführten Wertedefinitionen die *Umgebung*, in der die Ausdrücke im Miranda-Interpreter ausgewertet werden. Typdefinitionen und Wertespezifikationen werden nur zur Übersetzungszeit benötigt und können zur Laufzeit ignoriert werden.

3.1   Skalare Definitionen

3.1.1   Die Offside-Regel

Die einfachste Form der Funktionsdefinition, die wir in Abschnitt 2.6 kennengelernt haben, hat die Form:

<var> { <var> } = <exp>

Die linke Seite besteht aus dem Funktionsnamen, gefolgt von den formalen Parametern. Aus den bisher aufgeführten Beispielen ist ersichtlich, daß das Ende einer Funktionsdefinition nicht besonders gekennzeichnet werden muß. Der Compiler erkennt das Ende der rechten Seite einer Definition automatisch am Layout des Programmtextes. Zu diesem Zweck verwendet er die sogenannte „Offside-Regel". Diese Regel besagt, daß alle Zeichen (Tokens) eines syntaktischen Objekts, das der Offside-Regel genügt, rechts von bzw. direkt unter dem ersten Zeichen des Objekts liegen müssen. Das syntaktische Objekt umfaßt somit alle Zeichen bis zum ersten Zeichen, das „offside" liegt.

In der formalen Syntax von Miranda wird ein syntaktisches Objekt, das der Offside-Regel genügt, durch die Angabe des Metasymbols „ (;)"gekennzeichnet. Somit lautet die obige Syntax (für eine einfache Funktionsdefinition) vollständig:

<var> { <var> } = <exp> (;)

Die rechte Seite einer Funktionsdefinition genügt demnach der Offside-Regel. Aus diesem Grund ist die Definition

```
f x =   | 2 *
        | x + 1
```

syntaktisch korrekt, während die Definition

```
f x =   | 2 *
      x | + 1
```

fehlerhaft ist, da die rechte Seite der Funktionsdefinition 2 * kein vollständiger Ausdruck ist. Der senkrechte Strich trennt Positionen, die „onside" liegen, von denen, die „offside" liegen.

Die Kenntnis der Offside-Regel ist insbesondere dann nötig, wenn sich der Ausdruck auf der rechten Seite einer Definitionsgleichung über mehrere Zeilen erstreckt wie im folgenden Beispiel.

```
a_long_definition = "everyone can see that "++
                    "this is a long definition"
```

Ist die linke Seite der Definition bereits sehr lang, muß der Ausdruck auf der rechten Seite stark eingerückt werden, um der Offside-Regel zu genügen. Dies gilt allerdings nur, wenn die rechte Seite in der gleichen Zeile beginnt wie die linke Seite.

```
a_very_long_definition =
  "everyone can see that "++
  "this is a very long definition"
```

Das Gleichheitszeichen = kann alternativ in die nächste Zeile geschrieben werden, da das erste Zeichen des *Ausdrucks auf der rechten Seite* die Grenze für die Offside-Regel angibt:

```
a_very_long_definition'
= "everyone can see that "++
  "this is a very long definition"
```

Wenn sich die rechte Seite einer Definition über mehrere Zeilen erstreckt, sollte sie wie in den beiden letzten Beispielen in einer neuen Zeile mit einem festgelegten horizontalen Versatz beginnen. Falls dies wie im ersten Beispiel nicht gemacht wird, ist das Layout nicht resistent gegenüber Änderungen. Nehmen wir an, wir würden mit Hilfe eines Texteditors _long durch _very_long ersetzen.

```
a_very_long_definition = "everyone can see that "++
                "this is a long definition"
```

Durch diese textuelle Ersetzung liegt die zweite Zeile „offside" und die Übersetzung bricht mit einem Syntaxfehler ab.

Es ist möglich, das Ende eines syntaktischen Objekts, das der Offside-Regel genügt, explizit durch die Angabe eines Semikolons ; festzulegen. Auf diese Art und Weise kann man mehrere Definitionen in einer Zeile angeben.

```
a = 10; b = 5
```

3.1.2   Bewachte Ausdrücke

Neben einem einfachen Ausdruck können auf der rechten Seite einer Gleichung mehrere Ausdrücke angegeben werden, die durch boolesche Ausdrücke, sogenannte Wächter, unterschieden werden. Auf diese Weise kann eine einfache Form der Fallunterscheidung programmiert werden.

```
sign n = -1,  if n<0
       =  0,  if n=0
       =  1,  if n>0
```

Die Wächter werden durch ein Komma und durch das Schlüsselwort <u>if</u> abgetrennt. Bei der Reduktion des Funktionsaufrufes **sign** a wird der *erste* Ausdruck ausgewählt, dessen Wächter zu **True** auswertet. In einer Umgebung, in der a an 0 gebunden ist, wird demnach der zweite Ausdruck ausgewählt.

An Stelle des letzten Wächters kann auch das Schlüsselwort <u>otherwise</u> verwendet werden, das für die Konjunktion der Negation aller vorausgehenden Wächter steht.

```
leap y = y mod 400 = 0,  if y mod 100 = 0
       = y mod 4 = 0,    otherwise
```

Die boolesche Funktion **leap** y gibt an, ob y ein Schaltjahr ist.

Wenn die Wächter nicht paarweise disjunkt sind, d. h., wenn in einer Umgebung mehr als ein Wächter zu **True** auswertet, ist die Reihenfolge der angegebenen Alternativen signifikant.

```
p (a,b) = 1, if a>0
        = 2, if b>0
q (a,b) = 2, if b>0
        = 1, if a>0
```

Da die *erste* passende Alternative ausgewählt wird, bezeichnen p und q zwei unterschiedliche Funktionen. Soweit wie möglich sollten die Wächter so gewählt werden, daß die Reihenfolge der Alternativen keine Rolle spielt.

```
p' (a,b) = 1, if a>0
         = 2, if ~a>0 & b>0
q' (a,b) = 2, if b>0
         = 1, if ~b>0 & a>0
```

Durch die Aufnahme der Negation des ersten Wächters in den zweiten Wächter wird sichergestellt, daß die Alternativen paarweise disjunkt sind.

Wenn die Alternativen nicht erschöpfend sind, d. h., wenn nicht in jeder Umgebung mindestens ein Wächter zu **True** auswertet, ist die definierte Funktion partiell. So führt die Auswertung von p (-1,-1) zu einem Laufzeitfehler.

```
program error: missing case in definition of p
```

Wenn eine Funktion partiell ist, so sollte dies durch die Angabe einer Fehlermeldung explizit gemacht werden.

```
reciprocal x = 1 / x,                        if x~=0
             = error "reciprocal applied to 0",  otherwise
```

Wächter sollten nach Möglichkeit paarweise disjunkt und erschöpfend sein. Da
beide Eigenschaften unentscheidbar sind, fällt es in die Verantwortung des Programmierers, darauf zu achten, daß sein Programm diesen Eigenschaften genügt.

Da die Vergleichsoperationen auf allen nichtfunktionalen Typen definiert sind,
können auch listenverarbeitende Funktionen mit Hilfe von bewachten Ausdrücken
definiert werden.

```
append x y = y,                          if x=[]      || = ++
           = hd x:append (tl x) y,  otherwise


min' x = hd (sort x),       if x~=[]              || = min
       = error "min' []",  otherwise
```

In Pascal bzw. in anderen funktionalen Sprachen Standard ML werden **if-then-else** Konstrukte zur Fallunterscheidung verwendet. Eine Folge von bewachten Ausdrücken in Miranda

```
e = e1, if b1
  = e2, if b2
  = e3, otherwise
```

entspricht einer einfachen **if-then-else** Kette.

```
e = if       b1 then e1
    else if b2 then e2
    else           e3
```

Geschachtelte **if**-Ausdrücke, d. h. Ausdrücke, in deren **then**-Teil wiederum ein **if**-Ausdruck
auftritt, können nicht eins zu eins in bewachte Ausdrücke übersetzt werden. So entspricht das
Programmfragment

```
e = if       b1 then
        if         b11 then e11
        else if b12 then e12
        else            e13
    else if b2 then
        if         b21 then e21
        else            e22
    else
                   e3
```

dem folgenden bewachten Ausdruck.

```
e = e11, if b1 & b11
  = e12, if b1 & b12
  = e13, if b1
  = e21, if b2 & b21
  = e22, if b2
  = e3,  otherwise
```

Ein geschachtelter **if**-Ausdruck kann durch wiederholte Anwendung der folgenden Transformation linearisiert werden.

```
if b1 then
    if b2 then e11              if      b1 & b2 then e11
        else      e12     ⤳     else if b1       then e12
    else                        else             e2
              e2
```

Die Lesbarkeit eines Programms wird durch eine Linearisierung im allgemeinen erhöht, da die Bedingungen, die zur Auswahl eines Ausdrucks führen, vollständig bei dem Ausdruck aufgeführt werden. Sind zur Auswertung der booleschen Ausdrücke umfangreiche Berechnungen nötig, so leidet allerdings die Effizienz, da Ausdrücke wiederholt berechnet werden. Durch die Verwendung von lokalen Definitionen (vgl. Abschnitt 3.3) können allerdings wiederholte Berechnungen der Wächter vermieden werden.

3.1.3   Pattern-Matching

Die Funktion **append** (siehe letzter Abschnitt) kann eleganter notiert werden, wenn auf der linken Seite Muster (patterns) zur Fallunterscheidung verwendet werden. Die Definition besteht in diesem Fall aus zwei Gleichungen.

```
append' [] y = y                              || = ++
append' (a:x) y = a:append' x y
```

Die Muster `[]` bzw. `a:x` dienen zur Fallunterscheidung zwischen der leeren Liste und einer Liste bestehend aus einem Kopfelement und einer Restliste. Wenn die zweite Gleichung ausgewählt wird, dann werden darüber hinaus die Variablen `a` und `x` an das Kopfelement bzw. die Restliste gebunden. Muster auf der linken Seite von Funktionsgleichungen ersetzen sowohl Fallunterscheidungen (`=[]`) als auch Projektionsfunktionen (`hd` und `tl`).

Neben Variablen, Tupeln (vgl. Abschnitt 2.6) und Listenkonstruktoren können auch Konstanten als Muster verwendet werden.

```
not True  = False                             || = ~
not False = True


showsign (-1) = "negative"
showsign   1  = "positive"


conv '&' = "\\&"
conv '_' = "\\_"


germ2eng "Hund"  = "dog"
```

Muster	Bemerkung
x	Eine Variable matcht jeden Ausdruck. Die Variable wird an den Ausdruck gebunden.
True []	Ein Konstruktor matcht nur einen Ausdruck, der zum gleichen Konstruktor auswertet.
'a' 5 -6 "is"	Eine Konstante matcht nur einen Ausdruck, der zur gleichen Konstante auswertet.
a:x	Der Listenkonstruktor matcht jede mindestens einelementige Liste. Die Muster a und x werden rekursiv gegen den Listenkopf bzw. gegen den Listenrest gematcht.
n+k	k ist eine natürliche Zahl. Das Muster matcht alle ganzzahligen Werte m mit m>=k. Das Muster n wird rekursiv gegen m-k gematcht.
[a,b,c]	Das Muster ist eine Abkürzung für a:b:c:[].
(a,b,c)	Die Komponenten des Musters werden rekursiv gegen die Komponenten des Ausdrucks gematcht. Das Typsystem stellt bereits sicher, daß der Ausdruck ebenfalls ein 3-Tupel ist.

Abbildung 3.1: Die verschiedenen Arten von Mustern

```
germ2eng "Katze" = "cat"
germ2eng "Maus"  = "mouse"
```

Auch die Fakultätsfunktion kann mit Hilfe von Mustern definiert werden.

```
fac 0 = 1
fac (n+1) = (n+1)*fac n
```

Die Bearbeitung eines Funktionsaufrufes ist komplexer, wenn Muster auf den linken Seiten der Gleichungen verwendet werden. Zunächst wird die erste Gleichung bestimmt, deren Muster zu dem aktuellen Parameter paßt (to match), die Variablen in dem Muster werden an die jeweiligen Werte gebunden, und schließlich wird der Funktionsaufruf durch die rechte Seite der Gleichung ersetzt. Der Parameter muß gegebenenfalls reduziert werden, um zu entscheiden, welches Muster er matcht. Die Reduktion des Parameters erfolgt aber nur soweit wie nötig, um dies zu entscheiden (zur Erinnerung: der Abarbeitungsmechanismus von Miranda ist lazy).

Die verschiedenen Arten von Mustern sind in Abbildung 3.1 zusammengefaßt.

Variablen können in einem Muster mehrfach auftreten. So implementiert die
Funktion **equal** den vordefinierten Operator =.

```
equal x x = True                                        || = =
equal x y = False
```

Wie auch bei bewachten Ausdrücken spielt die Reihenfolge, in der die Gleichungen
angegeben werden, eine Rolle. Werden die beiden Gleichungen in der Definition
von **equal** vertauscht, so wird die zweite Gleichung nie erreicht, da die erste Gleichung immer paßt.

Auch auf der linken Seite von Gleichungen gelten die gleichen Präzedenzen und Assoziati-
vitäten wie in Ausdrücken auf den rechten Seiten. Die Funktionsapplikation bindet am stärksten,
die Gleichung

```
f a:x = x
```

wird somit vollständig wie folgt geklammert:

```
(f a):x = x
```

und verursacht somit einen Syntaxfehler. Aus diesem Grund müssen die Muster $-\text{n}$[1], **a:x** und
n+k in Klammern gesetzt werden.

Listenverarbeitende Funktionen können, wie wir bereits gesehen haben, mit
Hilfe von Mustern sehr einfach definiert werden. Mit den Mustern **[]** und **a:x** wird
zwischen der leeren Liste und einer Liste bestehend aus einem Kopfelement und einer Restliste unterschieden. Da der Typ Liste rekursiv definiert ist (vgl. Abschnitt
2.5) werden auch listenverarbeitende Funktionen in der Regel rekursiv definiert,
wobei die Rekursion über den Listenrest erfolgt.

```
member' [] b = False                                    || = member
member' (a:x) b = a=b \/ member' x b

sum' [] = 0                                             || = sum
sum' (a:x) = a + sum' x

product' [] = 1                                         || = product
product' (a:x) = a * product' x
```

Die Funktion **sum'** bzw. **product'** berechnet die Summe bzw. das Produkt einer
Zahlenliste. Mit Hilfe der Funktion **product'** kann die Fakultätsfunktion alternativ definiert werden durch:

---

[1]Zur Erinnerung: – ist ein unärer Operator und *nicht* Bestandteil einer ganzzahligen Konstante.

```
fac' n = product [1..n]
```

Anhand der Muster auf den linken Seiten kann relativ leicht entschieden werden
(auch automatisch), ob eine Definition vollständig ist, d. h., ob alle Fälle abgedeckt werden. Als Beispiel betrachten wir die Funktion `rm_dups`. Diese Funktion
entfernt alle aufeinanderfolgenden Wiederholungen von Elementen aus einer Liste.

```
rm_dups [] = []
rm_dups [a] = [a]
rm_dups (a:b:x) = rm_dups (b:x),    if a=b
                = a:rm_dups (b:x),  otherwise
```

Durch die drei Gleichungen wird der Fall der leeren Liste, der einelementigen Liste
und der mindestens zweielementigen Liste abgedeckt. Damit werden alle möglichen
Fälle behandelt.

Die natürlichen Zahlen können ebenfalls rekursiv definiert werden. Die Zahl 0
ist eine natürliche Zahl, ist n eine natürliche Zahl, so ist auch n+1 eine natürliche
Zahl. Dieses Rekursionsmuster kann bei der Definition von Funktionen, die auf
natürlichen Zahlen arbeiten, verwendet werden (vgl. auch die erste Definition von
`fac`).

```
pred 0 = 0
pred (n+1) = n

ntimes 0 f = id
ntimes (n+1) f = f.ntimes n f

nth n = hd.ntimes n tl                              || = !
```

Das Muster n+1 matcht alle *ganzzahligen* Werte >=1. Wenn man `pred` mit nega-
tiven Zahlen oder Fließkommazahlen aufruft, wird eine Fehlermeldung ausgegeben. Die Funktion `ntimes` erwartet als Argument eine natürliche Zahl n und eine
Funktion und berechnet die n-fache Komposition der übergebenen Funktion. Mit
derartigen Funktionen, sogenannten Funktionen höherer Ordnung, werden wir uns
in Kapitel 5 näher auseinandersetzen.

Abarbeitung von Mustern

Wenn man mehrstellige Funktionen mit Hilfe von Mustern definiert, dann werden
die Argumente von links nach rechts abgearbeitet. Je nachdem wie die Muster
gewählt werden, kann das Terminierungsverhalten und die Effizienz der definierten

Funktionen stark variieren. Betrachten wir dazu ein Beispiel. Wir wollen die Konjunktion zweier boolescher Werte definieren (vordefinierter Operator &). Die Wahrheitstafel, die die Konjunktion bestimmt, kann zur Definition der Funktion herangezogen werden.

```
strict_and False False = False
strict_and False True  = False
strict_and True  False = False
strict_and True  True  = True
```

Um entscheiden zu können, welcher der vier Fälle vorliegt, müssen beide Argumente von **strict_and** reduziert werden. Die Funktion ist also strikt in beiden Argumenten, d. h., wenn die Berechnung eines Arguments nicht terminiert, dann terminiert auch die gesamte Berechnung nicht (siehe Abschnitt 8.2).

Wenn man die Wahrheitstafel genau betrachtet, sieht man, daß verschiedene Fälle zusammengefaßt werden können. Diese Beobachtung führt zu der folgenden Definition.

```
lazy_and False x = False                              || = &
lazy_and True  x = x
```

Die Funktion **lazy_and** ist strikt im ersten Argument und nicht strikt im zweiten Argument, da nur das erste Argument ausgewertet werden muß, um zu entscheiden, welche Gleichung paßt (siehe Abschnitt 8.1). Aus diesem Grund ist **lazy_and** auch effizienter als **strict_and** bei der Berechnung von Konjunktionsketten. Die Auswertung von (& ist rechtsassoziativ)

```
b0 & b1 & b2 & ... & bn
```

wird abgebrochen, sobald der erste boolesche Ausdruck zu **False** auswertet.

Wie auch bei bewachten Ausdrücken gilt in diesem Kontext die Regel, daß die Muster disjunkt und erschöpfend (exclusive und exhaustive) sein sollten.

Wenn die Muster *nicht* erschöpfend sind, ist die definierte Funktion partiell. Partielle Funktionen sind in der Regel unerwünscht, da sie auf fehlerhafte Eingaben mit einem Programmabbruch antworten. Bei der Entwicklung größerer Software-Systeme sollte der Programmierer versuchen, Fehlersituationen abzufangen und zu behandeln oder zumindest im Quelltext durch eine Fehlermeldung explizit zu machen.

Die Forderung, daß die Muster verschiedener Gleichungen disjunkt sind, reicht (im Gegensatz zur Situation bei bewachten Ausdrücken) nicht aus, um sicherzustellen, daß eine unterschiedliche Reihenfolge der Gleichungen die Semantik der definierten Funktion nicht ändert.

```
diag x       True  False = 1
diag False x       True  = 2
diag True  False x       = 3
```

Die Muster auf den linken Seiten der Gleichungen sind disjunkt, aber je nach Reihenfolge der Gleichungen evaluiert der Aufruf `diag undef True False` zu 1 (obige Reihenfolge) oder zu einer Fehlermeldung (umgekehrte Reihenfolge). Dies liegt daran, daß die Muster streng sequentiell von links nach rechts und von oben nach unten abgearbeitet werden.

Wadler nennt in [Peyton Jones 87] eine hinreichende und notwendige Bedingung („uniform definition"), die sicherstellt, daß eine Umordnung der Gleichungen nicht die Bedeutung der Definition ändert.

Muster können mit bewachten Ausdrücken frei gemischt werden, wie die Definition der Funktion `merge` zeigt (vgl. auch `rm_dups`).

```
merge' [] y = y                                    || = merge
merge' (a:x) [] = a:x
merge' (a:x) (b:y) = a : merge' x (b:y),   if a<=b
                   = b : merge' (a:x) y,   otherwise
```

Wir haben gesehen, daß es i. allg. viele verschiedene Möglichkeiten gibt, eine Funktion zu definieren. Oftmals besteht die Wahl zwischen der Definition einer Funktion mit Hilfe von Wächtern und der Definition mit Hilfe von Mustern (siehe `append` und `append'`). Die folgende Daumenregel gibt einen groben Hinweis, wann welche Form vorzuziehen ist.

> Wenn die Fallunterscheidung über die Struktur der Argumente geführt werden kann (wie etwa bei Listen), wird man in der Regel Muster verwenden. Falls die Fallunterscheidung komplexere Berechnungen nötig macht (wie etwa bei vielen numerischen Funktionen), wird man in der Regel Wächter verwenden.

3.1.4 DIY-Infix-Operatoren

Bei der Einführung der primitiven Datentypen haben wir gesehen, daß es sehr viele primitive Operatoren gibt. Infix-Operatoren unterscheiden sich von zweistelligen Funktionen nur syntaktisch durch unterschiedliche Reihenfolge von Funktion und Argumenten. Die Operatorschreibweise wird gleichwohl oft vorgezogen, da sie zur Lesbarkeit von Ausdrücken beiträgt. So ist der Ausdruck

```
~a \/  b & c & ~d
```

sicherlich besser lesbar als der Ausdruck (LISP läßt grüßen):

```
or (not a) (and b (and c (not d)))
```

Miranda bietet die Möglichkeit, jede zweistellige Funktion als Infix-Operator zu verwenden, indem dem Funktionsnamen das Zeichen **$** *direkt* vorangestellt wird (Do-It-Yourself Infix-Operator). Somit ist

```
x $merge y $merge z
```

ein gültiger Ausdruck. Der Ausdruck **x $merge y** kann in *jedem* Kontext anstelle des Ausdrucks **merge x y** verwendet werden, insbesondere auch auf der linken Seite von Definitionsgleichungen.

```
f $andthen g = g.f
```

Die Funktion **andthen** komponiert zwei Funktionen in umgekehrter Reihenfolge. (Wenn **f** und **g** zwei „Zustandstransformationen" sind, dann entspricht **andthen** dem Sequenzoperator „;" in Pascal.)

Alle DIY-Infix-Operatoren sind rechtsassoziativ und besitzen die gleiche Präzedenz, die geringer ist als die Präzedenz aller anderen, vordefinierten Operatoren. Somit wird

```
lazy_and True $andthen strict_and False . lazy_and True
```

vollständig wie folgt geklammert:

```
(lazy_and True) $andthen ((strict_and False) . (lazy_and True))
```

Die Infix-Schreibweise ist immer dann vorzuziehen, wenn die betreffende Funktion (z. B. **merge**) assoziativ ist, um nicht künstlich zwischen

```
merge x (merge y z)
```

und

```
merge (merge x y) z
```

unterscheiden zu müssen.

3.2 Konforme Definitionen

Im Gegensatz zu skalaren Definitionen binden konforme Definitionen mehrere Variablen an Werte. Eine konforme Definition hat die Form:

<pat> = <rhs>

Die linke Seite einer Gleichung besteht aus einem Muster, die verschiedenen Arten von Mustern haben wir schon in Abschnitt 3.1.3 kennengelernt. Damit durch eine derartige Definition überhaupt etwas definiert wird, muß das Muster auf der linken Seite mindestens eine Variable enthalten. Die rechten Seiten von skalaren und konformen Definitionen haben die gleiche Form. Im folgenden sind einige Beispiele für konforme Definitionen aufgeführt.

```
[a1,3,a2,7,a3,11] = [1,3..11]
(b1,b2,b3) = rotate (a1,a2,a3),  if a1<a2
           = swap (a1,a2,a3),    otherwise
n+7 = fac 6
```

Wenn man auf eine Variable zugreift, die durch eine konforme Definition eingeführt wird, dann versucht das System die linke Seite gegen die rechte Seite zu matchen. Gelingt dies, so werden die Variablen an die entsprechenden Werte gebunden. Im obigen Beispiel erhalten b1, b2 und b3 die Werte 9, 1 und 5.

Wenn die linke und rechte Seite nicht zueinander passen, wie im folgenden Beispiel,

```
[1,c1,2,c2] = [1..4]
```

dann resultiert der Zugriff auf eine Variable der linken Seite (c1 oder c2) in einer Fehlermeldung,

```
program error: lhs of definition doesn't match rhs
```

d. h., *alle* Variablen auf der linken Seite sind undefiniert.

Das einzige Muster, das auf jeden Fall die rechte Seite matcht, ist ein Tupel, dessen Komponenten verschiedene Variablen sind. Ein solches unwiderlegbares Muster (irrefutable pattern) paßt immer, da durch das Typsystem bereits sichergestellt wird, daß der Ausdruck auf der rechten Seite zu einem Tupel evaluiert (siehe Abschnitt 8.1).

Konforme Definitionen werden besonders gerne in Verbindungen mit lokalen Definitionen (vgl. Abschnitt 3.3) verwendet, um strukturierte Rückgabewerte von Funktionen zu verarbeiten.

3.3   Lokale Definitionen

Um den Flächeninhalt eines Dreiecks bei gegebener Seitenlänge zu berechnen, kann die Heronische Formel verwendet werden.

$$A = \sqrt{s(s-a)(s-b)(s-c)} \qquad \text{mit } s = \frac{a+b+c}{2}$$

Wenn wir diese Formel mit den bisherigen Sprachmitteln in Miranda implementieren wollen, so ist dies nicht auf effiziente Art und Weise möglich (Warum?). Die mathematische Definition kann allerdings unter Verwendung des **where**-Konstrukts eins zu eins nach Miranda übertragen werden.

```
area a b c = sqrt (s*(s-a)*(s-b)*(s-c))
             where
             s = (a+b+c)/2
```

Durch das Schlüsselwort **where** wird eine lokale Definition eingeführt, deren Sichtbarkeit auf die rechte Seite der vorhergehenden Gleichung beschränkt ist[2]. Mit Hilfe lokaler Definitionen kann eine Blockstruktur wie in Pascal (Schachtelung von Prozeduren) realisiert werden. Auch bezüglich der Sichtbarkeit von Bezeichnern gelten ähnliche Regeln wie in Pascal. Lokale Definitionen dienen im wesentlichen drei unterschiedlichen Zwecken.

Zum einen werden lokale Definitionen zur Effizienzsteigerung verwendet, indem gleiche Teilausdrücke aus einem Funktionsrumpf ((a+b+c)/2) in eine lokale Definition (s) herausgezogen werden. Man beachte, daß dieser Effekt bei der Definition von **area** nicht durch eine globale Definition von s erreicht werden kann, da s von den Parametern a, b und c abhängt.

```
months y = [31,feb,31,30,31,30,31,31,30,31,30,31]
           where
           feb = 29,  if leap y
               = 28,  otherwise
gone (d,m,y) = sum (take (m-1) (months y)) + d
```

Die Funktion **gone** berechnet die Anzahl der Tage im Jahr, die an dem angegebenen Datum vergangen sind. Die lokale Definition bei der Definition von **months** steigert zwar nicht die Effizienz, wohl aber die Übersichtlichkeit.

---

[2]Auch wenn eine Funktion durch *mehrere* Gleichungen definiert ist, bezieht sich eine lokale Definition immer nur auf *eine* Gleichung.

Zum zweiten benutzt man lokale Definitionen, um die Sichtbarkeit von Hilfsfunktionen nach außen einzuschränken[3].

```
lin_fib n = fst (twofib n)
            where
            twofib 0 = (0,1)
            twofib (n+1) = (b,a+b)
                           where
                           (a,b) = twofib n
```

```
showlist s x
    = "["++f x
      where
      f [] = "]"
      f [a] = s a++"]"
      f (a:x) = s a++","++f x
```

Die Funktion `lin_fib` berechnet die Fibonacci-Funktion in linearer Zeit im Gegensatz zur naiven Definition, die exponentiell viel Laufzeit benötigt. Der Trick besteht darin, daß die Hilfsfunktion `twofib` gleichzeitig die n-te und die $(n+1)$-te Fibonacci-Zahl bestimmt (siehe Aufgabe 3.10).

Mit Hilfe der Funktion `showlist` kann eine Liste in einen String umgewandelt werden; als Parameter erwartet `showlist` eine Funktion, die jedes Listenelement in einen String konvertiert.

```
showlist shownum [1..4]  ▷  "[1,2,3,4]"
```

Eine Funktion sollte immer dann lokal definiert werden, wenn sie (wie `twofib` oder `f`) nicht für sich alleine von Interesse ist. Die Funktion `f` in der Definition von `showlist` kann darüber hinaus nicht global definiert werden, da sie vom Parameter `s` abhängig ist. Wollte man `f` global definieren, dann müßte die Parameterliste von `f` um `s` erweitert werden, was sicherlich nicht die Lesbarkeit der Definition erhöhen würde. Da der Parameter `s` während der Berechnung nicht verändert wird, ist die lokale Definition von `f` die geschickteste Wahl.

Die Definitionen von `twofib`, `split` und `qsort` verdeutlichen, wie lokale Definitionen zum dritten verwendet werden können, um strukturierte Rückgabewerte wie Tupel zu verarbeiten.

```
split a [] = ([],[])
```

---

[3]Der Modulmechanismus, den wir in Kapitel 9 kennenlernen werden, ist sicherlich das geeignetere Mittel, die Sichtbarkeit von Bezeichnern einzuschränken. Insbesondere dann, wenn eine Funktion sich auf mehrere Hilfsfunktionen abstützt.

```
split a (b:x) = (b:l,r),  if a>=b
              = (l,b:r),  otherwise
                where
                (l,r) = split a x

qsort [] = []
qsort (a:x) = qsort l ++ [a] ++ qsort r
              where
              (l,r) = split a x
```

Die Funktion `qsort` implementiert den bekannten Sortieralgorithmus Quicksort
von Hoare („divide and conquer"-Prinzip). Die Hilfsfunktion `split` teilt eine Liste
(2. Argument) in zwei Teillisten auf: die erste Liste enthält alle Elemente, die
kleiner gleich einem Pivotelement (1. Argument) sind, und die zweite Liste alle
restlichen Elemente (divide-Phase). Auf diese beiden Teillisten wird die Funktion
`qsort` rekursiv angewendet (conquer-Phase).

Die Ausdrücke auf der rechten Seite des Gleichheitszeichen unterliegen der Offside-Regel.
Eine lokale Definition gehört *syntaktisch* zum Ausdruck der letzten Alternative. Die lokalen
Definitionen müssen aus diesem Grund unter oder rechts vom ersten Zeichen des Ausdrucks der
letzten Alternative liegen. Im folgenden Beispiel sind die Positionen, die „offside" und „onside"
liegen, jeweils durch einen senkrechten Strich getrennt.

```
h x =  | a, if
       | x>=0
    =  | b, otherwise
       |         where
       | a = 0
       |    b = 1
```

Der *Geltungsbereich* der lokalen Definition erstreckt sich hingegen auf *alle* vorhergehenden Alternativen. Aus diesem Grund sollten veschiedene Alternativen auch direkt untereinander angeordnet werden, um dies optisch zu unterstützen. (Das Layout von `h` ist denkbar schlecht.)

Wie die Definition von `lin_fib` zeigt, sind auch geschachtelte lokale Definitionen zulässig.
Durch die unterschiedliche Einrückung wird jeweils deutlich, zu welcher Schachtelungstiefe eine
lokale Definition gehört.

Wie üblich kann die rechte Seite einer Gleichung explizit durch die Angabe eines Semikolons
abgeschlossen werden. Die Definitionen

```
f x = a
    where
    a = 2*b
    b = 2*c
        where
        c = 2*x
g y = y
```

können wie folgt in einer Zeile definiert werden.

```
f' x = a where a = 2*b; b = 2*c where c = 2*x;;; g' y = y
```

Nach der Gleichung c = 2*x müssen *drei* Semikolons angegeben werden, da *drei* rechte Seiten von Gleichungen beendet werden.

Die Sichtbarkeit von Bezeichnern kann statisch bestimmt werden (static scoping). Die Variablen, die in einem lokalen Block definiert werden, sind auf der rechten Seite der Gleichung sichtbar, auf die sich die lokale Definition bezieht. Darüber hinaus sind die Variablen im gleichen Block und in allen tiefergeschachtelten Blöcken sichtbar.

In den beiden nachfolgenden Programmfragmenten wird jeweils in einem Kommentar am Ende einer Zeile angegeben, welche Bezeichner in der jeweiligen Zeile sichtbar sind (a1 bzw. a2 bezeichnen die Vorkommen von a, die durch die erste bzw. die zweite Gleichung definiert werden).

```
f x = a                     || f, g, x, a1 b
      where
      a = 2*b               || f, g, x, a1, b
      b = 2*a               || f, g, x, b, a2
            where
            a = 2*x         || f, g, x, b, a2        (*)
g y = y                     || f, g, y2
      where
      y = 1                 || f, g, y2              (**)
```

Variablen können durch tiefer geschachtelte Definitionen verdeckt werden, so verdeckt die mit (*) gekennzeichnete Definition die vorher eingeführte Variable a und die mit (**) gekennzeichnete Definition verdeckt den Parameter y.

Auch wenn es theoretisch möglich ist, Blöcke beliebig tief zu schachteln, sollte die Schachtelungstiefe aus Gründen der Lesbarkeit und der Wartbarkeit von Programmtexten möglichst gering sein.

3.4 Syntax

Wir führen im folgenden nur jeweils die Erweiterungen gegenüber den alten Diagrammen auf. Für viele Konstrukte ist die Syntax jetzt vollständig.

Eine Wertedefinition ist entweder eine skalare oder eine konforme Definition.

```
<def>   ⟶   <fnform> = <rhs>      skalare Definition
        |     <pat> = <rhs>        konforme Definition
```

Die linke Seite einer skalaren Definition hat die folgende Form.

```
<fnform>   ⟶   <var> { <formal> }
            |    <pat> $<var> <pat>          DIY-Infix-Operator
            |    ( <fnform> ) { <formal> }   z.B.: (f $dot g)a=f(g a)
```

Mehrdeutigkeiten bei Mustern werden wie üblich gemäß der Präzedenz und Assoziativität der beteiligten Operatoren aufgelöst.

```
<pat>      ⟶   <formal>
            |    -<nat>                    negative Zahl
            |    <pat> : <pat>             Kopfelement und Restliste
            |    <pat> + <nat>
            |    ...
<formal>   ⟶   <var>                      formaler Parameter
            |    <constructor>            nullstelliger Konstruktor
            |    <literal1>               Konstante
            |    ( [ <pat>–list ] )       Tupel
            |    [ [ <pat>–list ] ]       Liste
```

Die formale Syntax ist bezüglich der lokalen Definitionen etwas irreführend: Syntaktisch gehört eine lokale Definition zur letzten Alternative einer Folge von bewachten Ausdrücken. Der Geltungsbereich der in der lokalen Definition definierten Bezeichner erstreckt sich hingegen auf alle Alternativen einer Gleichung.

```
<rhs>        ⟶   <simple-rhs> (;)          unbedingter Ausdruck
              |    <cases>                   bedingter Ausdruck
<simple-rhs> ⟶   <exp> [ <whdefs> ]
<cases>      ⟶   <alt> (;) = <cases>
              |    <lastcase> (;)
<alt>        ⟶   <exp> , [ if ] <exp>       bewachter Ausdruck
<lastcase>   ⟶   <lastalt> [ <whdefs> ]     letzte Alternative
<lastalt>    ⟶   <exp> , [ if ] <exp>
              |    <exp> , otherwise
<whdefs>     ⟶   where <def> { <def> }      Lokale Definition
```

Die folgenden Konstanten können als Muster verwendet werden.

```
<literal1>   ⟶   <nat> | <charconst> | <stringconst>
```

Die Liste der Operatoren muß um DIY-Operatoren ergänzt werden.

```
<infix1>   ⟶   ... | $<identifier>
```

Pattern	Ausdrücke
[a,b,c,d]	"john" "joe" "anna"
[a,b,b,a]	"john" "joe" "anna"
'M':a:b:"er"	"Maier" "Mayar" "Meyer"
[]:[]:[]	[] [[],[]] [[]]
(n+3)+4	5 6 7
(-1)+2	-1 0 1 2 3
(n,n+1,n+2)	(4,3,2) (2,3,4) (3,3,3)
(a,(b,c))	(1,2,3) ((1,2),3) (1,(2,3))

Abbildung 3.2: Welche Pattern matchen welche Ausdrücke (Aufgabe 3.1)?

Aufgaben

Aufgabe 3.1 Betrachte Abbildung 3.2. Welche der angegebenen Pattern matchen welche Ausdrücke und an welche Werte werden die Variablen gebunden?

Aufgabe 3.2 Betrachte das folgende Miranda Skript.

```
i x = succ x, if x>=0
= pred x, otherwise
    where pred x = sub x 1
                    where sub x y = x-y;
  succ x = add x 1;;
  add x y = x+y
j x = x-1
k = j n where n = 3
                where
                j x = x+n where n=1
```

Welche Bezeichner sind an welcher Stelle sichtbar? Das Skript ist sicherlich ein Beispiel für schlechtes Layout (und für schlechten Programmierstil). Wie kann man die Definitionen besser *formatieren*.

Aufgabe 3.3* In Abschnitt 3.1.2 wurde gezeigt, wie geschachtelte if-Ausdrücke linearisiert werden können. Wenn für jeden geschachtelten if-Ausdruck eine Hilfsdefinition eingeführt wird, erhält man die alternative Übersetzung:

```
e = e1, if b1
```

```
    = e2, if b2
    = e3, otherwise
 e1 = e11, if b11
    = e12, if b12
    = e13, otherwise
 e2 = e21, if b21
    = e22, otherwise
```

Welche Vor- und Nachteile haben beide Übersetzungsverfahren? Wie muß das
obige Verfahren erweitert werden, wenn in den Ausdrücken auf Funktionsparameter zugegriffen wird?

Aufgabe 3.4* Welche Funktion wird durch die folgenden Gleichungen definiert?

```
f91 n = n - 10,                 if n>100
      = f91 (f91 (n + 11)),  otherwise
```

Gib eine äquivalente, nichtrekursive Definition an.

Aufgabe 3.5 Gegeben sei die Darstellung quadratischer Polynome aus Aufgabe
2.4.

1. Definiere eine Funktion, die eine Liste aller Nullstellen eines Polynoms berechnet.

2. Definiere eine Funktion, die eine Liste aller Fixpunkte eines Polynoms, d. h.
   Stellen mit $f(x) = x$, berechnet.

Aufgabe 3.6 Das Polynom

$$\sum_{i=0}^{n} a_i x^i$$

wird durch die Liste

```
[an,...,a2,a1]
```

repräsentiert. Definiere eine Funktion, die den Funktionswert eines Polynoms an
einer angegebenen Stelle berechnet. Verwende das Hornerschema.

Aufgabe 3.7 Schreibe Funktionen, die die logische Implikation, die logische Äquivalenz und das exklusive Oder implementieren. Welche verschiedenen Möglichkeiten der Definition gibt es und wie unterscheiden sie sich?

Aufgabe 3.8 Definiere die Funktionen **even** und **odd** mit Hilfe von Mustern. Gib eine Definition an, die verschränkt rekursiv ist, und eine Definition, die linear rekursiv ist.

Aufgabe 3.9* Welche Funktion wird durch die nachfolgenden Gleichungen definiert.

```
unknown 0 n = n
unknown (m+1) n = unknown m n + 1
```

Definiere Addition, Subtraktion, Multiplikation und Exponentiation natürlicher Zahlen auf ähnliche Art und Weise.

Aufgabe 3.10* Zeige durch vollständige Induktion, daß die in Abschnitt 3.3 definierte Funktion `lin_fib` die Fibonacci Funktion berechnet. Hinweis: Die Hilfsfunktion `twofib` hat die folgende Eigenschaft.

```
twofib n = (fib n, fib (n+1))
```

Aufgabe 3.11* Die Funktion **ntimes** berechnet die n-fache Komposition einer Funktion. Zeige, daß die folgende Gleichung gilt.

```
ntimes k (ntimes m) = ntimes (m^k),   if k>=1 & m>=0
```

Aufgabe 3.12*   1. Definiere eine Funktion, die das Maximum einer Liste von Zahlen berechnet. Ist die definierte Funktion total?

2. Gegeben ist eine Liste von ganzen Zahlen, finde die zusammenhängende Teilliste, deren Summe maximal ist unter allen zusammenhängende Teillisten. Für die Liste

```
[-3,2,-5,3,-1,2]
```

ist die Teilliste `[3,-1,2]` mit der Summe 4 maximal. Welche Laufzeit benötigt das Programm?

Aufgabe 3.13 Schreibe ein Programm `hanoi :: num->[char]`, um das bekannte Rätsel „Die Türme von Hanoi" zu lösen. Der Eingabewert bestimmt die Anzahl der umzulegenden Scheiben und die Ausgabe sollte (z. B. für `hanoi 2`) die folgende Form haben.

```
Verschiebe die oberste Scheibe von Turm 1 nach Turm 3.
Verschiebe die oberste Scheibe von Turm 1 nach Turm 2.
Verschiebe die oberste Scheibe von Turm 3 nach Turm 2.
```

Funktion	Typ	Bemerkung
tolower toupper	char->char	Konvertiert Groß- nach Kleinbuchstaben und umgekehrt, alle anderen Zeichen werden nicht verändert.
strchr	char-> [char]->[num]	Liste aller Positionen, an denen das Zeichen im String auftritt.
strpbrk	[char]-> [char]->[num]	Liste aller Indizes der Vorkommen eines beliebigen Zeichens aus dem zweiten String im ersten String.
strstr	[char]-> [char]->[num]	Liste aller Positionen, an denen der zweite String im ersten String auftritt.
strtok	[char]-> [char]->[[char]]	Der erste String wird an den Zeichen, die im zweiten String aufgeführt sind, in Teilstrings aufgebrochen.

Abbildung 3.3: C-Funktionen zur Stringverarbeitung (Aufgabe 3.14)

Aufgabe 3.14** Definiere die zeichen- bzw. stringverarbeitenden Funktionen aus Abbildung 3.3. Die Funktionen entsprechen im wesentlichen den namensgleichen Funktionen aus der C-Standardbibliothek. Die folgenden Beispiele zeigen einige Anwendungen der Funktionen.

```
                          tolower 'T'  ▷  't'
                          tolower ','  ▷  ','
               strchr 'l' "hello world"  ▷  [2,3,9]
   strpbrk "hello world, hello joe" " ,"  ▷  [5,11,12,18]
                    strstr "babcdab" "ab"  ▷  [1,5]
                    strstr "ababab" "abab"  ▷  [0,2]
    strtok "hello world, hello joe" " ,"  ▷  ["hello","world",
                                               "hello","joe"]
                  strtok "[1,2,3]" "[,]"  ▷  ["1","2","3"]
```

Ein wesentlicher Unterschied zu den C-Funktionen besteht darin, daß jeweils nicht nur eine Position, sondern eine Liste aller Positionen zurückgegeben wird.

Aufgabe 3.15* Welche Laufzeit benötigt die folgende naive Definition der Funktion **reverse**, um eine Liste der Länge n zu spiegeln.

```
reverse' [] = []                                    || ~ reverse
reverse' (a:x) = reverse' x++[a]
```

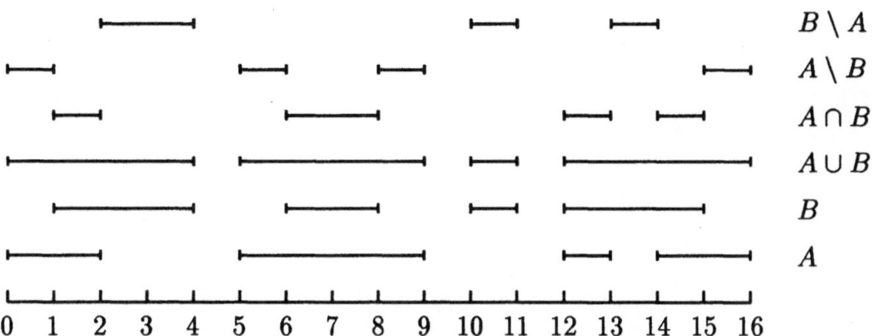

Abbildung 3.4: Intervallarithmetik

Versuche eine geschicktere Definition zu finden, die lineare Laufzeit benötigt.

Aufgabe 3.16** Das halboffene Intervall $[l, r[$ mit

$$[l, r[\ := \ \{x \mid l \le x < r\}$$

wird durch das 2-Tupel $(1,r)$ repräsentiert. Eine *endliche* Vereinigung halboffener Intervalle kann kanonisch durch eine geordnete Folge disjunkter, nicht leerer Intervalle dargestellt werden:

$$[l_1, r_1[, \ [l_2, r_2[, \ \cdots \ , [l_n, r_n[\qquad \text{mit } l_i < r_i < l_{i+1} < r_{i+1} \text{ für } 1 \le i < n$$

In Miranda wird eine derartige Folge natürlich durch eine Liste repräsentiert:

```
[(l1,r1), (l2,r2), ..., (ln,rn)]
```

Programmiere Funktionen, um die Vereinigung, den Durchschnitt und die Differenz solcher Intervallmengen zu berechnen. Die Funktionsergebnisse sollten wieder das oben angebene Format besitzen. Aus Abbildung 3.4 können Testdaten für die Funktionen entnommen werden.

4 Typsystem

Miranda ist eine *stark getypte* Programmiersprache. Durch das Typsystem wird sichergestellt, daß zur Laufzeit keine Fehler auftreten, die auf die Anwendung von Funktionen auf Argumente des falschen Typs zurückzuführen sind. So wird der Ausdruck

```
sum [1,2,3,'a',5,6,7]
```

schon zur Übersetzungszeit als fehlerhaft zurückgewiesen. Das Typsystem von Pascal erfüllt den gleichen Zweck[1]; darüber hinaus kann in Pascal der Typ jedes Objekts zur Übersetzungszeit eindeutig bestimmt werden. Sprachen mit dieser stärkeren Eigenschaft heißen *statisch getypt*. Die eindeutige Herleitung des Typs ist in Miranda nicht immer möglich, so wird für die Funktion id mit

```
id' x = x                                    || = id
```

der Typ

```
id' :: *->*
```

hergeleitet. Die Sterne in der Typangabe bezeichnen Stellen, die nicht näher bestimmt werden können. In Miranda wird aus dieser Not allerdings eine Tugend gemacht (siehe Abschnitt 4.1).

Im Gegensatz zu Miranda oder Pascal ist Scheme eine *schwach getypte* (oder dynamisch getypte) Sprache. In Scheme werden die Objekte zur Laufzeit mit Typen annotiert. Anhand dieser Typinformationen überprüfen die vordefinierten Funktionen zur Laufzeit, ob die Typen der Argumente korrekt sind.

Stark getypte Sprachen besitzen eine Reihe von Vorteilen gegenüber schwach getypten Sprachen.

1. Stark getypte Sprachen bieten Sicherheit. Eine Reihe von Fehlern werden schon zur Übersetzungszeit erkannt und lokalisiert. Somit wird garantiert, daß diese Fehler zur Laufzeit nicht auftreten. Diese Eigenschaft wird in dem Motto der Typtheorie

---

[1] Die Typprüfung in Pascal [Jensen 78] ist allerdings nicht vollständig, da es möglich ist, an einigen Stellen das Typsystem zu umgehen: Die Typen von Prozedurparametern müssen nicht deklariert werden und die Komponenten von varianten Records sind nicht ausreichend geschützt.

„well-typed expressions do not go wrong"

ausgedrückt [Milner 78].

2. Stark getypte Sprachen lassen sich effizienter implementieren. Zum einen müssen zur Laufzeit keine Typprüfungen durchgeführt werden und zum anderen können die Typinformationen benutzt werden, um etwa für Fallunterscheidungen optimalen Code zu erzeugen.

3. Typangaben dienen der Dokumentation von Programmen. Sie haben neben der mechanischen Überprüfbarkeit[2] den Vorteil, daß sie knapp und für viele Zwecke, etwa der Spezifikation von Schnittstellen, hinreichend präzise sind.

   In diesem Sinn ist eine Typangabe eine partielle Spezifikation und eine Typprüfung ein partieller Korrektheitsbeweis.

Schwach getypte Sprachen haben gegenüber stark getypten Sprachen den Vorteil der größeren Flexibilität, da der Programmierer nicht gezwungen ist, sich der Typdisziplin zu unterwerfen. Ein Typsystem stellt immer einen Kompromiß zwischen Sicherheit und Flexibilität dar.

In der Sprache Pascal erhält jeder Bezeichner *genau einen* Typ; dieser Typ muß in einer Deklaration vom Programmierer angegeben werden. Durch die Bedingung, daß der Typ jedes Bezeichners eindeutig festgelegt werden muß, wird der Programmierer allerdings unnötig eingeschränkt. So besteht nicht die Möglichkeit, einen generischen Datentyp zu definieren, etwa den Datentyp „Liste über einem Grundtyp t". Dies hat zur Folge, daß zum einen für jeden Grundtyp t eine neue Typdefinition angegeben werden muß und daß zum anderen grundlegende listenverarbeitende Funktionen für jeden dieser Typen neu programmiert werden müssen. Dabei unterscheiden sich die jeweiligen Funktionen nur durch die verschiedenen Typangaben, nicht aber durch den Funktionsrumpf (siehe Abbildung 4.1). Das Typsystem von Miranda bietet gegenüber dem Typsystem von Pascal zwei Vorteile.

1. Ein Bezeichner kann mehrere, i. allg. sogar unendlich viele Typen besitzen. Alle Typen der Form `t->t`, wobei `t` ein beliebiger Typ ist, sind gültige Typen der Funktion `id`.

2. Die Typen von Bezeichnern müssen nicht angegeben werden, sondern sie werden automatisch vom System hergeleitet. In Abschnitt 4.2 wird das Verfahren beschrieben, das das Miranda-System für die Herleitung der Typen verwendet.

---

[2]Erläuterungen in Kommentarklammern sind nur für menschliche Leser nicht aber für den Übersetzer nützlich und können überholt oder falsch sein.

```
program intlists(input,output);
    type intlink = ^intlist;
         intlist = record
                        elem : integer;
                        next : intlink
                   end;
... function length(p : intlink) : integer;
        var len : integer;
        begin
        len := 0;
        while p<>nil do
            begin
            len := len + 1;
            p := p^.next
            end;
        length := len
        end;
...

program charlists(input,output);
    type charlink = ^charlist;
         charlist = record
                        elem : character;
                        next : charlink
                   end;
... function length(p : charlink) : integer;
        var len : integer;
        begin
        len := 0;
        while p<>nil do
            begin
            len := len + 1;
            p := p^.next
            end;
        length := len
        end;

...
```

Abbildung 4.1: Listenverarbeitende Funktionen in Pascal

Ein Typsystem, das jedem Objekt einer Sprache genau einen Typ zuordnet, heißt *monomorph*. Monomorphe Typsysteme werden von *polymorphen* Typsystemen unterschieden. Letztere erlauben es, daß ein Objekt mehrere, sogar unendliche viele Typen besitzt.

Pascal besitzt im Prinzip ein monomorphes Typsystem. Es gibt aber eine Reihe von Ausnahmen, mit Hilfe derer die verschiedenen Formen des Typpolymorphismus gut erklärt werden können. Die folgende Darstellung lehnt sich an den Artikel [Cardelli 85] an.

Eine ganze Zahl kann in einem Kontext verwendet werden, in dem eine Fließkommazahl verlangt wird. Vom Übersetzer werden anhand der Typdeklarationen automatisch *Konversionsfunktionen* eingefügt. Der Operator + kann sowohl für die Addition ganzer Zahlen als auch für die Addition von Fließkommazahlen benutzt werden. Die Verwendung des gleichen Bezeichners für unterschiedliche Funktionen wird *Überladung* genannt. Diese beiden Formen des Polymorphismus werden als *„ad hoc"-Typpolymorphismus* bezeichnet, der oftmals nur als eine syntaktische Schreiberleichterung aufgefaßt wird. „ad hoc"-Typpolymorphismus liegt immer dann vor, wenn ein Objekt eine endliche Zahl verschiedener, unzusammenhängender Typen besitzt.

Eine besondere Stellung nimmt in Pascal der Nullzeiger nil ein. Der Nullzeiger ist in jedem Zeigertyp enthalten. Diese gemeinsame Verwendung eines Wertes ist ein Spezialfall des *parametrisierten Typpolymorphismus*, der dem Typsystem von Miranda zugrundeliegt und den wir in Abschnitt 4.1 näher besprechen werden.

Schließlich bietet Pascal die Möglichkeit an, Unterbereichstypen von skalaren Datentypen zu definieren. Unterbereichstypen nehmen insofern eine besondere Stellung ein, als auf ihnen eine Ordnung definiert werden kann. Ist $m \ldots n$ das Intervall der natürlichen Zahlen zwischen m und n, dann gilt die folgende Inklusionsrelation.

$$m \ldots n \sqsubseteq m' \ldots n' \quad \Leftrightarrow \quad m' \leq m \wedge n \leq n'$$

Das Symbol $\sqsubseteq$ bezeichnet die Ordnungsrelation auf Typen. Stehen zwei Typen σ und τ in der Relation $\sigma \sqsubseteq \tau$, so heißt σ Untertyp von τ und umgekehrt τ Obertyp von σ. Elemente von Untertypen haben die Eigenschaft, daß sie als Elemente eines Obertyps verwendet werden können. Die Konstante 5 hat demnach unendlich viele Typen, den Bereichstyp $5 \ldots 5$ und alle Obertypen dieses Typs. Unterbereichstypen sind ein Spezialfall des *Inklusions-Typpolymorphismus*. Diese Form des Typpolymorphismus findet man insbesondere in objektorientierten Sprachen (Klassenhierarchie).

Die beiden letztgenannten Erscheinungsformen des Typpolymorphismus werden unter dem Begriff *universeller Typpolymorphismus* zusammengefaßt. Im folgenden Diagramm sind die verschiedenen Begriffe noch einmal aufgeführt.

$$\text{Typpolymorphismus} \begin{cases} \text{„ad hoc"-TP} \begin{cases} \text{Wertumwandlung} \\ \text{Überladung} \end{cases} \\[2ex] \text{Universeller TP} \begin{cases} \text{Inklusions-TP} \\ \text{Parametrisierter TP} \end{cases} \end{cases}$$

Der parametrisierte Typpolymorphismus ist in gewisser Hinsicht die allgemeinste Form des Typpolymorphismus, da er unabhängig von bestimmten Arten von Typen arbeitet. Allerdings sind die Anforderungen, die an eine Implementierung einer Sprache mit parametrisiertem Typpolymorphismus gestellt werden, sehr hoch. So müssen die Objekte im Speicher einheitlich repräsentiert werden, damit die fehlerfreie Ausführung polymorpher Funktionen gewährleistet werden kann [Appel 87].

Zum Schluß noch einige Bemerkungen zum Begriff „Typfehler". Wie weit dieser Begriff gefaßt wird, ist oft eine Frage des persönlichen Geschmacks. Das einleitende Beispiel gibt sicherlich keinen Einlaß zu kontroversen Diskussionen. Die folgenden Beispiele passieren in Miranda die Typprüfung, verursachen aber Laufzeitfehler.

```
1/0     hd []     [1..10]!2.0     rotate=swap
```

Es gibt sicherlich gute Gründe, auch diese Fehler als Typfehler zu klassifizieren. Der dritte Ausdruck verursacht einen Laufzeitfehler auf Grund der fehlenden Unterscheidung zwischen ganzen Zahlen und Fließkommazahlen[3]. Der letzte Ausdruck wird in der Sprache SML bereits zur Übersetzungszeit abgefangen („equality types").

Neben der Besprechung des parametrisierten Typpolymorphismus in Abschnitt 4.1 und des Typinferenzverfahrens in Abschnitt 4.2 gehen wir in Abschnitt 4.3 genauer auf Wertespezifikationen ein. Mit der Möglichkeit, Abkürzungen für Typen zu definieren, beschäftigt sich Abschnitt 4.4. In Abschnitt 4.5 wird die generische Funktion <u>show</u> beschrieben, mit deren Hilfe ein beliebiger Wert in seine String-Repräsentation überführt werden kann.

4.1 Parametrisierter Typpolymorphismus

Das Motto parametrisierter polymorpher Typsysteme lautet:

> Schränke den Typ einer Funktion nur soweit ein, daß die fehlerfreie Abarbeitung der Funktion gewährleistet werden kann.

Der Typ einer Funktion wird durch die Verwendung von Mustern auf den linken Seiten der Definitionsgleichungen und durch die Verwendung der Funktionsparameter im Rumpf bestimmt.

Eine Funktion stützt sich i. allg. auf mehrere Hilfsfunktionen oder vordefinierte Funktionen ab. Wird eine Hilfsfunktion auf einen Parameter angewendet, so muß der Typ des Parameters eingeschränkt werden, um die korrekte Abarbeitung der Hilfsfunktion garantieren zu können.

```
length [] = 0                              || = #
length (a:x) = 1 + length x


member' [] b = False                       || = member
```

---

[3]Interessanterweise wurden Typen in der Sprache Fortran nur eingeführt, um gerade diese Unterscheidung treffen zu können.

```
member' (a:x) b = a=b \/ member' x b

sum' [] = 0                                        || = sum
sum' (a:x) = a + sum' x
```

Alle drei Funktionen erwarten gemäß der Muster als ersten Parameter eine Liste.
Die Funktion `length` arbeitet die Liste rekursiv ab, greift aber nicht auf die einzelnen Elemente der Liste zu. Deshalb ist der Grundtyp der Liste beliebig. Die
Funktion **member** vergleicht die Listenelemente mit dem zweiten Parameter. Da
die Vergleichsoperation = auf allen Typen definiert ist, kann auch in diesem Fall
der Grundtyp der Liste beliebig gewählt werden; er muß allerdings mit dem Typ
des zweiten Parameters übereinstimmen. Die Funktion **sum** addiert die Elemente
der Liste auf. Somit muß der Grundtyp der Liste **num** sein. Insgesamt erhalten die
Funktionen die folgenden, allgemeinsten Typen:

```
length  :: [*]->num
member' :: [*]->*->bool
sum'    :: [num]->num
```

Der Stern * ist ein Platzhalter für einen beliebigen Typ. Jeder Typ, den man durch
einheitliche Ersetzung des Sterns durch einen anderen Typ erhält, ist ein gültiger
Typ der jeweiligen Funktion. So kann die Funktion `length` z. B. auf Zahlenlisten
`length [1..10]`, auf Strings `length "hello"`, aber auch auf Listen von Strings
`length ["hello","world"]` angewendet werden.

Der Typ einer Funktion ist um so allgemeiner, je weniger die „Struktur" der
Argumente inspiziert wird. Die Funktion **const** mit

```
const' x y = x                                     || = const
```

erhält den Typ:

```
const' :: *->**->*
```

Der Typ von **const** enthält zwei unterschiedliche Platzhalter: * und **. Jeder der
beiden Platzhalter kann unterschiedlich belegt werden. Ein Platzhalter ist nichts
anderes als eine Typvariable (im Gegensatz zu den Typkonstanten **num**, **bool** etc.).
Typvariablen werden in Miranda durch Folgen von Sternen bezeichnet[4].

Ein Typ, der Typvariablen enthält, heißt *polymorpher* Typ. Enthält ein Typ
keine Typvariablen, dann heißt er *monomorph*. Wenn wir die Typvariablen eines

---

[4]Da die Typen von Funktionen in der Regel nur höchstens eine oder zwei Typvariablen enthalten, ist
diese Notation auch gerechtfertigt.

polymorphen Typs durch Typen substituieren, so bilden wir eine *Instanz* des polymorphen Typs. Für die Notation von Substitutionen verwenden wir die folgende Notation[5]. Der Ausdruck

```
s [*/t]
```

bezeichnet den Typ, den wir erhalten, wenn wir in s alle Vorkommen von * durch t ersetzen. Mehrere Ersetzungen können durch Kommata getrennt angegeben werden:

```
s [*/t,**/u,***/v]
```

Damit wird der Typ bezeichnet, der sich aus der *parallelen* Ersetzung der Typvariablen durch die jeweiligen Typen ergibt.

Wir haben gesehen, daß jede Instanz eines polymorphen Typs einen gültigen Typ der entsprechenden Funktion darstellt. Eine Funktion mit einem polymorphen Typ kann also sehr unterschiedlich verwendet werden, insbesondere kann man eine Funktion im *gleichen* Ausdruck unterschiedlich benutzen. So ist etwa

```
length "hello" < length [1..10]
```

ein wohlgetypter Ausdruck. Wenn s der Typ von length ist, dann wird das erste Vorkommen von length als Funktion vom Typ s [*/char] verwendet und das zweite Vorkommen als Funktion vom Typ s [*/num]. Ebenso ist der folgende Ausdruck wohlgetypt.

```
const (const 0) sum
```

Wenn wir den Typ von const mit t bezeichnen, so wird const als Funktion vom Typ t [*/num] (2. Vorkommen) und vom Typ t [*/***->num,**/[num]->num] (1. Vorkommen) verwendet. Der Gesamttyp des obigen Ausdrucks ist ***->num. In einigen funktionalen Sprachen (z. B. Ponder) werden die Belegungen der Typvariablen explizit als Parameter an die aufgerufene Funktion übergeben. Der Name „parametrisierter" Typpolymorphismus leitet sich aus dieser Tatsache ab.

Ein wichtiger Vorteil von Typsystemen ist in der Tatsache zu sehen, daß viele Fehler entdeckt und behoben werden können, ohne daß das Programm ausgeführt werden muß. So führt der folgende Ausdruck

```
member 5 [1..10]
```

---

[5]Diese Notation ist nicht Bestandteil der Sprache Miranda.

zu der Fehlermeldung **cannot unify num with [*]**. Versehentlich sind die Argumente von **member** in der falschen Reihenfolge angegeben worden. Die Funktion **member** erwartet als ersten Parameter eine Liste, wird aber mit einer Zahl aufgerufen.

Nicht immer äußern sich Tippfehler oder logische Fehler als Typfehler. Manchmal erkennt man einen Fehler allerdings am hergeleiteten Typ einer Funktion. Für die Funktion **reverse'**, die eine Liste spiegelt,

```
reverse' [] = []
reverse' (a:x) = reverse' x++a
```

wird der Typ **[[*]]->[*]** hergeleitet. Dieser Typ entspricht nicht dem erwarteten Typ **[*]->[*]**. Ein genauer Blick auf die Funktionsdefinition zeigt, daß in der zweiten Gleichung das Kopfelement nicht an die gespiegelte Restliste angehängt wird, sondern mit ihr konkateniert wird. Somit müssen die Listenelemente selbst wieder einen Listentyp besitzen. Die rechte Seite der zweiten Gleichung müßte korrekt **reverse' x++[a]** lauten. Für die folgende Quicksort-Variante (**split** ist wie in Abschnitt 3.3 definiert)

```
qsort [] = []
qsort (a:x) = qsort l ++ qsort r
              where
              (l,r) = split a x
```

wird der Typ **[*]->[**]** inferiert. Der inferierte Typ ist allgemeiner als wir es erwartet haben: Eine Liste eines beliebigen Typs wird in eine Liste eines anderen beliebigen Typs überführt. (Wo liegt der Fehler?)

Auch nichtterminierende Berechnungen können manchmal am Typ erkannt werden. Ist der Typ einer einstelligen Funktion **t->***, wobei ***** in **t** nicht vorkommt, so ist die Funktion total undefiniert.

```
forever a = forever a, if a>0
          = forever a, otherwise
```

Für die Funktion **forever** wird der Typ **num->*** hergeleitet. Da die nichtterminierende Berechnung (bzw. **undef**) als einziger Wert den allgemeinsten Typ ***** besitzt, terminiert die Funktion **forever** für kein Argument.

4.2 Typinferenz

In diesem Abschnitt werden wir uns mit dem Verfahren befassen, das vom Miranda-System für die Herleitung der Typen verwendet wird. Die Kenntnis des Verfahrens ist zum Verständnis des folgenden nicht notwendig. Sie erweist sich aber als hilfreich z. B. bei der Interpretation von Typfehlermeldungen. Unabhängig davon ist das Verfahren selbst natürlich auch von Interesse.

Während in konventionellen Sprachen, wie etwa in Pascal, die Typen der aktuellen Parameter nur gegen die vorher deklarierten Typen der formalen Parameter gematcht werden (Typprüfung), werden in Miranda die Typen der formalen Parameter hergeleitet (Typinferenz). Das Ergebnis der Herleitung ist der *allgemeinste Typ* (principal type) einer Funktion. Der allgemeinste Typ besitzt die Eigenschaft, daß alle gültigen Typen der Funktion Instanzen dieses Typs sind.

Wir werden zunächst zeigen, wie der Typ *einer* (rekursiven) Funktion unter der Voraussetzung hergeleitet werden kann, daß die Typen der Stützfunktionen[6] bereits bekannt sind. Dieses Verfahren kann unmittelbar auf verschränkt rekursive Funktionen übertragen werden. Abschließend befassen wir uns mit dem Problem, wie eine Folge von Funktionsdefinitionen so angeordnet werden kann, daß die obige Voraussetzung, daß die Stützfunktionen bekannt sind, stets erfüllt ist.

Im folgenden werden wir Typvariablen mit griechischen Buchstaben bezeichnen und nicht wie sonst üblich durch Folgen von Sternen, da wir sehr viele verschiedene Typvariablen benötigen. Das Typinferenzverfahren besteht aus drei Schritten. Im ersten Schritt leiten wir für eine Funktionsdefinition Aussagen der Form e :: t her. Die Aussage e :: t bedeutet, daß der Term e den Typ t erhalten muß. Im zweiten Schritt werden diese Aussagen in Typgleichungen der Form s = t überführt, die im letzten Schritt gelöst werden.

Herleitung von Typaussagen

Als durchgehendes Beispiel betrachten wir die folgende Funktionsdefinition.

```
on [] a = False
on (x:a) b = True,    if x=b
           = on a b,  otherwise
```

Wir bemerken zunächst, daß die Variable a in der ersten und in der zweiten Gleichung unterschiedlich verwendet wird. Diese Beobachtung führt zu der ersten Regel.

Regel 1: Die formalen Parameter der definierten Funktion müssen in verschiedenen Gleichungen konsistent umbenannt werden, um Namenskonflikte zu vermeiden.

---

[6]Die Funktion f stützt sich auf g ab, wenn g in der Definition von f verwendet wird: g ist eine Stützfunktion von f.

Wenn wir Regel 1 auf die obige Definition anwenden, erhalten wir:

```
on [] a1 = False
on (x:a2) b = True,    if x=b
            = on a2 b, otherwise
```

Bei der Typherleitung können die linken und rechten Seiten von Definitionsgleichungen völlig einheitlich behandelt werden:

> **Regel 2**: Die Typen aller linken und rechten Seiten von Gleichungen müssen gleich sein.
>
> Die Typen aller bewachten Ausdrücke müssen gleich sein. Die Wächter müssen den Typ bool besitzen.

Wir stellen für jeden Ausdruck eine Typangabe auf. Die Bedingung, daß die Typen aller Ausdrücke gleich sein müssen, erfüllen wir dadurch, daß wir in den Typangaben jeweils die gleiche Typvariable σ verwenden.

$$
\begin{array}{rcl}
\texttt{on [] a1} & :: & \sigma \\
\texttt{False} & :: & \sigma \\
\texttt{on (x:a2) b} & :: & \sigma \\
\texttt{True} & :: & \sigma \\
\texttt{x=b} & :: & \texttt{bool} \\
\texttt{on a2 b} & :: & \sigma
\end{array}
$$

Diese Typangaben werden mit Hilfe der folgenden Regel solange vereinfacht, bis auf den linken Seiten der Typangaben nur noch Bezeichner stehen.

> **Regel 3**: Die Typangabe f a :: σ wird durch die beiden Typangaben f :: α->σ und a :: α ersetzt (Funktionsapplikation). Die Typvariable α ist eine „frische", noch nicht verwendete Variable.
>
> Die Typangabe a⊕b :: σ wird durch die Typangaben ⊕ :: α->β->σ, a :: α und b :: β ersetzt, wobei α und β „frische" Typvariablen sind (Operatorausdruck).

Mit einer „frischen" Variablen meinen wir eine Variable, die noch nicht an einer anderen Stelle verwendet wurde.

Wenn wir diese Regel wiederholt auf die obigen Typangaben anwenden, erhalten wir einfache Aussagen, die auf den linken Seiten nur Bezeichner oder Konstruktoren enthalten. In der folgenden Abbildung können die notwendigen Schritte nachvollzogen werden. Die in der linken Spalte befindlichen Typangaben sind bereits aus einer Regelanwendung hervorgegangen.

$$
\begin{aligned}
&\texttt{on []} \ :: \ \alpha_0\texttt{->}\sigma \qquad \left\{ \begin{array}{l} \texttt{on} \ :: \ \alpha_1\texttt{->}\alpha_0\texttt{->}\sigma \\ \texttt{[]} \ :: \ \alpha_1 \end{array} \right. \\[2ex]
&\qquad \texttt{a1} \ :: \ \alpha_0 \\[2ex]
&\texttt{on (x:a2)} \ :: \ \alpha_2\texttt{->}\sigma \quad \left\{ \begin{array}{l} \texttt{on} \ :: \ \alpha_3\texttt{->}\alpha_2\texttt{->}\sigma \\[1ex] \texttt{x:a2} \ :: \ \alpha_3 \left\{ \begin{array}{l} \texttt{:} \ :: \ \alpha_4\texttt{->}\alpha_5\texttt{->}\alpha_3 \\ \texttt{x} \ :: \ \alpha_4 \\ \texttt{a2} \ :: \ \alpha_5 \end{array} \right. \end{array} \right. \\[3ex]
&\qquad \texttt{b} \ :: \ \alpha_2 \\
&\qquad \texttt{=} \ :: \ \alpha_6\texttt{->}\alpha_7\texttt{->}\texttt{bool} \\
&\qquad \texttt{x} \ :: \ \alpha_6 \\
&\qquad \texttt{b} \ :: \ \alpha_7 \\[2ex]
&\texttt{on a2} \ :: \ \alpha_8\texttt{->}\sigma \qquad \left\{ \begin{array}{l} \texttt{on} \ :: \ \alpha_9\texttt{->}\alpha_8\texttt{->}\sigma \\ \texttt{a2} \ :: \ \alpha_9 \end{array} \right. \\[2ex]
&\qquad \texttt{b} \ :: \ \alpha_8
\end{aligned}
$$

Herleitung von Typgleichungen

Diese Typangaben überführen wir jetzt in Typgleichungen. Dabei müssen wir Typangaben, die sich auf vordefinierte Funktionen beziehen, anders behandeln als Typangaben, die auf die Parameter bzw. auf die definierte Funktion Bezug nehmen.

Wir haben in Abschnitt 4.1 gesehen, daß polymorphe Funktionen in einem Ausdruck unterschiedlich verwendet werden können. Um dies formal zu fassen, führen wir den Begriff der *generischen Instanz* ein. Eine generische Instanz eines Typs τ erhält man durch konsistente Ersetzung der in τ auftretenden Typvariablen durch frische, noch nicht verwendete Typvariablen (eine generische Instanz ist also im wesentlichen eine Variablenumbenennung).

> **Regel 4:** Wenn **x** eine vordefinierte Funktion vom Typ τ ist, dann kann die Typangabe **x** $::$ σ durch die Gleichung $\sigma = \hat{\tau}$ ersetzt werden, wobei $\hat{\tau}$ eine generische Instanz von τ ist.

Wenn wir uns die Typen der vordefinierten Funktionen ins Gedächtnis rufen,

$$
\begin{aligned}
\texttt{True, False} &\ :: \ \texttt{bool} \\
\texttt{[]} &\ :: \ \texttt{[}\beta\texttt{]} \\
\texttt{:} &\ :: \ \beta\texttt{->[}\beta\texttt{]->[}\beta\texttt{]} \\
\texttt{=} &\ :: \ \beta\texttt{->}\beta\texttt{->bool}
\end{aligned}
$$

dann erhalten wir die folgenden Gleichungen:

$$
\begin{aligned}
\sigma &= \texttt{bool} \\
\alpha_1 &= [\beta_0] \\
\alpha_4\texttt{->}\alpha_5\texttt{->}\alpha_3 &= \beta_1\texttt{->}[\beta_1]\texttt{->}[\beta_1] \\
\alpha_6\texttt{->}\alpha_7\texttt{->}\texttt{bool} &= \beta_2\texttt{->}\beta_2\texttt{->}\texttt{bool}
\end{aligned}
$$

Die Notwendigkeit, jeweils eine generische Instanz zu verwenden, wird am folgenden Beispiel deutlich: wenn im Laufe der Herleitung die Typangabe id id $::$ τ auftritt, so wird diese gemäß Regel 3 in die Aussagen

$$
\begin{aligned}
\texttt{id} &:: \gamma\texttt{->}\tau \\
\texttt{id} &:: \gamma
\end{aligned}
$$

überführt. Setzen wir die rechten Seiten mit dem Typ der Identitätsfunktion $\delta\texttt{->}\delta$ gleich, erhalten wir eine unlösbare Gleichungsmenge[7]: $\delta=\delta\texttt{->}\delta$. Wählen wir jeweils eine generische Instanz, ergibt sich eine lösbare Gleichungsmenge:

$$
\begin{aligned}
\gamma\texttt{->}\tau &= \delta_0\texttt{->}\delta_0 \\
\gamma &= \delta_1\texttt{->}\delta_1
\end{aligned}
$$

Der Ausdruck id id erhält den polymorphen Typ $\delta_1\texttt{->}\delta_1$.

Die Parameter und die definierte Funktion müssen einheitlich verwendet werden. Dies führt zu der folgenden Regel.

Regel 5: Verschiedene Vorkommen eines Parameters bzw. der definierten Funktion erhalten den gleichen Typ.

Die Bedingung aus Regel 5 stellen wir sicher, indem wir die rechten Seiten von Typangaben, die sich auf die gleichen Parameter bzw. auf die definierte Funktion beziehen, gleichsetzen.

$$
\begin{aligned}
\alpha_1\texttt{->}\alpha_0\texttt{->}\sigma &= \alpha_3\texttt{->}\alpha_2\texttt{->}\sigma \\
\alpha_1\texttt{->}\alpha_0\texttt{->}\sigma &= \alpha_9\texttt{->}\alpha_8\texttt{->}\sigma \\
\alpha_4 &= \alpha_6 \\
\alpha_5 &= \alpha_9 \\
\alpha_2 &= \alpha_7 \\
\alpha_2 &= \alpha_8
\end{aligned}
$$

Lösung von Typgleichungen

Bevor wir die hergeleiteten Gleichungen lösen können, müssen wir uns zunächst darüber klar werden, wann zwei Typausdrücke gleich sind. Diese Frage ist leicht

---

[7] Der Typ α kann nicht gleich einem Typ sein, der α echt enthält (siehe Regel 9).

zu beantworten: Zwei Typausdrücke sind gleich, wenn sie syntaktisch identisch sind. Aus diesem Grund können wir das Unifikationsverfahren von Robinson [Robinson 65] verwenden, um die Gleichungsmenge zu lösen.

Eine Lösung einer Gleichungsmenge ist eine Substitution, die die linken und rechten Seiten der Gleichung syntaktisch gleich macht. Eine derartige Substitution wird *Unifikator* genannt. Wenn eine Gleichungsmenge lösbar ist, dann gibt es i. allg. unendlich viele Lösungen der Gleichungsmenge. So hat die Gleichung

$$([\alpha] \text{->} \alpha, \beta) = (\gamma \text{->} \text{bool}, \beta)$$

unter anderem die Lösungen:

$$[\alpha/\text{bool}, \beta/[\text{num}], \gamma/[\text{bool}]]$$
$$[\alpha/\text{bool}, \beta/[\delta], \gamma/[\text{bool}]]$$
$$[\alpha/\text{bool}, \gamma/[\text{bool}]]$$

Die letzte Lösung ist allgemeiner als die ersten beiden Lösungen, da die Typvariable β nicht belegt wird. Das Unifikationsverfahren, das wir im folgenden vorstellen, hat die Eigenschaft, daß immer die „allgemeinste" Lösung einer Gleichungsmenge, der *allgemeinste Unifikator*, berechnet wird[8]. Eine Lösung ist desto allgemeiner, je weniger die Typvariablen eingeschränkt werden. Als direkte Konsequenz aus der Berechnung des allgemeinsten Unifikators ergibt sich die Tatsache, daß der allgemeinste Typ hergeleitet wird.

Das Unifikationsverfahren basiert auf der schrittweisen Umformung von Gleichungen, bis die Gleichungen in gelöster Form vorliegen. Eine Gleichungsmenge $\{\alpha_1 = \sigma_1, \ldots, \alpha_n = \sigma_n\}$ ist in gelöster Form, wenn die α_i verschiedene Typvariablen sind, die in den σ_i nicht auftreten. Aus einer Gleichungsmenge in gelöster Form läßt sich der allgemeinste Unifikator unmittelbar ablesen.

Die unten aufgeführten Regeln (Regel 6 bis 9) werden in beliebiger Reihenfolge so lange auf eine Gleichungsmenge angewendet, bis keine Regel mehr anwendbar ist oder ein Fehler auftritt. Im ersten Fall liegt die Gleichungsmenge in gelöster Form vor.

Regel 6: Die Gleichung $t(\sigma_1, \ldots, \sigma_m) = t(\tau_1, \ldots, \tau_m)$ wird durch die Gleichungen $\sigma_1 = \tau_1, \ldots, \sigma_m = \tau_m$ ersetzt.

Ist die Gleichung $s(\sigma_1, \ldots, \sigma_m) = t(\tau_1, \ldots, \tau_n)$ mit $s \neq t$ in der Gleichungsmenge enthalten, dann kann die Gleichungsmenge *nicht* gelöst werden („name clash").

---

[8] Ein Unifikator θ einer Gleichungsmenge heißt allgemeinster Unifikator dieser Gleichungsmenge, wenn für jeden Unifikator θ' eine Substitution η existiert mit $\theta' = \eta \circ \theta$. Der allgemeinste Unifikator ist eindeutig bis auf Variablenumbenennungen.

Regel 6 umfaßt auch Gleichungen zwischen Typkonstanten ($m = 0$), funktionalen Typen ($m = 2$) und Tupeltypen („unsichtbares" t). Mit Hilfe dieser Regel können wir die Gleichungsmenge

$$\{\ (\,[\alpha]\text{->}\alpha,\beta)\ =\ (\gamma\text{->bool},\beta)\ \}$$

in die Gleichungsmenge

$$\{\ [\alpha]\ =\ \gamma,\ \alpha\ =\ \text{bool},\ \beta\ =\ \beta\}$$

überführen. Die Gleichung $\beta = \beta$ wird von jeder Substitution erfüllt und trägt somit nichts zur Einschränkung der Typvariablen bei.

Regel 7: Gleichungen der Form $\alpha = \alpha$, wobei α eine Typvariable ist, können eliminiert werden.

In einer Gleichungsmenge in gelöster Form stehen die Typvariablen auf den linken Seiten der Gleichungen. Aus diesem Grund werden die Gleichungen umgedreht, die eine Typvariable auf der rechten Seite haben.

Regel 8: Die Gleichung $t(\sigma_1,\ldots,\sigma_m) = \alpha$ wird durch die Gleichung $\alpha = t(\sigma_1,\ldots,\sigma_m)$ ersetzt.

Nach Anwendung von Regel 7 und Regel 8 erhalten wir die folgende Gleichungsmenge.

$$\{\ \gamma\ =\ [\alpha],\ \alpha\ =\ \text{bool}\ \}$$

Von einer Gleichungsmenge in gelöster Form wird darüber hinaus verlangt, daß die Typvariablen auf den linken Seiten nicht in den Ausdrücken auf den rechten Seiten auftreten.

Regel 9: Enthält die Gleichungsmenge die Gleichung $\alpha = \sigma$, wobei α nicht identisch mit σ ist und α in den restlichen Gleichungen[9], nicht aber in σ auftritt, dann wird auf die restlichen Gleichungen die Substitution $[\alpha/\sigma]$ angewendet.

Enthält die Gleichungsmenge die Gleichung $\alpha = \sigma$, wobei α nicht mit σ identisch ist, aber in σ auftritt, dann ist die Gleichungsmenge *nicht* lösbar.

---

[9]Die Bedingung, daß α in den restlichen Gleichungen nicht auftritt, stellt sicher, daß diese Regel nur endlich oft angewendet werden kann.

Der Test, ob die Typvariable α in dem Typausdruck σ auftritt, wird „occur check"
genannt. Die Gleichung $\alpha=\alpha\text{->}\beta$ ist unlösbar, da α nicht mit einem Typ syntaktisch identisch sein kann, der α echt enthält. Mit Hilfe der letzten Regel gewinnen
wir die Gleichungsmenge in gelöster Form,

$$\{ \gamma = \texttt{[bool]}, \alpha = \texttt{bool} \}$$

aus dem der allgemeinste Unifikator unmittelbar abgelesen werden kann.

Für die Typgleichungen, die wir für die Funktion on hergeleitet haben, ergibt
sich die gelöste Form:

$$\{ \alpha_0 = \beta_0, \alpha_1 = [\beta_0], \ldots, \sigma = \texttt{bool} \}$$

Wenn wir den zugehörigen Unifikator auf eine beliebige Typangabe für on, zum
Beispiel on $::\ \alpha_1\text{->}\alpha_0\text{->}\sigma$, anwenden, dann erhalten wir den Typ der Funktion
on (in Miranda-Notation):

```
on :: [*]->*->bool
```

Das beschriebene Verfahren zur Herleitung des Typs einer Funktion kann ohne
Schwierigkeiten auf verschränkt rekursive Funktionen übertragen werden, indem
beim zweiten Schritt (Regel 2) für jede Funktion eine andere Typvariable verwendet wird. Für die Funktionen even und odd, die wir in der Einleitung zu Kapitel
3 definiert haben, ergeben sich die folgenden Typangaben:

$$
\begin{aligned}
\texttt{even x1} \ &::\ \sigma \\
\texttt{x1=0 \textbackslash/ odd (x1-1)} \ &::\ \sigma \\
\texttt{odd x2} \ &::\ \tau \\
\texttt{x2\textasciitilde=0 \& even (x2-1)} \ &::\ \tau
\end{aligned}
$$

Sortieren von Funktionsdefinitionen

Ist für eine benutzerdefinierte Funktion ein polymorpher Typ hergeleitet worden,
dann kann diese Funktion genau wie eine polymorphe Standardfunktion in einer
anderen Definition mehrfach und unterschiedlich verwendet werden. Aus diesem
Grund kann die Typinferenz die Funktionen nicht in ihrer textuellen Reihenfolge
behandeln, sondern muß die Aufrufabhängigkeiten beachten. Funktionen, auf die
sich andere Funktionen abstützen, müssen vor den aufrufenden Funktionen typisiert werden. Verschränkt rekursive Definitionen müssen zusammen abgearbeitet
werden.

Um das Problem zu formalisieren, führen wir den Begriff des *statischen Auf-*
rufgraphen ein. Die in einem Skript definierten Bezeichner bilden die Knoten des

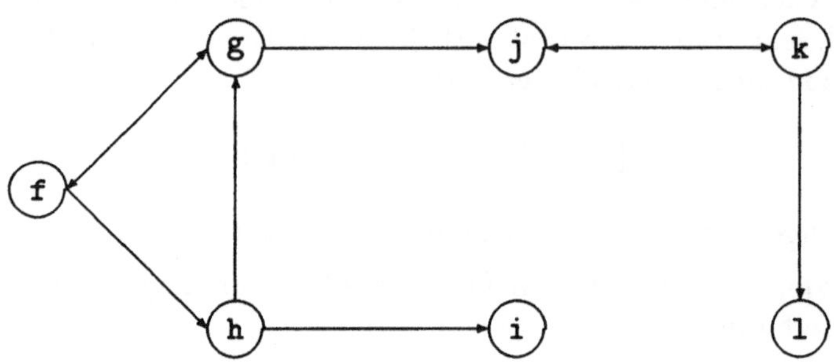

Abbildung 4.2: Statischer Aufrufgraph

Graphen. Es gibt eine gerichtete Kante vom Knoten **f** zum Knoten **g** genau dann, wenn die Funktion **g** in der Funktionsdefinition von **f** verwendet wird. Der statische Aufrufgraph des folgenden Skripts ist in Abbildung 4.2 angegeben.

```
f n = g n + h n
g n = j n + f n
h n = i n + g n
i n = n
j n = k n
k n = j n + l n
l n = 5
```

Auf den Knoten des statischen Aufrufgraphen definieren wir die Abhängigkeitsrelation. Zwei Knoten **f** und **g** stehen in dieser Relation, wenn es einen gerichteten Pfad von **f** nach **g** und von **g** nach **f** gibt. Die Abhängigkeitsrelation ist eine Äquivalenzrelation und partitioniert den Graphen in Äquivalenzklassen, den sogenannten *starken Zusammenhangskomponenten*. Eine Zusammenhangskomponente enthält alle Funktionen, die sich gegenseitig rekursiv aufrufen. Im obigen Skript sind dies z. B. die Funktion **j** und **k**.

Die starken Zusammenhangskomponenten bilden die Knoten des *Superstrukturgraphen*. Zwei Zusammenhangskomponenten sind in einem Superstrukturgraphen durch eine gerichtete Kante verbunden, wenn es im statischen Aufrufgraph eine gerichtete Kante von irgendeinem Knoten der einen Zusammenhangskomponente zu irgendeinem Knoten der anderen Zusammenhangskomponente gibt. Der Superstrukturgraph des obigen Skripts ist in Abbildung 4.3 dargestellt. Der Superstrukturgraph eines Graphen ist stets ein gerichteter, azyklischer Graph (siehe [Even 79]).

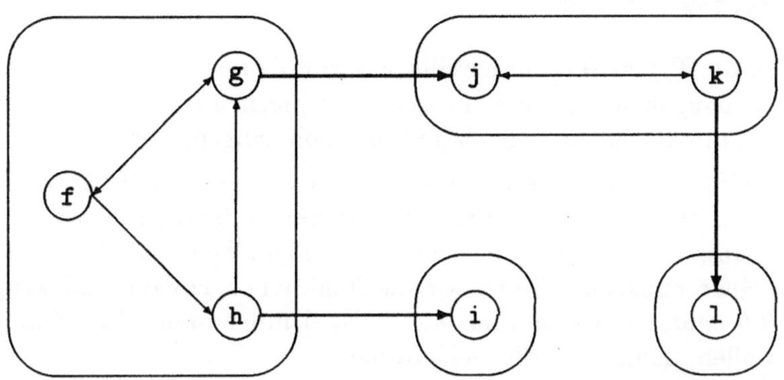

Abbildung 4.3: Superstrukturgraph des Graphen aus Abbildung 4.2

Aus dem Superstrukturgraphen können wir ablesen, in welcher Reihenfolge
die Definitionen typisiert werden müssen. Die Bezeichner, die in einer Zusammenhangskomponente enthalten sind, müssen gemeinsam behandelt werden. Wenn wir
die Knoten des Superstrukturgraphen topologisch sortieren (Senken, d. h. Knoten
mit Ausgangsgrad 0, nach vorne), dann erhalten wir eine mögliche Reihenfolge,
in der die Knoten abgearbeitet werden können. Für das obige Skript ergibt sich
z. B. die Abfolge:

$$\{l\}, \{j, k\}, \{i\}, \{f, g, h\}$$

4.3 Wertespezifikationen

Vom Miranda-System werden die Typen der definierten Funktionen automatisch
hergeleitet. Trotzdem sollte man aus Gründen der Programmdokumentation die
Typen der wichtigsten Funktionen deklarieren. Die Syntax für Wertespezifikationen haben wir schon an verschiedenen Stellen kennengelernt.

<spec> ⟶ <var>−list : : <type> (;)

Auf der linken Seite des Symbols : : können mehrere durch Kommata getrennte
Bezeichner angegeben werden, deren Typ auf der rechten Seite deklariert wird.

Man kann Wertespezifikationen auch nachträglich in ein Skript einfügen und
dabei die Hilfe des Miranda-Systems in Anspruch nehmen. Im Miranda-Interpreter
wird der Typ eines Bezeichners mit dem Kommando <identifier> : : ausgegeben.
Wenn Miranda mit der Option **-exports** aufgerufen wird,

```
mira -exports bintree
```

dann werden die Typen aller im jeweiligen Skript definierten Bezeichner ausgegeben. Diese Typangaben können dann an die entsprechenden Stellen im Skript, am besten jeweils direkt vor die zugehörige Definition, eingefügt werden.

Wertespezifikationen können darüber hinaus verwendet werden, um den Typ von Funktionen *einzuschränken*. Eine Einschränkung des Typs einer Funktion ist immer dann angebracht, wenn der hergeleitete Typ allgemeiner ist als der *intendierte* Typ einer Funktion. Wenn wir die Funktionen `rotate` und `swap`, die in Abschnitt 2.6 definiert wurden, nur auf 3-Tupel mit numerischen Komponenten anwenden wollen, dann stellt die Deklaration

```
rotate, swap :: (num,num,num)->(num,num,num)
```

automatisch die (in unserem Sinne) korrekte Verwendung der Funktionen sicher.

Beachte: Es wird überprüft, ob der spezifizierte Typ eine *Instanz* des hergeleiteten, allgemeinsten Typs ist, d. h., für die Funktion `succ n = n+1` ist die „Unterspezifikation" `succ :: *->*` nicht zulässig.

4.4   Typsynonyme

Typsynonyme werden eingeführt, um Typausdrücke abzukürzen und um sinnvolle Namen in Wertespezifikationen vergeben zu können. Die Syntax ähnelt der Syntax für Wertedefinitionen.

```
<tdef>  -->  <typename> == <type> (;)
```

Auf der linken Seite des Symbols `==` steht im einfachsten Fall der definierte Bezeichner, auf der rechten Seite der definierende Typausdruck. Typsynonyme werden insbesondere bei Wertespezifikationen verwendet, um in den Typangaben *aussagekräftige* Namen verwenden zu können. So können etwa die Typen der in Aufgabe 2.4 und 3.14 zu programmierenden Funktionen auf die folgende Art und Weise spezifiziert werden.

```
polynom == (num,num,num)
val :: polynom->num->num
xmirror,ymirror,pmirror :: polynom->polynom

string  == [char]
indices == [num]
strchr :: char->string->indices
```

```
strpbrk,strstr :: string->string->indices
strtok :: string->string->[string]
```

Insbesondere wenn Objekte der realen Welt modelliert werden, sollten Typsynonyme verwendet werden, um bedeutungsvolle Bezeichner zu vergeben.

```
nickname == [char];  age == num;  income == num
person == (nickname,age,income)
```

Analog zu Wertedefinitionen können auch Typsynonyme parametrisiert werden. Typparameter werden analog zu Typvariablen durch Folgen von Sternen *
bezeichnet.

```
queue * == [*]
continuation * ** == (*,*->**)
automorphism * == *->*
```

Auf diese Art und Weise wird jeweils eine Familie von Typsynonymen definiert.
Durch die erste Typgleichung werden die Abkürzungen `queue num`, `queue bool`,
`queue (queue num)` usw. definiert. Typsynonyme sind Abkürzungen. Aus diesem
Grund dürfen die Definitionen keine direkten oder indirekten Rekursionen enthalten. Die Gleichungen `s==t->t`; `t==(u,u)`; `u==s` sind demnach *nicht* zulässig.

Die Verwendung von (parametrisierten) Typabkürzungen ist völlig transparent.
In den jeweiligen Typangaben werden die Typabkürzungen durch die rechten Seiten der Typdefinitionen ersetzt. Somit sind die folgenden Wertespezifikationen
äquivalent.

```
deriv :: (num,num,num)->(num,num,num)
deriv :: polynom->polynom
deriv :: automorphism (num,num,num)
deriv :: automorphism polynom
```

Wenn mit den im Abschnitt 4.3 beschriebenen Kommandos die Typen von Funktionen ausgegeben werden, so wird immer die expandierte Form des entsprechenden
Typs ausgegeben, im obigen Beispiel `deriv::(num,num,num)->(num,num,num)`.

In Analogie zu zweistelligen Funktionen können auch zweistellige Typabkürzungen als Infix-Operatoren verwendet werden, wenn dem Typnamen das Zeichen $
direkt vorangestellt wird.

```
* $prod ** == (*,**)
* $func ** == *->**
continuation' * ** == * $prod * $func **
```

DIY-Infix-Operatoren sind rechtsassoziativ und haben eine höhere Präzedenz als
`->`. Somit wird der Ausdruck auf der rechten Seite der letzten Typdefinition
vollständig `* $prod (* $func **)` geklammert. Die Ausdrücke `prod s t` und
`s $prod t` können beliebig gegeneinander ausgetauscht werden.

4.5   Die generische Funktion show

Bei der Programmierung interaktiver Programme besteht oft die Notwendigkeit,
ein Objekt für die Ausgabe in einen String zu konvertieren. Wir haben schon verschiedene Funktionen kennengelernt, um etwa numerische Werte in Strings umzuwandeln (`shownum`, `showscaled` etc.). Um beliebige Werte in Strings zu konvertieren, kann die vordefinierte Funktion `show` verwendet werden[10]. So bezeichnet

```
show x
```

die String-Repräsentation von `x`. Für numerische Werte entspricht `show` der Funktion `shownum` aus der Standardumgebung. Allgemein gilt, daß Objekte in einer
Form ausgegeben werden, die ein erneutes Einlesen durch das System ermöglicht
(siehe Abschnitt 10.2). Die folgenden Beispiele zeigen einige Anwendungen.

```
       show 2.31     ▷   "2.31"
       show "hello"  ▷   "\"hello\""
   map show "hello"  ▷   ["'h'","'e'","'l'","'l'","'o'"]
   show ('a',True,2) ▷   "('a',True,2)"
        show qsort   ▷   "<function>"
```

Man beachte, daß `show`, auf einen String angewendet, den String mit doppelten
Anführungszeichen umgibt. Alle Werte mit Ausnahme funktionaler Werte besitzen
eine String-Repräsentation. Wenn `show` auf ein funktionales Objekt angewendet
wird, wird stets der String `"<function>"` zurückgegeben.

Die Funktion `show` besitzt im Prinzip den Typ

```
show :: *->[char]
```

und kann im Miranda-Interpreter auch ohne Einschränkung in diesem Sinne verwendet werden.

Bei der Verwendung von `show` innerhalb eines Skripts gibt es jedoch eine gra-
vierende Einschränkung: `show` darf nur monomorph benutzt werden, d. h., der

---

[10]Beachte: `show` ist ein Schlüsselwort und kein Bezeichner. Der Ausdruck „die Funktion `show`" ist
eigentlich falsch, da es sich um ein Bündel monomorpher Funktionen handelt.

Argumenttyp von <u>show</u> darf keine Typvariablen enthalten. Diese Bedingung und die Konsequenzen dieser Bedingung kann man am besten an zwei Beispielen verdeutlichen.

```
power n = "2^"++show n++" = "++show (2^n)
```

Für die Funktion **power** wird der Typ **num->[char]** hergeleitet; damit wird auch <u>show</u> jeweils monomorph als Funktion vom Typ **num->[char]** verwendet.

```
list2str [] = ""
list2str [a] = show a
list2str (a:b:x) = show a++","++list2str (b:x)
```

Die Funktion **list2str** erhält den Typ **[*]->[char]**: Somit wird <u>show</u> polymorph als Funktion des Typs ***->[char]** verwendet. Die Funktionsdefinition führt zu der folgenden Fehlermeldung:

```
use of "show" at polymorphic type *
```

Es gibt zwei verschiedene Möglichkeiten, das Problem zu umgehen. Zum einen kann man sich auf einen speziellen Listentyp mit Hilfe einer Wertespezifikation festlegen.

```
list2str :: [num]->string
```

Der Typ von **list2str** wird durch diese Spezifikation auf Zahlenlisten eingeschränkt: Somit wird <u>show</u> nur noch monomorph verwendet. Zum anderen kann **list2str** mit einer Ausgabefunktion parametrisiert werden (wie die Funktion **showlist** in Abschnitt 3.3). Diese Möglichkeit besitzt gegenüber der ersten Alternative den Vorteil der größeren Flexibilität, da man sich weder auf einen speziellen Listentyp noch auf eine spezielle Ausgabefunktion festlegen muß.

Falls **list2str** lokal in einer Funktion definiert worden wäre, gäbe es keine Möglichkeit, den Typ anzugeben. (In lokalen Definitionen sind nur Wertedefinitionen zulässig!)

4.6   Literaturhinweise

Der Ausgangspunkt für die meisten Arbeiten auf dem Gebiet der Typsysteme und Typinferenzalgorithmen ist sicherlich [Milner 78]. Einen guten Überblick über die verschiedenen Formen der Typpolymorphie bietet [Cardelli 85].

Typinferenzalgorithmen sind in [Field 88] und [Peyton Jones 87], aber auch im [Aho 86] dargestellt. Das Herz dieser Verfahren, der Unifikationsalgorithmus, ist zuerst in [Robinson 65] beschrieben worden. Unsere Darstellung ist an [Jouannaud 90] angelehnt. Einen im Verhältnis zur Größe der Gleichungsmenge linearen Algorithmus findet man in [Martelli 82].

Weitere Informationen zu den in Abschnitt 4.2 beschriebenen graphtheoretischen Konzepten findet man in [Even 79].

4.7 Syntax

Zu den Deklarationen kommen Typdefinitionen neu hinzu.

```
<decl>  ⟶   ...
        |   <tdef>        Typdefinition
        |   <spec>        Spezifikation
        |   ...
```

Die rechten Seiten von Typdefinitionen und Wertespezifikationen genügen jeweils der Offside-Regel.

```
<tdef>  ⟶   <tform> == <type> (;)        Typsynonym
<spec>  ⟶   <var>-list :: <type> (;)     Wertespezifikation
        |   ...
```

Die Syntax für Typausdrücke ist hiermit vollständig.

```
<type>   ⟶   <argtype>
         |   <typename> { <argtype> }        parametrisierter Typ
         |   <type> -> <type>                funktionaler Typ
         |   <type> $<typename> <type>       DIY-Infix
<tform>  ⟶   <typename> { <typevar> }        parametrisierter Typ
         |   <typevar> $<typename>
             <typevar>                       DIY-Infix
```

Die Syntax für Ausdrücke muß geringfügig erweitert werden.

```
<simple>  ⟶   ...
          |   show
          |   ...
```

Aufgaben

Aufgabe 4.1 Welche der folgenden Typgleichungen sind lösbar?

$$([\alpha],\beta,\gamma\text{->bool}) = (\delta,\delta,\varepsilon)$$
$$([\alpha],\beta,\gamma\text{->bool}) = (\delta,\varepsilon,\delta)$$
$$(\text{int},\alpha,[\text{int->}\beta]) = (\gamma,\gamma\text{->}\delta,[\delta])$$
$$(\alpha,\alpha) = (\beta,\text{int->}\beta)$$

Falls die Gleichung lösbar ist, wie lautet der allgemeinste Unifikator?

Aufgabe 4.2* Welches Laufzeitverhalten hat das in Abschnitt 4.2 eingeführte Verfahren für die Berechnung des allgemeinsten Unifikators? Hinweis: Betrachte die Gleichung

$$(\alpha_1,\alpha_2,\ldots,\alpha_n) = (\alpha_0\text{->}\alpha_0,\alpha_1\text{->}\alpha_1,\ldots,\alpha_{n-1}\text{->}\alpha_{n-1})$$

und beachte, daß der „occur check" lineare Laufzeit benötigt.

Aufgabe 4.3* Die folgenden Wertespezifikationen sind gegeben:

```
id    :: *->*
const :: *->**->*
subst :: (*->**->***)->(*->**)->*->***
twice :: (*->*)->*->*
map   :: (*->**)->[*]->[**]
.     :: (*->**)->(***->*)->***->**
```

Welche der folgenden Ausdrücke sind wohlgetypt?

```
id id              id id id
const const        const const const
subst subst        subst subst subst
twice twice        twice twice twice
twice.twice        twice.twice.twice
map map            map map map
map.map            map.map.map
```

Bestimme jeweils den Typ des Ausdrucks bzw. lokalisiere die Fehlerursache.

Aufgabe 4.4** Welche der folgenden Funktionsdefinitionen sind wohlgetypt?

```
ntimes n f = id,                      if n=0
            = f.ntimes (n-1) f,  otherwise

exchange x = last x++init (tl x)++hd x

foldr' op e [] = e
foldr' op e (a:x) = a $op (foldr' op e x)

rec x = member x x
```

Bestimme jeweils den Typ der definierten Funktion mit dem im Abschnitt 4.2
eingeführten Verfahren bzw. lokalisiere die Fehlerursache.

Aufgabe 4.5 Bestimme den statischen Aufrufgraph und den Superstrukturgraph
des folgenden Programms.

```
f' n = j' n,  if n<100
     = g' n,  otherwise
g' n = k' n,      if n<10
     = g' (n-1),  otherwise
h' n = l' n,      if n<10000
     = h' (n-1),  otherwise
i' n = n-2
j' n = i' n,  if n=2
     = g' n,  otherwise
k' n = m' n,  if n=0
     = f' n,  otherwise
l' n = k' n,      if n<1000
     = h' (n-2),  otherwise
m' n = 2*n
```

Aufgabe 4.6*** Schreibe eine Funktion, die den Superstrukturgraph eines Graphen berechnet. Wenn wir einen Graphen durch eine Liste von Knotenpaaren, die
durch eine gerichtete Kante verbunden sind, darstellen:

```
graph * == [(*,*)]
```

und die Knoten des Superstrukturgraphen durch Listen von Knoten darstellen,
dann ist

```
superstructure :: graph node->graph [node]
```

der Typ der zu definierenden Funktion (**node** sei ein beliebiger Typ).

Aufgabe 4.7 Definiere Typsynonyme für Vektoren und Matrizen und spezifiziere den Typ gängiger Funktionen auf Vektoren und Matrizen (Einheitsmatrix, Addition und Multiplikation auf Vektoren und Matrizen, skalare Multiplikation, Determinante, Inverse etc.).

Aufgabe 4.8* Warum kann die Funktion show innerhalb von Funktionsdefinitionen nur monomorph gebraucht werden? Warum gilt diese Einschränkung nicht für Ausdrücke, die im Miranda-Interpreter eingegeben werden? Hinweis: Das Miranda-System verwaltet zur Laufzeit keine Typinformationen.

5 Funktionen höherer Ordnung

In imperativen Programmiersprachen unterteilt sich die Lösung eines Programmierproblems in den Entwurf von Datenstrukturen und die Entwicklung von Algorithmen, die auf diesen Datenstrukturen arbeiten. Diese Sichtweise erweist sich auch im Bereich der funktionalen Programmierung als hilfreich (Unterteilung von Definitionen in Typ- und Wertedefinitionen). Gleichwohl wird diese Trennung etwas aufgeweicht durch die Möglichkeit, auch funktionale Objekte als „Datenstrukturen" verwenden zu können.

Funktionale Programmiersprachen sind (in dieser Hinsicht) vollständig, es gibt keine Restriktionen bezüglich der Argument- oder Ergebnistypen von Funktionen wie etwa in Pascal (Prozeduren dürfen keine Prozeduren zurückgeben) und in C (Prozeduren dürfen keine Felder zurückgeben). In Kapitel 3 haben wir eine Reihe von Funktionen kennengelernt, die einen listenwertigen Argument- oder Ergebnistyp besitzen. In Kapitel 7 werden wir sehen, daß das Ergebnis einer Funktion auch eine komplexe Datenstruktur wie z. B. ein AVL-Baum oder ein Syntaxbaum sein kann.

In diesem Kapitel beschäftigen wir uns mit Funktionen höherer Ordnung, das sind Funktionen, die einen funktionalen Argument- oder Ergebnistyp besitzen. Dieses Kapitel ist insofern besonders wichtig, als daß sowohl für Leser, die eine imperative Sprache beherrschen, als auch für Leser, die Kenntnisse in einer logischen Sprache wie Prolog vorweisen können, aller Wahrscheinlichkeit nach Konzepte und Techniken eingeführt werden, die ihnen bisher nicht bekannt sind.

Funktionen höherer Ordnung sind uns gleichwohl aus der Schulmathematik vertraut. Wenn wir die Komposition von Funktionen als eine Funktion auffassen, dann ist die Komposition sicherlich eine Funktion höherer Ordnung. Auch der Ableitungsoperator, der einer Funktion seine Ableitung zuordnet, ist eine Funktion dieses Typs. In Miranda kann dieser Operator wie folgt definiert werden:

```
deriv :: (num->num)->(num->num)
deriv f = f'
         where
         f' x = (f (x+dx)-f x)/dx
         dx = 1e-8
```

Beachte, daß die berechnete Ableitung (z. B. `deriv sin`) nur eine numerische Approximation des Arguments ist[1].

---

[1] Natürlich ist auch `sin` nur eine numerische Approximation der mathematischen Sinusfunktion.

Funktionen höherer Ordnung tragen sowohl theoretisch als auch praktisch zur Ausdruckskraft einer Sprache bei. Bevor wir uns in den folgenden Abschnitten mit den praktischen Auswirkungen beschäftigen, wenden wir uns kurz einem interessanten, theoretischen Ergebnis zu.

Der ungetypte λ-Kalkül [Barendregt 84], kann als Grundlage jeder funktionalen Sprache angesehen werden. Ausdrücke des λ-Kalküls werden aus Variablen mittels Applikation und Abstraktion gebildet. Die Abstraktion parametrisiert einen Ausdruck in einer Variablen (der λ-Ausdruck $\lambda x.e$ abstrahiert die Variable x aus dem Term e und entspricht der Funktion f mit $f(x) = e$). Trotz der konzeptionellen Einfachheit (es gibt weder vordefinierte Typen noch Rekursion) ist der λ-Kalkül berechnungsuniversell. Er bezieht seine Ausdruckskraft aus der Verfügbarkeit von Funktionen höherer Ordnung, da mit ihrer Hilfe ein Fixpunktoperator definiert werden kann[2]. Ein Fixpunktoperator berechnet den schwächsten Fixpunkt einer Funktion. Im Prinzip simuliert er die Auffaltung einer rekursiven Definition. Ein Beispiel für einen derartigen Operator ist **y** (in Miranda-Syntax).

```
y :: (*->*)->*
y f = g g where g x = f (x x)
```

Mit Hilfe des Fixpunktoperators **y** ist es möglich, eine „rekursive" Funktion *ohne* die Verwendung von Rekursion zu programmieren.

```
fac = y h
      where
      h f 0 = 1
      h f (n+1) = (n+1)*f n
```

Um einen Eindruck von der Arbeitsweise des Fixpunktoperators zu vermitteln, geben wir die Reduktionsfolge für den Aufruf **fac** 2 an.

```
fac 2  ▷  y h 2
       ▷  g g 2
       ▷  h (g g) 2
       ▷  2*g g 1
       ▷  2*h (g g) 1
       ▷  2*1*g g 0
       ▷  2*1*1
       ▷  2
```

Bei der Verwendung von Funktionen höherer Ordnung ist aus mathematischer Sicht Vorsicht geboten, da es zu Inkonsistenzen kommen kann. Die boolesche Funktion **f** mit

```
f g = ~g g
```

führt bei Selbstanwendung zu einer Inkonsistenz mit **f f** = ~**f f**. Die Lösung dieses Dilemmas lautet im Kontext von Programmiersprachen, daß die Auswertung von beiden Ausdrücken nicht terminiert. Wer sich für den theoretischen Hintergrund von (funktionalen) Programmiersprachen interessiert, dem seien neben [Barendregt 84] die Bücher [Stoy 77, Gordon 79] bzw. der Artikel [Mosses 90] ans Herz gelegt.

---

[2]In Miranda kann ein solcher Operator ohne die Verwendung von Rekursion *nicht* definiert werden, da das Typsystem dies verhindert. Allerdings kann eine rekursive Definition angegeben werden,

```
y f = f (y f)
```

aus der zudem das operationale Verhalten besser abgelesen werden kann.

5.1 Partiell parametrisierte Funktionen

Wir erinnern uns: Eine Funktion, die durch die folgende Gleichung definiert wird,

```
f x y z = e
```

erhält den Typ (vgl. Abschnitt 2.6),

```
f :: tx->ty->tz->te
```

wohingegen die Definition

```
f' (x,y,z) = e
```

den Typ

```
f' :: (tx,ty,tz)->te
```

besitzt. Der Vorteil der ersten Definition gegenüber der zweiten ist, daß sowohl `f e1 e2 e3` als auch `f e1 e2` und `f e1` (und natürlich `f`) korrekte Ausdrücke sind. Somit kann `f` partiell mit Parametern versorgt werden, wohingegen dies bei `f'` nicht möglich ist. Warum eine partielle Parametrisierung nützlich ist, werden wir in den folgenden Abschnitten sehen. Für den Moment begnügen wir uns mit einem kleinen Beispiel.

Gegeben sei die Funktion `member :: [*]->*->bool` aus der Standardumgebung und die Funktion

```
add m n = m+n
```

Die folgenden Funktionsdefinitionen, die sich auf `member` und `add` abstützen,

```
inc n = add 1 n
vowel c = member "aeiou" c
```

können auf Grund der obigen Ausführungen auch kürzer definiert werden (das sogenannte Extensionalitätsprinzip kommt hier zur Anwendung).

```
inc' = add 1
vowel' = member "aeiou"
```

Wenn wir die Funktionen `inc` und **vowel** in einem größeren Programm nur an wenigen Stellen benötigen, so brauchen wir auch gar keine Definitionen anzugeben[3], sondern können an den entsprechenden Stellen im Programm auch sofort die rechten Seiten verwenden.

In Miranda werden Funktionen des Typs `t1->`···`->tn->t`, sogenannte curryfizierte Funktionen, soweit wie möglich eingesetzt, da sie flexibler verwendet werden können als Funktionen, die auf Tupeln arbeiten. Gleichwohl kann eine Funktion, die 2-Tupel verwendet, mit Hilfe der Funktion **curry**, die nach dem Logiker H. Curry benannt ist und auf den Logiker M. Schönfinkel zurückgeht, in eine curryfizierte Form gebracht werden.

```
add' (x,y) = x+y
inc'' = curry add' 1
```

Die Funktion **curry** und ihre Umkehrfunktion **uncurry** sind wie folgt definiert.

```
curry :: ((*,**)->***) -> (*->**->***)
curry f x y = f (x,y)
uncurry :: (*->**->***) -> ((*,**)->***)
uncurry f (x,y) = f x y
```

Zwischen den beiden Funktionen besteht der folgende Zusammenhang.

```
curry.uncurry = id
uncurry.curry = id
```

Aus den Gleichungen läßt sich ablesen, daß die Typen `*->**->***` und `(*,**)->***` isomorph zueinander sind[4].

Die Funktion **member** :: `[*]->*->bool` zeigt, daß man sich bei der Definition einer mehrparametrigen Funktion gut überlegen sollte, in welcher Reihenfolge die Argumente angegeben werden, da die Argumente streng von links nach rechts übergeben werden müssen (die Funktionsapplikation ist nicht symmetrisch). Die Funktion **converse** aus der Standardumgebung, die die Argumente einer zweiparametrigen Funktion vertauscht, kann verwendet werden, um eine Funktion nur mit dem zweiten Argument zu versorgen. So testet **converse member** ' ', ob ein String ein Leerzeichen enthält.

5.2   Operator-Sections

Viele zweistellige Funktionen sind als Infix-Operatoren vordefiniert. Um auch Infix-Operatoren partiell mit Argumenten versorgen zu können, gibt es eine spezielle Notation, sogenannte Operator-Sections. Je nachdem, ob nur der erste oder

---

[3] Der Aufwand, der mit der Wahl eines Funktionsnamens verbunden ist, scheint für eine Funktion wie inc auch nicht gerechtfertigt.

[4] Hinter dieser Isomorphie verbirgt sich das bekannte Potenzgesetz $a^{bc} = (a^b)^c$.

nur der zweite Parameter übergeben wird, unterscheidet man zwischen Pre- und
Postsections. Der unvollständige Operatorausdruck wird dabei in runde Klammern
eingeschlossen.

$$\text{<simple>} \longrightarrow \begin{array}{ll} (\text{<infix1>} \text{<el>}) & \text{\textit{„Postsection“}} \\ | \quad (\text{<el>} \text{<infix>}) & \text{\textit{„Presection“}} \end{array}$$

Der Ausdruck (:[]) ist ein Beispiel für eine Postsection und (2*) für eine Presec-
tion. Auf diese Art und Weise kann z. B. die Nachfolgerfunktion (+1) bezeichnet
werden, ohne daß die Notwendigkeit einer expliziten Definition besteht. Die nachfolgenden Ausdrücke sind äquivalent und zeigen die verschiedenen Möglichkeiten
auf, die durch die Syntax gegeben sind.

```
a/b     (/) a b     (a/) b     (/b) a
```

Da der Operator - sowohl unär als auch binär verwendet wird, gibt es *keine* Postsection für die Subtraktion. Der Ausdruck (-2) bezeichnet die ganze Zahl -2.
Aus diesem Grund gibt es in der Standardumgebung die Funktion `subtract`, die
stattdessen verwendet werden kann. Der Ausdruck `subtract 2` bezeichnet die
Funktion, die von ihrem Argument 2 abzieht.

Auch DIY-Infix-Operatoren können in Operator-Sections verwendet werden,
an Stelle von `converse member ' '` kann auch kürzer `($member ' ')` geschrieben
werden.

5.3 Generische Funktionen

Da die Vergleichsoperatoren auf allen nichtfunktionalen Typen definiert sind, kann
die Funktion `sort` aus der Standardumgebung verwendet werden, um Listen eines
beliebigen Grundtyps zu sortieren. Da sich `sort` auf den Vergleichsoperator `<=`
abstützt, besteht allerdings keine Möglichkeit, mit `sort` eine Zahlenliste absteigend
oder eine Liste von Listen nach ihrer Länge zu sortieren.

Es wäre wünschenswert, wenn man eine Sortierfunktion definieren könnte, die
bezüglich der zugrundegelegten Vergleichsoperation parametrisiert ist. In einer
funktionalen Sprache ist dies problemlos möglich, da Funktionen als Parameter an
eine Funktion übergeben werden können.

Die Definition von `isort` zeigt, wie eine *generische* Sortierfunktion realisiert
werden kann. Der Parameter `ls` von `isort` wird an die Hilfsfunktion `insert` weitergereicht. Dort wird die Funktion zum Vergleich zweier Elemente herangezogen.

```
isort :: (*->*->bool)->[*]->[*]
```

```
isort ls [] = []
isort ls (a:x) = insert ls a (isort ls x)
insert ls a [] = [a]
insert ls a (b:x) = a:b:x,          if ls a b
                  = b:insert ls a x, otherwise
```

Die verschiedensten Sortierfunktionen können definiert werden, indem `isort` mit
unterschiedlichen Vergleichsoperatoren parametrisiert wird.

```
incsort  = isort (<=)                              || ~ sort
decsort  = isort (>=)
listsort = isort ls where ls x y = #x<=#y
funsort  = isort ls where ls f g = f 0<=g 0
```

Die Funktion `incsort` entspricht der „normalen" Sortierfunktion, mit `decsort`
können Listen absteigend sortiert werden und mit `listsort` können Listen von
Listen aufsteigend nach der Länge der Listen sortiert werden. Beachte: Die Funktion **funsort** sortiert Listen von Funktionen (welchen Typ hat die Funktion?).

```
              decsort [1..5]  ▷  [5,4,3,2,1]
   incsort ["Holgi","Ulli","Moni"]  ▷  ["Holgi","Moni","Ulli"]
  listsort ["Holgi","Ulli","Moni"]  ▷  ["Ulli","Moni","Holgi"]
```

Der Anwendung von `isort` sind keine Grenzen gesetzt. Wir können uns
z. B. eine kleine Datenbank vorstellen, in der Informationen über Personen abgespeichert sind. Die Datenbank hat den Typ `[person]` (vgl. Abschnitt 4.4).
Eine konkrete Ausprägung dieser Datenbank wäre z. B.

```
employees :: [person]
employees =
 [ ("Holgi",   27, 3100),
   ("Ulli",    28, 2700),
   ("Moni",    25, 2600),
   ("Steffi", 29, 3000) ]
```

Auf diese Datenbank, in der Angestellte einer großen Firma aufgeführt sind, können
verschiedene Benutzer zugreifen. Da verschiedene Benutzer auch verschiedene In-
teressen haben, muß das Ergebnis einer Anfrage jeweils nach anderen Kriterien
sortiert werden. Für einen Bankier sind die Angestellten am interessantesten, die
das meiste Geld verdienen. Für den Personalchef sind die jüngsten Mitarbeiter von
vorrangigem Interesse, da sie am ehesten für eine Beförderung in Frage kommen.
Die folgenden Definitionen tragen diesen verschiedenen Sichtweisen Rechnung.

```
banker's_view  = isort ls where ls (n,a,i) (n',a',i') = i>=i'
company's_view = isort ls where ls (n,a,i) (n',a',i') = a<=a'
lunatic's_view = isort ls
                 where ls (n,a,i) (n',a',i') = min n<=min n'
```

Im nächsten Beispiel beschäftigen wir uns mit *Wörterbüchern* (dictionaries).
Wörterbücher können als Verallgemeinerung eines Speichers angesehen werden.
Informationen können unter einem beliebigen Schlüssel abgespeichert und mit Hilfe
dieses Schlüssels wieder abgerufen werden.

Wir stellen ein Wörterbuch durch eine Liste von Paaren dar, die erste Komponente enthält den Schlüssel und die zweite Komponente die Nutzinformation
des Eintrags. Darüber hinaus werden die Elemente der Liste aus Effizienzgründen
aufsteigend nach ihrem Schlüssel sortiert. Eine derartige Liste wird auch Assoziationsliste genannt.

Mit Hilfe der Funktion `lookup` können Einträge aus einer Assoziationsliste
herausgesucht werden.

```
lookup :: [(*,**)]->*->**
lookup [] k = err'lookup
lookup ((k',i):x) k = err'lookup, if k<k'
                    = i,          if k=k'
                    = lookup x k, otherwise
err'lookup = error "lookup: key not found"
```

Wenn ein „neuer" Eintrag in einer Assoziationsliste vorgenommen wird, dann
müssen zwei Fälle unterschieden werden:

1. Der Schlüssel ist noch nicht in der Liste enthalten.

2. Ein Eintrag mit dem gleichen Schlüssel ist schon vorhanden.

Um den zweiten Fall elegant behandeln zu können, wird der Funktion `enter`,
die einen neuen Eintrag vornimmt, als erster Parameter eine Funktion, die sogenannte update-Funktion übergeben, die auf die Nutzinformation des vorhandenen
Eintrags angewendet wird (vgl. zweite Zeile der zweiten Gleichung).

```
enter :: (*->*)->*->**->[(**,*)]->[(**,*)]
enter f i k [] = [(k,i)]
enter f i k ((k',i'):x) = (k,i):(k',i'):x,       if k<k'
                        = (k',f i'):x,           if k=k'
                        = (k',i'):enter f i k x, otherwise
```

Wörterbücher können vielfältig verwendet werden: für Speicher, Bankkonten, Terminkalender ...

Ein *Speicher* ist ein Spezialfall eines Wörterbuchs, bei dem Adressen mit Speicherinhalten assoziiert werden. Wenn eine bereits vorhandene Speicherzelle neu belegt wird, dann wird der alte Inhalt überschrieben, d. h., die update-Funktion ist const v, wenn v der neue Inhalt ist.

```
store v = enter (const v) v              || store <value> <ref>
load    = lookup
mem     =  (store "MOV X"  0 $andthen
              store "RET"    2 $andthen
              store "BRA 0"  1 $andthen
              store "NOP"    2 ) []
```

(Inwieweit ähnelt die Definition von mem einem imperativen Programm?) Die Funktion load kann wie folgt verwendet werden.

```
        mem  ▷  [(0,"MOV X"),(1,"BRA 0"),(2,"NOP")]
load mem 2  ▷  "NOP"
load mem 4  ▷  error
```

Wörterbücher sind auch geeignet, um *Bankkonten* zu verwalten. Der Name des Bankkunden ist der Schlüssel und der Kontostand ist die assoziierte Information. Wenn ein Konto angelegt wird, wird der Kontostand auf 0 gesetzt. Eine Einzahlung bewirkt eine Erhöhung um den eingezahlten Betrag[5], eine Abhebung eine entsprechende Erniedrigung des Kontostandes.

```
new_account = enter (const 0) 0
pay_in n    = enter (+n) n
withdraw n  = pay_in (-n)


accounts = (new_account "Moni"    $andthen
              new_account "Ulli"    $andthen
              pay_in   10 "Moni"    $andthen
              withdraw 20 "Ulli"    $andthen
              pay_in   30 "Holgi"   $andthen
              pay_in   50 "Ulli"  ) []
```

Die Kontenliste accounts enthält die folgenden Informationen.

---

[5]Beachte: Als zusätzlicher Service wird bei einer Einzahlung ein Konto angelegt, falls der Kunde noch über kein Konto verfügte.

```
[("Holgi",30),("Moni",10),("Ulli",30)]
```

Mit dem im folgenden beschriebenen elektronischen *Terminkalender* ist es möglich, für jeweils einen Monat Termine zu verwalten. Ein Eintrag in einem Terminkalender besteht aus der Angabe des Tages im Monat, der Uhrzeit und einer entsprechenden Notiz. Um auf diese Angaben schnell zugreifen zu können, wird als Datenstruktur eine *geschachteltes* Wörterbuch verwendet. Jedem Tag wird ein Wörterbuch zugeordnet, in der die Uhrzeiten und die Notizen für die Termine des jeweiligen Tages aufgeführt sind. Für die Verwaltung der Termine eines Tages wird `store` verwendet.

```
add_date day hour note
    = enter (store note hour) (store note hour []) day


appointments
    = (add_date 17 20 "Fete"        $andthen
       add_date  8 19 "Essen"       $andthen
       add_date  8 21 "Oper"        $andthen
       add_date 30 10 "Einkauf"     $andthen
       add_date 17 10 "Brunch"      $andthen
       add_date  8  9 "Squash"      $andthen
       add_date 10  8 "Werkstatt" $andthen
       add_date 30 13 "Wohnungsbesichtigung") []
```

Der Terminkalender `appointments` hat die folgende Form.

```
[ ( 8,[(9,"Squash"),(19,"Essen"),(21,"Oper")]),
  (10,[(8,"Werkstatt")]),
  (17,[(10,"Brunch"),(20,"Fete")]),
  (30,[(10,"Einkauf"),(13,"Wohnungsbesichtigung")]) ]
```

Die vorhergehenden Beispiele zeigen, daß sich durch eine geschickte Parametrisierung von grundlegenden Funktionen (`sort` und `enter`) eine ganze Reihe interessanter Funktionen ableiten lassen, indem die grundlegenden Funktionen für den jeweiligen Anwendungsfall spezialisiert werden.

Diese Vorgehensweise ist auch aus softwaretechnologischer Sicht empfehlenswert, da der Implementierungsaufwand verringert wird. Zusätzlich erhöht sich die Lesbarkeit der Programme, wenn man sich auf einige wohlverstandene Funktionen abstützt, anstatt Funktionen jedesmal durch „ad hoc"-Rekursion neu zu programmieren. Eine Reihe von Funktionen, die grundlegende Rekursionsmuster auf Listen implementieren und diesen Programmierstil unterstützen, werden wir in Abschnitt 5.5 kennenlernen.

Eine solche Abstützung hat darüber hinaus den Vorteil, daß von einer Verbesserung der grundlegenden Funktionen (bessere Datenstrukturen, schnellere Algorithmen) alle anderen abhängigen Funktionen profitieren[6].

5.4   Funktionen als Datenstrukturen

In diesem Abschnitt werden wir Funktionen als Datenstrukturen verwenden, d. h., Funktionen werden zu Objekten, die bearbeitet und manipuliert werden.

Da Miranda keinen Datentyp `array *` (Felder über einem beliebigen Grundtyp) zur Verfügung stellt, wollen wir diesen Datentyp selbst definieren und einige grundlegende Funktionen auf diesem Datentyp implementieren. Die folgenden Funktionen sollen zur Verfügung gestellt werden[7].

```
emptyarray :: array *
list2array :: [*]->array *
getidx :: array *->num->*
putidx :: array *->num->*->array *
```

Das leere Feld wird durch `emptyarray` bezeichnet, die Funktion `list2array` konvertiert eine Liste in ein Feld, mit `putidx` wird ein Feldelement aktualisiert[8] und mit `getidx` wird ein Feld subskribiert. Die folgenden Beispiele zeigen einige Anwendungen der Funktionen.

```
getidx (putidx (putidx emptyarray 9 'a') 5 'b') 9  ▷  'a'
getidx (putidx (list2array "hello world") 5 ',') 7  ▷  'o'
getidx (putidx (list2array "hello world") 5 ',') 11  ▷  error
```

Da ein Feld im Prinzip eine (endliche) Abbildung von Indizes auf Werte ist, wollen wir Felder auf diese Art und Weise realisieren.

```
array * == num->*

emptyarray i = error "subscript out of range"
list2array = !
getidx a i = a i
```

---

[6]Dies gilt natürlich nur, wenn die abhängigen Funktionen nicht die verwendeten Datenstrukturen manipulieren (vgl. Abschnitt 7.2).

[7]Eine derartige Auflistung von Funktionen mit der Angabe ihrer Typen bezeichnet man auch als Signatur.

[8]Zur Erinnerung: Miranda ist eine seiteneffektfreie Sprache, aus diesem Grund gibt der Aufruf `putidx a i v` ein entsprechend aktualisiertes Feld als Ergebnis zurück.

```
putidx a i v = b
            where
            b j = v,    if j=i
                = a j,  otherwise
```

Der Aufruf `putidx a i v` gibt eine Funktion **b** zurück, die mit **a** bis auf die Stelle i identisch ist. An der Stelle i wird der neue Wert **v** „eingesetzt". Die Funktionen `list2array` und `getidx` sind besonders einfach zu implementieren, `list2array` entspricht der Indizierungsfunktion und `getidx` der Funktionsapplikation.

Die Zugriffszeit auf ein Feldelement hängt von der Anzahl der `putidx`-Operationen ab, die nach der letzten Veränderung des Elements ausgeführt worden sind. Damit zeichnet sich die obige Implementierung von Feldern zwar nicht durch Effizienz, wohl aber durch Einfachheit und konzeptionelle Klarheit aus. Dies sind Eigenschaften, die insbesondere bei der Entwicklung großer Software-Systeme von vorrangigem Interesse sind.

Im nächsten Beispiel geht es um die Implementierung von *unendlichen* Mengen (`set *`) über einem beliebigen Grundtyp. Erneut wollen wir einen Satz von Funktionen zur Verfügung stellen.

```
emptyset :: set *
list2set :: [*]->set *
compl :: set *->set *
union,inter,differ :: set *->set *->set *
in :: *->set *->bool
```

Da Mengen auch unendlich sein dürfen (natürlich können wir nur höchstens rekursiv aufzählbare Mengen repräsentieren), kommen Listen oder Binärbäume als Datenstrukturen nicht in Betracht[9]. Aus diesem Grund repräsentieren wir eine Menge durch ihre charakteristische Funktion. Mit Hilfe dieser Repräsentation können die benötigten Funktionen leicht definiert werden.

```
set * == *->bool


emptyset     = const False
list2set     = member
compl s      = u where u a = ~s a
union s t    = u where u a = s a \/ t a
inter s t    = u where u a = s a & t a
differ s t   = u where u a = s a & ~t a
a $in s      = s a
```

---

[9]Auch unendliche Listen sind ungeeignet, da der Test, ob ein Element in einer Menge enthalten ist, potentiell partiell ist. Eine Alternative stellen allerdings unendliche, *sortierte* Listen dar.

Funktionen wie **even** und **odd** oder Operator-Sections wie (>100) und (<=99)
können somit als Mengen aufgefaßt werden.

```
even n  = n mod 2=0
odd n   = n mod 2=1
```

Die folgenden Beispiele zeigen einige Anwendungen der definierten Funktionen.

```
                        123 $in ((>100) $inter odd)   ▷ True
      7 $in (even $union ((<=9) $differ list2set [7,11]))   ▷ False
```

Die Repräsentation unendlicher Mengen ist eine faszinierende Möglichkeit, aber
natürlich müssen wir auch einen Preis dafür bezahlen. So ist es nicht möglich,
zu überprüfen, ob eine Menge leer ist oder ob zwei Mengen gleich sind, da die
Gleichheit von Funktionen nicht entscheidbar ist. Ebensowenig ist es möglich, die
Elemente einer Menge aufzuzählen (z. B. in Form einer Liste).

5.5   Implementierung von Rekursionsmustern

5.5.1   map und map2

In Aufgabe 3.14 wurde die Funktion **toupper** :: char->char eingeführt, die
Kleinbuchstaben in Großbuchstaben konvertiert und alle anderen Zeichen un-
verändert läßt. Bei der Programmierung interaktiver Programme ist es nützlich,
wenn man nicht nur Zeichen sondern auch Listen von Zeichen auf diese Art und
Weise konvertieren kann, um nicht zwischen Klein- und Großschreibung unterscheiden zu müssen. Eine solche Funktion, **strupr'** :: [char]->[char], kann
durch explizite Rekursion wie folgt definiert werden.

```
strupr' [] = []
strupr' (a:x) = toupper a:strupr' x
```

Dieses Rekursionsschema, Fortsetzung einer Funktion auf eine Liste, wird bei einer
Vielzahl von Funktionen verwendet. Aus diesem Grund wollen wir zunächst eine
Funktion, die sogenannte **map**-Funktion, definieren, die dieses *Rekursionsmuster*
implementiert, und dann durch entsprechende Parametrisierung der **map**-Funktion
spezielle Funktionen ableiten.

Diese Vorgehensweise ist typisch für die Welt der funktionalen Programmierung. Die Verwendung von grundlegenden (listenverarbeitenden) Funktionen hat
gegenüber der Verwendung von „ad hoc"-Rekursion (über Listen) verschiedene
Vorteile.

$$[x_1, x_2, x_3, \ldots, x_{n-2}, x_{n-1}, x_n]$$

$$\Big\downarrow \quad \text{map } f$$

$$[f\ x_1, f\ x_2, f\ x_3, \ldots, f\ x_{n-2}, f\ x_{n-1}, f\ x_n]$$

Abbildung 5.1: Arbeitsweise der **map**-Funktion

1. Die Programme sind kürzer und, wenn man die Bedeutung der grundlegenden Funktionen (**map**, **foldr** etc.) einmal verinnerlicht hat, auch einfacher zu verstehen.

2. Die Herleitung von Programmeigenschaften ist einfacher, da man sich auf die Eigenschaften der grundlegenden Funktionen abstützen kann, von denen wir im folgenden einige kennenlernen werden.

   Aus dem gleichen Grund können auch Programmtransformationen einfacher durchgeführt werden.

Die Funktion **map'**, die der Funktion **map** aus der Standardumgebung entspricht, erwartet als erstes Argument eine Funktion, als zweites Argument eine Liste und wendet die Funktion auf jedes Element der Liste an.

```
map' :: (*->**)->[*]->[**]                    || = map
map' f [] = []
map' f (a:x) = f a:map' f x
```

Die Funktionsweise ist in Abbildung 5.1 noch einmal graphisch dargestellt. Die folgenden Beispiele zeigen einige Anwendungen der **map**-Funktion.

```
      map (+1) [1..4]   ▷  [2,3,4,5]
  map (='\n') "high\n"  ▷  [False,False,False,False,True]
```

Die Funktionen **strupr** und **strlwr** können mit Hilfe von **map** einfach definiert werden.

```
strupr = map toupper
strlwr = map tolower
```

Bei der textuellen Ausgabe von Listen kann **map** eingesetzt werden, um z. B. die Liste [7,3,5] in Form waagerechter Balkendiagramme

```
1) *******
2) ***
3) *****
```

darzustellen. Die Funktion **stars** wandelt die Zahl n in eine Folge von n Sternen
um. Mit Hilfe von **map** wird **stars** auf eine Liste fortgesetzt, das Ergebnis wird
mit **layn** zeilenweise und numeriert ausgegeben.

```
bars = layn.map stars
stars n = rep n '*'
```

Ein Vektor der Dimension n kann durch eine Liste der Länge n dargestellt
werden, eine $m \times n$-Matrix durch eine m-elementige Liste, die Listen der Länge n
enthält. Gemäß dieser Konvention sind **m1** und **m2** Matrizen der Dimension 3×4.

```
m1 = [[0,-1,2,1],[1,1,0,-1],[1,1,0,1]]
m2 = [[1,2,3,0],[2,-1,0,1],[7,3,-2,4]]
```

Um eine Matrix in der gewohnten Form auszugeben, verwenden wir **map** zweifach,
zum einen um alle Zeilen der Matrix zu formatieren (in **showmat**) und zum zweiten
um alle Elemente einer Zeile zu formatieren (in **showvec**). Die Funktion **concat**,
die in der Definition von **showvec** verwendet wird, nimmt eine Liste von Listen
und konkateniert alle Listen miteinander.

```
showmat  = lay.map showvec
showvec  = wrap.concat.map showelem
showelem = rjustify 3.shownum
wrap x   = "| "++x++" |"
```

Der Aufruf **showmat m2** führt zur folgenden Ausgabe.

```
|   1  2  3  0 |
|   2 -1  0  1 |
|   7  3 -2  4 |
```

Um Matrizen in der gleichen Art und Weise wie Vektoren manipulieren zu
können, wäre es nützlich, wenn Funktionen auch auf Matrizen fortgesetzt werden
könnten. Die Funktion **matmap** implementiert dieses Rekursionsmuster; sie kann
sehr einfach mit Hilfe von **map** definiert werden.

```
matmap :: (*->**)->[[*]]->[[**]]
matmap = map.map
```

Durch die erste Anwendung von **map** wird eine Funktion auf Listen fortgesetzt, diese fortgesetzte Funktion wird durch die zweite Anwendung von **map** ebenfalls auf Listen fortgesetzt, insgesamt wird also die ursprüngliche Funktion auf Listen von Listen fortgesetzt.

```
matmap (+1) m1  ▷  [[1,0,3,2],[2,2,1,0],[2,2,1,2]]
matmap (*2) m2  ▷  [[2,4,6,0],[4,-2,0,2],[14,6,-4,8]]
```

Die Funktion **map** wendet eine Funktion auf alle Elemente einer Liste an. Die duale Funktion, die alle Elemente einer Liste von Funktionen auf einen Wert anwendet, läßt sich ebenfalls unter Verwendung von **map** definieren.

```
aplist :: [*->**]->*->[**]
aplist x a = map (ylppa a) x where ylppa a f = f a
```

Um eine Anwendung von **aplist** zu zeigen, verwenden wir die folgenden Definitionen.

```
incs :: [num]->[num->num]
incs = map (+)
incxs :: [num]->[[num]->[num]]
incxs = map map.map (+)
```

Die Funktion **incs** erwartet eine Zahlenliste und gibt eine Liste von Inkrementfunktionen zurück; die Funktion **incxs** setzt die Inkrementfunktionen zusätzlich auf Listen fort. Das folgende Beispiel zeigt, wie mit Hilfe dieser Operationen einfache Matrizen erzeugt werden können.

```
   aplist (incs [1..4]) 3   ▷  [4,5,6,7]
aplist (incxs [0..2]) [1..3]  ▷  [[1,2,3],[2,3,4],[3,4,5]]
```

Beachte: Bei der Definition von **incxs** wird **map** auf sich selbst angewendet[10], d. h., die **map**-Funktion wird auf Listen von Funktionen fortgesetzt. (Welchen Typ hat **map map**?)

Um über Funktionen, die allgemeine listenverarbeitende Funktionen wie **map** verwenden, besser argumentieren zu können, ist es nützlich, wenn man einige Gesetze kennt, denen derartige Funktionen genügen. Diese Gesetze kann man als Lemmata bei dem Nachweis von Programmeigenschaften verwenden. Die Funktion **map** genügt unter anderem der folgenden Gleichung[11].

$$\texttt{map f.map g = map (f.g)} \tag{5.1}$$

---

[10] Die Selbstapplikation **selfap f = f f** ist in dieser allgemeinen Form nicht typisierbar, spezielle Selbstanwendungen sehr wohl: **id id, const const, twice twice** ... (vgl. auch [MacQueen 86]).

[11] Das formale System, das den Argumentationen zugrundeliegt, ist die Prädikatenlogik respektive Gleichungslogik höherer Stufe.

Gleichung 5.1 besagt, daß die Fortsetzung von **f** komponiert mit der Fortsetzung von **g** gleich der Fortsetzung der Komposition von **f** und **g** ist („**map** distribuiert links über die Komposition"). Die Gleichung kann — von links nach rechts gerichtet — verwendet werden, um die Effizienz von Programmen zu verbessern. (Warum ist der Ausdruck auf der rechten Seite der Gleichung effizienter?)

Diese Eigenschaft wollen wir verwenden, um die Definition von **showmat** „herzuleiten". Ein Problem läßt sich oft sehr natürlich als Folge einzelner Transformationen beschreiben: In jedem Schritt werden die Eingangsdaten ein Stück verändert, das gesamte Programm ergibt sich als Komposition der einzelnen Schritte. Das Problem der Ausgabe einer Matrix läßt sich in diesem Sinn in vier Schritte einteilen: Wandle jedes Element der Matrix in einen String um, konkateniere die Strings einer Zeile, umschließe das Ergebnis mit senkrechten Strichen und fasse die Zeilen zusammen. Aus dieser Beschreibung läßt sich die folgende Definition ableiten.

```
showmat' = lay.map wrap.map concat.map (map showvec)
```

Durch zweifache Anwendung von 5.1 ergibt sich eine Variante der ursprünglichen Gleichung:

```
      lay.map wrap.map concat.map (map showvec)
  =   lay.map wrap.map (concat.map showvec)                5.1
  =   lay.map (wrap.concat.map showvec)                    5.1
```

Bei der Realisierung von typischen Operationen auf Vektoren und Matrizen erweist sich eine „zweistellige" Version von **map** als nützlich. Die Funktion **map2** wendet eine zweiparametrige Funktion auf zwei Argumentlisten an.

```
map2' :: (*->**->***)->[*]->[**]->[***]          || = map2
map2' f (a:x) (b:y) = f a b:map2' f x y
map2' f x y = []
```

Beachte: Die Länge der Ergebnisliste ist gleich dem Minimum der Längen der Argumentlisten.

```
#(map2 f x y) = min2 (#x) (#y)
```

Die Addition bzw. die Subtraktion von Vektoren bzw. von Matrizen läßt sich leicht definieren.

```
vecadd = map2 (+)
vecsub = map2 (-)
matadd = map2 vecadd
matsub = map2 vecsub
```


Die folgenden Aufrufe zeigen einige Anwendungen der Matrizenoperationen.

```
m1 $matadd m2  ▷  [[1,1,5,1],[3,0,0,0],[8,4,-2,5]]
m2 $matsub m1  ▷  [[1,3,1,-1],[1,-2,0,2],[6,2,-2,3]]
```

5.5.2 `filter`, `dropwhile` und `takewhile`

In einigen Fällen ist es nützlich, nicht alle Elemente einer Liste zu verarbeiten,
sondern nur diejenigen, die eine bestimmte Eigenschaft besitzen. Mit Hilfe der
Funktion `filter` können aus einer Liste alle diejenigen Elemente herausgefiltert
werden, die ein bestimmtes Prädikat erfüllen.

```
filter' :: (*->bool)->[*]->[*]                          || = filter
filter' p [] = []
filter' p (a:x) = a:filter' p x,   if p a
                = filter' p x,     otherwise
```

Die `filter`-Funktion kann der `map`-Funktion vorgeschaltet werden, um Laufzeitfehler wie z. B. Division durch Null zu vermeiden.

```
          (map (1/).filter (~=0)) [2,0,1]  ▷  [0.5,1.0]
(map hd.filter (~=[])) [[2,3],[0,1],[],[1,2]]  ▷  [2,0,1]
```

Die Faktoren der Zahl n sind alle Zahlen zwischen 1 und n, die n teilen. Die
Zahl n ist eine Primzahl, wenn die einzigen Faktoren 1 und n sind. Aus diesen
Definitionen können wir unmittelbar die korrespondierenden Funktionen ableiten.

```
factors n = filter p [1..n]
            where
            p m = n mod m = 0
prime n = factors n = [1,n]
```

Der Quicksort-Algorithmus kann sehr elegant mit Hilfe von `filter` definiert werden, `filter` wird verwendet, um die Argumentliste für die beiden rekursiven Aufrufe von `qsort` aufzuspalten. Die Terminierung dieser Quicksort-Implementierung
läßt sich leicht über die Länge der Argumentliste zeigen, da `#(filter p x) <= #x`.

```
qsort [] = []
qsort (a:x) = qsort (filter (<=a) x) ++ [a] ++
              qsort (filter (>a) x)
```

Die folgenden Gleichungen geben einige Gesetzmäßigkeiten für `filter` an. Die ersten beiden Gesetze gelten nur, wenn p und q totale Funktionen sind, d. h., das Funktionsergebnis von p und q niemals undefiniert ist.

$$\text{filter p.filter q} \quad = \quad \text{filter (p \$inter q)} \tag{5.2}$$
$$= \quad \text{filter q.filter p} \tag{5.3}$$
$$\text{filter p.map f} \quad = \quad \text{map f.filter (p.f)} \tag{5.4}$$

Die Gleichungen 5.2 und 5.3 besagen, daß zwei aufeinanderfolgende Aufrufe von `filter` ausgetauscht werden können. Diese Eigenschaft kann ausgenutzt werden, um Filter zusammenzufassen oder um selektive Filter nach rechts zu schieben. Gleichung 5.4 behandelt das Verhältnis von `filter` und **map**.

Die Funktion **takewhile** berechnet den längsten Präfix einer Liste, dessen Elemente ein bestimmtes Prädikat erfüllen. In Analogie zu **take** und **drop** bezeichnet **dropwhile** die entsprechende Restliste.

```
dropwhile' :: (*->bool)->[*]->[*]              || = dropwhile
dropwhile' p [] = []
dropwhile' p (a:x) = dropwhile' p x,   if p a
                   = a:x,              otherwise

takewhile' :: (*->bool)->[*]->[*]              || = takewhile
takewhile' p [] = []
takewhile' p (a:x) = a:takewhile' p x,  if p a
                   = [],                otherwise
```

Diese beiden Funktionen können z. B. verwendet werden, um einen einfachen Scanner für die lexikalische Analyse von Ausdrücken zu schreiben. Der Scanner unterteilt eine Liste von Zeichen in Teilstrings, die jeweils einer lexikalischen Einheit (Token) entsprechen. Der Scanner entfernt „white space" und erkennt Operatoren, Zahlen und Bezeichner.

```
scanner :: [char]->[[char]]
scanner [] = []
scanner (a:x) = scanner x,                     if space a
scanner (a:x) = [a] : scanner x,               if operator a
scanner (a:x) = (a:takewhile digit x) :
                scanner (dropwhile digit x),   if digit a
scanner (a:x) = (a:takewhile letter x) :
                scanner (dropwhile letter x),  if letter a
scanner (a:x) = err'scanner a,                 otherwise
```

```
err'scanner a = error ("unexpected character '"++[a]++"'")

space    = member " \t\n"
operator = member "+-*/^()"
```

Die folgenden Beispiele zeigen einige Anwendungen des Scanners.

```
scanner "val + X^21"  ▷  ["val","+","X","^","21"]
      scanner "1e-12"  ▷  ["1","e","-","12"]
      scanner "1:2:[]"  ▷  error
```

5.5.3   `foldr` und `foldl`

Wenn wir die Funktionen sum' und product', die in Abschnitt 3.1.3 definiert
wurden, genauer betrachten, erkennen wir, daß beide Funktionen das gleiche Rekursionsschema verwenden. Die leere Liste [] wird jeweils durch einen speziellen
Wert (0 oder 1) und der Listenoperator (:) wird jeweils durch einen speziellen,
zweistelligen Operator (+ oder *) ersetzt.

Wie üblich wollen wir dieses Rekursionsschema durch eine Funktion höherer
Ordnung realisieren.

```
foldr' :: (*->**->**)->**->[*]->**                      || = foldr
foldr' op e [] = e
foldr' op e (a:x) = a $op (foldr' op e x)
```

Die Funktionsweise von foldr ist in Abbildung 5.2 graphisch dargestellt. Der
letzte Buchstabe des Namens zeigt an, daß der resultierende Ausdruck rechtsassoziativ geklammert wird. Die Klammerung ist insbesondere relevant, wenn der
Operator, der als erstes Argument übergeben wird, nicht assoziativ ist. Beachte:
Wie man aus der Typangabe von foldr ablesen kann, müssen die Typen des ersten
und des zweiten Arguments des übergebenen Operators nicht übereinstimmen. So
ist foldr (:) [] mit (:) :: *->[*]->[*] ein wohlgetypter Ausdruck (welche
Funktion berechnet der Ausdruck?).

Soll der resultierende Ausdruck linksassoziativ geklammert werden, muß die
duale Funktion foldl verwendet werden.

```
foldl' :: (*->**->*)->*->[**]->*                        || ~ foldl
foldl' op e [] = e
foldl' op e (a:x) = foldl' op (e $op a) x
```

$$x_1 : x_2 : x_3 : \cdots : x_{n-2} : x_{n-1} : x_n : [\,]$$

$$\Big\downarrow \quad \texttt{foldr}\ (\oplus)\ e$$

$$x_1 \oplus (x_2 \oplus (x_3 \oplus \cdots \oplus (x_{n-2} \oplus (x_{n-1} \oplus (x_n \oplus e)))))$$

Abbildung 5.2: Arbeitsweise der `foldr`-Funktion

$$x_1 : x_2 : x_3 : \cdots : x_{n-2} : x_{n-1} : x_n : [\,]$$

$$\Big\downarrow \quad \texttt{foldl}\ (\otimes)\ e$$

$$((((((e \otimes x_1) \otimes x_2) \otimes x_3) \otimes \cdots \otimes x_{n-2}) \otimes x_{n-1}) \otimes x_n$$

Abbildung 5.3: Arbeitsweise der `foldl`-Funktion

In Abbildung 5.3 ist die Funktionsweise von `foldl` graphisch dargestellt.

Die folgenden Beispiele zeigen, wie vielfältig `foldr` und `foldl` eingesetzt werden können[12].

```
sum'    = foldl (+) 0                    || = sum
product' = foldl (*) 1                   || = product
and'    = foldr (&) True;                || = and
or'     = foldr (\/) False               || = or
concat' = foldr (++) []                  || = concat
filter'' p = foldr op []                 || = filter
          where a $op x = a:x,  if p a
                       = x,      otherwise
```

Mit Hilfe der Funktion or, die die Disjunktion einer Liste boolescher Werte berechnet, kann eine nichtrekursive Version der member-Funktion formuliert werden.

```
member' x a = or (map (=a) x)            || = member
```

Die Länge einer Liste kann bestimmt werden, indem jedes Listenelement durch die Zahl 1 ersetzt wird und die Ergebnisliste aufsummiert wird.

---

[12] Am Ende des Abschnitts gehen wir darauf ein, wann `foldr` und wann `foldl` verwendet werden sollte.

```
length = sum.map (const 1)                          || = #
```

Mit Hilfe der Funktion **enter**, die in Abschnitt 5.3 eingeführt wurde, kann auf einfache Art und Weise die Häufigkeitsverteilung von Zeichen in einem String ermittelt werden.

```
count :: [*]->[(*,num)]
count = foldr (enter (+1) 1) []
```

Solche Häufigkeitsverteilungen werden z. B. bei der Komprimierung von Daten mit Hilfe der Huffman-Codierung benötigt (siehe Abschnitt 7.1.3).

```
count "hello world"  ▷  [(' ',1),('d',1),('e',1),('h',1),
                         ('l',3),('o',2),('r',1),('w',1)]
```

Wie das folgende Beispiel illustriert, kann **foldr** insbesondere gut für die Verarbeitung von Text eingesetzt werden. Die Eingabe von einer Tastatur kann man auf zweierlei Art und Weise interpretieren: Zum einen als Liste von Zeichen — der Zeilenvorschub wird als einfaches Zeichen interpretiert — und zum anderen als Liste von Zeilen.

Die Funktionen **lay** und **lines** konvertieren zwischen diesen beiden Vorstellungen. Mit Hilfe von **lay** wird eine Liste von Strings in *einen* String überführt, wobei jeder Teilstring durch einen Zeilenvorschub abgeschlossen wird. Die Funktion **lines** bricht einen String an Zeilenvorschüben auf. Die folgenden Beispiele zeigen einige Anwendungen der Funktionen.

```
      lines "a\nab\nabc\n"  ▷  ["a","ab","abc"]
   lines "\na\nab\n\nabc\n"  ▷  ["","a","ab","","abc"]
     lay ["","a","ab","abc"]  ▷  "\na\nab\nabc\n"
       lay ["\na","ab\nabc"]  ▷  "\na\nab\nabc\n"
```

Beachte: **lines** betrachtet '\n' als Terminator einer Zeile und nicht als Separator, d. h., insbesondere die letzte Zeile muß mit einem Zeilenvorschub enden[13]. Beide Funktionen können mit Hilfe von **foldr** und unter Verwendung nichtrekursiver Hilfsfunktionen definiert werden.

```
lay' :: [[char]]->[char]                             || = lay
lay' = foldr op ""
       where
       x $op y = x ++ "\n" ++ y
```

---

[13]Falls dies nicht der Fall ist, bricht die unten definierte Funktion **lines'** im Unterschied zu der in der Standardumgebung definierten Funktion **lines** mit einer Fehlermeldung ab.

```
lines' :: [char]->[[char]]                          || ~ lines
lines' = foldr op []
         where
           a $op x = "":x,           if a='\n'
                   = (a:hd x):tl x,  otherwise
```

Die Arbeitsweise von `lines'` kann man sich am besten mit Hilfe eines kleinen
Beispiels klarmachen.

```
          lines' "a\nbc\n"
    ▷     'a' $op ('\n' $op ('b' $op ('c' $op ('\n' $op [])))))
    ▷     'a' $op ('\n' $op ('b' $op ('c' $op [""])))
    ▷     'a' $op ('\n' $op ('b' $op ["c"]))
    ▷     'a' $op ('\n' $op ["bc"]))
    ▷     'a' $op ["","bc"]))
    ▷     ["a","bc"]))
```

Die einzelnen Zeichen werden jeweils vor den ersten Teilstring gesetzt, bis ein
Zeilenvorschub erreicht wird. Dann wird die „Zeile" abgeschlossen und ein leerer
String wird vor die Liste der Teilstrings gehängt. Die obige Darstellung ist etwas
vereinfachend, aus diesem Grund sollte der Leser versuchen, die Arbeitsweise der
Funktionen an den obigen Beispielen manuell nachzuvollziehen. Zwischen den
Funktionen besteht der folgende Zusammenhang.

```
    lay.lines' = id
```

Da `lay` nicht injektiv ist (vgl. obiges Beispiel), gilt die umgekehrte Beziehung
nicht. (Unter welchen Voraussetzungen gilt `lines'.lay = id`?)

Die Funktionsweise von `foldl` kann sehr einfach mit Hilfe eines endlichen Automaten erklärt werden. Ein endlicher Automat A kann formal durch ein 5-Tupel
beschrieben werden,

$$A = (I, S, \delta, s_0, F)$$

wobei gilt: I ist die Menge der Eingabesymbole, S ist die Menge der Zustände, $\delta :$
$S \times I \to S$ ist die Zustandsübergangsfunktion, $s_0 \in S$ ist der Startzustand und $F \subseteq$
S ist die Menge der akzeptierenden Endzustände. Die Funktion `foldl` entspricht
gerade dem Steuerwerk eines endlichen Automaten. So arbeitet `foldl`, angewendet
auf die *curryfizierte* Version von δ und auf den Startzustand s_0, einen Eingabestring
ab und gibt den erreichten Zustand zurück. Der im folgenden Beispiel definierte
Automat akzeptiert die Sprache $(ab)^*$.

```
s0 = 0
fs = [0]
delta 0 'a' = 1; delta 0 'b' = 2
delta 1 'a' = 2; delta 1 'b' = 0
delta 2 'a' = 2; delta 2 'b' = 2


accept = member fs.foldl delta s0
```

Der endliche Automat kann wie folgt angewendet werden.

```
accept "abab"  ▷  True
accept "abba"  ▷  False
```

Auch für die Funktionen `foldr` und `foldl` lassen sich Gesetzmäßigkeiten angeben. Die folgenden Gleichungen gelten jeweils nur für *endliche* Listen. Sind die Operatoren $\oplus$ und $\otimes$ assoziativ, dann gilt:

$$\texttt{foldr}\,(\oplus)\,a\,x \oplus b \;=\; \texttt{foldr}\,(\oplus)\,(a \oplus b)\,x \tag{5.5}$$

$$a \otimes \texttt{foldl}\,(\otimes)\,b\,x \;=\; \texttt{foldl}\,(\otimes)\,(a \otimes b)\,x \tag{5.6}$$

Mit Hilfe von Gleichung 5.5 kann die Definition von **showmat** (siehe Abschnitt 5.5.1) verbessert werden. Ausgangspunkt für die Umformungen ist der Teilausdruck **wrap.concat**, der Elemente einer Matrixzeile zusammenfaßt und mit senkrechten Strichen umfaßt.

```
wrap (concat x) = "| " ++ concat x ++ " |"
                = "| " ++ foldr (++) [] x ++ " |"
                = "| " ++ foldr (++) ([]++" |") x        5.5
                = "| " ++ foldr (++) " |" x
```

Somit kann **wrap.concat** durch `("| "++).foldr (++) " |"` ersetzt werden (Inwiefern ist dies eine Optimierung?).

Bevor wir den Abschnitt beschließen, wollen wir uns der Frage zuwenden, unter welchen Umständen Definitionen mit `foldr` und `foldl` äquivalent sind und welche der alternativen Definitionen jeweils vorzuziehen ist.

Wenn der Operator $\oplus$ und das Element e einen Monoid formen, dann gilt (1. Dualitätsgesetz):

$$\texttt{foldr}\,(\oplus)\,e \;=\; \texttt{foldl}\,(\oplus)\,e \tag{5.7}$$

In den Definitionen von **sum'**, **product'**, **and'**, **or'** und **concat'** kann demnach sowohl `foldr` als auch `foldl` verwendet werden.

Die Funktion **reverse**, die eine Liste spiegelt, kann auf zwei verschiedene Arten definiert werden.

```
slow_reverse = foldr postfix []
               where
               a $postfix x = x++[a]
fast_reverse = foldl prefix []                    || = reverse
               where
               x $prefix a = a:x
```

Daß beide Definitionen äquivalent sind, zeigt der folgende Satz (2. Dualitätsgesetz). Wenn die beiden Operatoren $\oplus$ und $\otimes$ und das Element e die folgenden Bedingungen erfüllen,

$$a \oplus (b \otimes c) \;=\; (a \oplus b) \otimes c$$
$$a \oplus e \;=\; e \otimes a$$

dann gilt:

$$\text{foldr}\,(\oplus)\,e \;=\; \text{foldl}\,(\otimes)\,e \tag{5.8}$$

Die Gültigkeit von Gleichung 5.8 kann durch wiederholte Anwendungen der Bedingungen nachgeprüft werden.

Welche von zwei alternativen Definitionen (`slow_reverse` oder `fast_reverse`) die kostengünstigere bezüglich der Laufzeit und des Speicherplatzbedarfes ist, kann i. allg. nicht so leicht beantwortet werden. Einen groben Hinweis gibt die folgenden Daumenregel[14].

> `foldl` sollte verwendet werden, wenn der übergebene Operator strikt in beiden Argumenten ist. Falls dies nicht der Fall ist, ist `foldr` in vielen Fällen günstiger.

Aus diesem Grund wird für `sum'` und `product'` die Funktion `foldl` verwendet und für `and'` und `or'` die Funktion `foldr`. Bei der Definition von `reverse` hingegen ist `foldl` vorzuziehen. Wenn die Länge der übergebenen Liste n ist, so benötigt `slow_reverse` $O(n^2)$ Reduktionsschritte, `fast_reverse` hingegen nur $O(n)$. (Warum?)

In einigen Fällen kann man kein sinnvolles neutrales Element bei `foldr` bzw. bei `foldl` angeben. Z. B., wenn man mit Hilfe von `foldl` das kleinste Element einer Liste bestimmen möchte: Was ist das kleinste Element der leeren Liste? Aus diesem Grund gibt es die Funktionen `foldr1` und `foldl1`, die nichtleere Listen auffalten. Wir begnügen uns an dieser Stelle mit der Angabe der Typen.

```
foldr1,foldl1 :: (*->*->*)->[*]->*
```

---

[14] Beachte: Die Funktion `foldl` aus der Standardumgebung entspricht bezüglich des Speicherbedarfes *nicht* der oben definierten Funktion `foldl'`. Auf diesen Punkt gehen wir in Abschnitt 8.8 genauer ein.

$$x_1 : x_2 : x_3 : \cdots : x_{n-2} : x_{n-1} : x_n : [\,]$$

$$\Big\downarrow \quad \texttt{foldr1}\,(\oplus)$$

$$x_1 \oplus (x_2 \oplus (x_3 \oplus \cdots \oplus (x_{n-2} \oplus (x_{n-1} \oplus x_n))))$$

Abbildung 5.4: Arbeitsweise der `foldr1`-Funktion

$$x_1 : x_2 : x_3 : \cdots : x_{n-2} : x_{n-1} : x_n : [\,]$$

$$\Big\downarrow \quad \texttt{foldl1}\,(\otimes)$$

$$((((x_1 \otimes x_2) \otimes x_3) \otimes \cdots \otimes x_{n-2}) \otimes x_{n-1}) \otimes x_n$$

Abbildung 5.5: Arbeitsweise der `foldl1`-Funktion

Man beachte, daß die Typen der beiden Argumente des Operators im Gegensatz zu `foldr` und `foldl` übereinstimmen müssen.

Das Minimum bzw. das Maximum einer Liste kann mit Hilfe von `foldl1` bestimmt werden.

```
min' = foldl1 min2                    || = min
max' = foldl1 max2                    || = max
```

Die Funktionsweise von `foldr1` bzw. von `foldl1` ist in Abbildung 5.4 bzw. in Abbildung 5.5 dargestellt.

5.5.4 Kontrollstrukturen

In diesem Abschnitt wollen wir uns mit Funktionen höherer Ordnung befassen, die an Kontrollstrukturen angelehnt sind, wie man sie aus imperativen Sprachen kennt. Aus Pascal ist die `repeat-until` Schleife bekannt, die eine Folge von Anweisungen solange iteriert, bis eine Abbruchbedingung erfüllt ist.

Wenn wir uns daran erinnern, daß eine Anweisung nichts anderes ist als eine Transformation eines globalen Zustandsraumes, dann beschreibt die folgende Definition sehr gut die Arbeitsweise dieses Kontrollkonstruktes.

```
until' :: (*->bool)->(*->*)->*->*                    || = until
until' p f x = x,                    if p x
             = until' p f (f x),  otherwise
```

Mit Hilfe der until-Funktion können wir eine „imperative" Version der Fibonacci-Funktion definieren.

```
fib = init $andthen until done body $andthen term
      where
      init n = (n,0,1)
      done (n,a,b) = n=0
      body (n,a,b) = (n-1,b,a+b)
      term (n,a,b) = a
```

Um die Nullstelle einer Funktion f zu finden, kann die Methode von Newton verwendet werden. Die Methode besagt: Wenn x eine Näherung einer Nullstelle von f ist, dann ist

$$x - \frac{f(x)}{f'(x)}$$

eine bessere Näherung. Dieses Verfahren findet z. B. bei der Berechnung von Quadratwurzeln seine Anwendung. Um die Wurzel von a zu bestimmen, wendet man das Newtonsche Verfahren auf die Funktion $f(x) = x^2 - a$ an.

```
newton :: (num->num)->num->num
newton f = until satis improve
           where
           satis x = abs (f x) < epsilon
           improve x = x - (f x/deriv f x)
epsilon = 1e-8

sqrt' x = newton f x where f y = y^2 - x
cubrt x = newton f x where f y = y^3 - x
```

In einigen Fällen ist man nicht nur an dem Endergebnis eines Iterationsprozesses interessiert, sondern auch an den Zwischenergebnissen. Zu diesem Zweck ist in der Standardumgebung die Funktion **iterate** definiert, die eine Funktion wiederholt von einem Anfangswert ausgehend anwendet und eine Liste *aller* Iterationen zurückgibt.

So bezeichnet **iterate** (+1) 0 die Liste aller natürlichen Zahlen und mit Hilfe von **iterate** (*2) 1 wird die Liste aller Potenzen von 2 berechnet. Solange nur

```
                         4711
         iterate (div 10) |
                         [4711,471,47,4,0,...
         takewhile (~=0) |
                         [4711,471,47,4]
            map (mod 10) |
                         [1,1,7,4]
                reverse |
                         [4,7,1,1]
```

Abbildung 5.6: Auswertung von <code>digits 4711</code>

auf endliche Abschnitte dieser Listen zugegriffen wird, garantiert der Auswertungsmechanismus (lazy evaluation), daß die gesamte Berechnung terminiert (siehe Abschnitt 8.6).

```
iterate' :: (*->*)->*->[*]                        || = iterate
iterate' f x = x:iterate' f (f x)
```

Die Funktion `iterate` kann z. B. verwendet werden, um die Ziffern einer Zahl zu
berechnen oder um eine Liste in Teillisten einer vorgegebenen Länge zu unterteilen.

```
digits :: num->[num]
digits = reverse.map (mod 10).takewhile (~=0).iterate (div 10)
group :: num->[*]->[[*]]
group n = map (take n).takewhile (~=[]).iterate (drop n)
```

In den Abbildungen 5.7 und 5.6 ist die Abarbeitung der Aufrufe `digits 4711` und
`group 2 "hello"` dargestellt.

5.6   Literaturhinweise

Das Thema „Funktionen höherer Ordnung" behandeln alle in Kapitel 1 genannten,
einführenden Bücher.

Wir haben in Abschnitt 5.5 exemplarisch gezeigt, wie unter Verwendung algebraischer Gesetze Programmtransformationen durchgeführt werden können. Mit
dem Gebiet der „Programmierung durch Transformation" hat sich Richard Bird
in mehreren Artikeln auseinandergesetzt [Bird 88b, Bird 84a, Bird 86b, Bird 86a].
Auch in [Bird 88a] findet man weitere Beispiele und Anregungen.

```
                        "hello"
       iterate (drop 2) |
                        ["hello","llo","o","",...
       takewhile (~=[]) |
                        ["hello","llo","o"]
          map (take 2) |
                        ["he","ll","o"]
```

Abbildung 5.7: Auswertung von `group 2 "hello"`

5.7   Syntax

In Abbildung 5.8 sind die vordefinierten Funktionen höherer Ordnung und die darauf aufbauenden Funktionen aufgeführt.

Die Funktion `scan` wendet `foldl` auf jeden Präfix der übergebenen Liste an. Der Ausdruck `scan (+) 0 [1,3..]` berechnet die Liste aller Quadratzahlen. Der Name `zip` (englisch: Reißverschluß) beschreibt die Arbeitsweise der Funktion recht treffend: `zip` überführt ein Paar von Listen in eine Liste von Paaren, indem korrespondierende Elemente der Listen zusammengefaßt werden. Die Funktion `zip2` ist die curryfizierte Version von `zip`. Mit Hilfe der Funktionen `zip3,...,zip6` können n Listen mit $3 \leq n \leq 6$ in eine Liste mit n-Tupeln überführt werden. Die Länge der Ergebnisliste ergibt sich jeweils aus dem Minimum der Längen der Argumentlisten.

Die Syntax für Ausdrücke wird erweitert um Operator-Sections.

```
<simple>   ⟶   ...
         |   ( <infix1> <el> )      Postsection
         |   ( <el> <infix> )       Presection
```

Aufgaben

Aufgabe 5.1* Welche Bedeutung haben die folgenden Ausdrücke?

```
(1/)                    ((+1).)           (:).(+1)
("< "++).(++" >")       (id.)             ($id 2)
converse (.)            map.(+)           map.map.map
until (=0) (+1)         foldr (.) id      foldl (converse postfix) []
```

Funktion	Typ	Bemerkung
map	`(*->**)->[*]->[**]`	Fortsetzung einer Funktion auf eine Liste
map2	`(*->**->***)->` `[*]->[**]->[***]`	Fortsetzung einer zweistelligen Funktion auf zwei Listen
filter	`(*->bool)->[*]->[*]`	Filterung von Listen
dropwhile	`(*->bool)->[*]->[*]`	Restliste von `takewhile`
takewhile	`(*->bool)->[*]->[*]`	längster Präfix, der ein Prädikat erfüllt
foldl	`(*->**->*)->*->[**]->*`	linksassoziative Auffaltung einer Liste
foldl1	`(*->*->*)->[*]->*`	dito, aber ohne neutrales Element
foldr	`(*->**->**)->**->[*]->**`	rechtsassoziative Auffaltung einer Liste
foldr1	`(*->*->*)->[*]->*`	dito, aber ohne neutrales Element
scan	`(*->**->*)->*->[**]->[*]`	`foldl` auf jeden Listenpräfix
and or	`[bool]->bool`	Konjunktion bzw. Disjunktion einer Liste von Wahrheitswerten
concat	`[[*]]->[*]`	Konkatenation einer Liste von Listen
max min	`[*]->*`	Maximum bzw. Minimum einer Liste
product	`[num]->num`	Produkt bzw. Summe einer Liste von
sum		Zahlen
iterate	`(*->*)->*->[*]`	unendliche Iterierung einer Funktion
until	`(*->bool)->(*->*)->*->*`	Iterierung einer Funktion bis die Abbruchbedingung erfüllt ist
zip	`([*],[**])->[(*,**)]`	Umwandlung eines Paares von Listen in eine Liste von Paaren
zip2	`[*]->[**]->[(*,**)]`	Umwandlung von zwei Listen in eine Liste von Paaren
zip3	`[*]->[**]->[***]->` `[(*,**,***)]`	Umwandlung von drei Listen in eine Liste von 3-Tupeln
⋮		
zip6	`...`	Umwandlung von sechs Listen in eine Liste von 6-Tupeln

Abbildung 5.8: Vordefinierte Funktionen höherer Ordnung

Gib Beispiele für sinnvolle Anwendungen an.

Aufgabe 5.2* Knobelei: Versuche die Funktion **append** und die Operatoren **&** und **\/** „einstellig" zu definieren, d. h., auf der linken Seite der Gleichungen darf nur ein formaler Parameter auftreten. Als Beispiel diene die folgende Definition der Funktion **member**.

```
member'' [] = const False
member'' (a:x) = (=a) $union member x
```

Aufgabe 5.3 Ein Sortierverfahren heißt *stabil*, wenn die Reihenfolge gleicher Objekte durch den Sortiervorgang nicht verändert wird. Die Stabilität ist wichtig, wenn die Liste bereits bezüglich anderer Ordnungsrelationen vorsortiert wurde.

Ist die generische Sortierfunktion **isort** stabil? Betrachte dazu **listsort**, die folgende Definition

```
listsort' = isort ls where ls x y = #x<#y        || '<' statt '<='
```

und die Liste **["Holgi","Moni","Steffi","Ulli"]**. Welchen Anforderungen muß die boolesche Funktion genügen, die an **isort** übergeben wird?

Aufgabe 5.4* Definiere die Funktionen **append**, **member**, **length**, **map**, **numval**, **dropwhile**, **rm_dups** und **takewhile** mit Hilfe von **foldr** und **foldl** und nichtrekursiven Hilfsfunktionen.

Aufgabe 5.5 In Abschnitt 5.5.2 wurde die Funktion **factors** definiert, die die Faktoren einer Zahl berechnet. Ist die folgende Definition äquivalent?

```
factors' n = [1]++filter p [2..n div 2]++[n]
             where
             p m = n mod m = 0
```

Begründe Deine Antwort!

Aufgabe 5.6* Weise die Gültigkeit der folgenden Gleichung

```
takewhile p x++dropwhile p x = x
```

für alle totalen Funktionen p und alle endlichen Listen x nach.

Aufgabe 5.7 Definiere mit Hilfe der in Abschnitt 5.4 eingeführten Funktionen die folgenden Mengen.

$$(\{1,4,7\} \cup \{n \mid n \geq 11\}) \cap \{n \mid n \bmod 2 = 0\}$$

$$\{n \mid 1 \leq n \leq 45\}$$

$$\{n^2 \mid 1 \leq n \leq 1000\}$$

$$(\{(a,b,c) \mid a \leq b \leq c\} \cap \{(a,b,c) \mid a^2 + b^2 = c^2\}) \setminus \{(3,4,5)\}$$

Welche verschiedenen Möglichkeiten gibt es, die Mengen zu definieren, und welche sind effizienter bezüglich des Tests auf Mengenmitgliedschaft.

Aufgabe 5.8 Knobelaufgabe: Versuche `map2` mit Hilfe von `curry`, `uncurry`, `map` und `zip` zu implementieren.

Aufgabe 5.9*   1. Verwende das zweite Dualitätsgesetz, um

```
foldr (:) [] = foldl (converse postfix) []
```

zu zeigen.

2. Zeige die Äquivalenz der folgenden Definitionen.

```
app x y  = foldr (:) y x
app' x y = foldl (converse postfix) x y
```

Welche Definition ist effizienter?

Aufgabe 5.10 Welche Funktion wird durch die folgenden Gleichungen definiert?

```
mystery = foldr bubble []
bubble a = foldr op [a]
          where
            a $op (b:x) = a:b:x,  if a<=b
                        = b:a:x,  otherwise
```

Aufgabe 5.11 Gegeben sei die folgende, „endliche" Version von `iterate`.

```
iter 0 f a = []
iter (n+1) f a = a:iter n f (f a)
```

Verwende diese Funktion, um alle *echten* Präfixe und Suffixe einer Liste zu bestimmen. Ein echter Präfix ist ein Präfix der Länge >0.

Aufgabe 5.12*   1. Schreibe eine rekursive und eine nichtrekursive Funktion, um alle echten Segmente, d. h. zusammenhängenden Teillisten, einer Liste zu bestimmen. Die nichtrekursive Variante darf sich natürlich auf Standardfunktionen abstützen.

2. Schreibe eine rekursive und eine nichtrekursive Funktion, um alle Segmente einer Liste mit einer vorgegebenen Länge >0 zu bestimmen.

Aufgabe 5.13*** In dieser Aufgabe soll die textuelle Aufbereitung von Daten eingeübt werden. Um nicht von Null anfangen zu müssen, nehmen wir an, daß der Typ `picture` und die folgenden Funktionen bereits vordefiniert sind.

```
row,col          :: string->picture
abovex,besidex :: picture->picture->picture
height,width    :: picture->num
fill             :: char->num->num->picture
```

Ein `picture` ist ein rechteckiger Textblock mit einer bestimmten Höhe und Breite. Mit `row s` (`col s`) kann ein einzeiliger (einspaltiger) Textblock erzeugt werden, der den String `s` enthält. Mit `abovex` (`besidex`) können zwei Textblöcke *gleicher* Breite (*gleicher* Höhe) übereinander (nebeneinander) plaziert werden[15]. Die Höhe (die Breite) eines Blockes kann mit `height` (`width`) bestimmt werden. Schließlich erzeugt `fill c h w` einen Textblock der Höhe `h` und der Breite `w`, der mit dem Zeichen `c` gefüllt ist.

1. Programmiere aufbauend auf den oben genannten Funktionen die folgenden Operationen.

```
stack,spread     :: [picture]->picture
empty            :: num->num->picture
box              :: picture->picture
heighten,widen   :: num->picture->picture
above,beside     :: picture->picture->picture
vadjust,hadjust :: [picture]->[picture]
```

Die Funktion `stack` (`spread`) ordnet eine Liste von Bildern *gleicher* Breite (*gleicher* Höhe) übereinander (nebeneinander) an. Mit `empty h w` wird ein leerer Block der Höhe `h` und der Breite `w` erzeugt. Die Funktion `box` umfaßt einen Textblock mit einem Rahmen. Der Textblock `p` kann mit Hilfe von `heighten h p` (`widen w p`) auf die Höhe `h` (die Breite `w`) vergrößert werden; der Block `p` wird jeweils am oberen (am linken Rand) ausgerichtet. Mit

---

[15] Das x soll andeuten, daß beide Argumente die gleiche Größe besitzen müssen.

above (**beside**) können zwei Textblöcke *beliebiger* Breite (*beliebiger* Höhe) übereinander (nebeneinander) plaziert werden. Die Funktionen **vadjust** und **hadjust** dienen dazu, eine Liste von Bildern vertikal, d. h. nach oben, bzw. horizontal, d. h. nach links, auszurichten.

Wenn die folgenden Definitionen gegeben sind,

```
p1 = (fill '*' 2 5 $abovex empty 1 5) $besidex fill '+' 3 2
p2 = col "col" $beside (row "row" $above row "line")
p3 = (stack.hadjust.map row) ["this","is","a","block"]
p4 = (spread.vadjust.map col) ["this","is","a","block"]
seperate n = foldr op [] where a $op x = a:empty 0 n:x
```

dann erzeugt der Ausdruck

```
(spread.vadjust.seperate 6.map box) [p1,p2,p3,p4]
```

die folgende Ausgabe.

```
+--------+    +-----+    +-----+    +----+
|*****++|     |crow |     |this |     |tiab|
|*****++|     |oline|     |is   |     |hs 1|
|    ++|      |1    |     |a    |     |i  o|
+--------+    +-----+    |block|     |s  c|
                         +-----+     |  k|
                                     +----+
```

2. Programmiere eine Funktion **picappointments**, die einen Terminkalender ausgibt. Der Aufruf **picappointments appointments** sollte die folgende Ausgabe erzeugen.

```
+-----------------++-----------------++-----------------+
|  8  9.00 Squash  || 10  8.00 Werkstatt|| 17 10.00 Brunch  |
|    19.00 Essen   ||                   ||    20.00 Fete    |
|    21.00 Oper    ||                   ||                  |
+-----------------++-----------------++-----------------+

+-----------------+
| 30 10.00 Einkauf |
|    13.00 Wohnungs!|
+-----------------+
```

Die Termine eines Tages werden also untereinander aufgeführt und verschiedene Tage in drei Spalten nebeneinander. Das Ausrufungszeichen in der vorletzten Zeile zeigt an, daß der aufgeführte Eintrag abgekürzt werden mußte.

6 List-Comprehensions

In diesem Kapitel beschäftigen wir uns mit den sogenannten List-Comprehensions.
Sie stellen eine einfache und elegante Möglichkeit dar, über Listen zu iterieren. Die
Notation ist stark an die Notation von Mengen angelehnt; wie wir sehen werden,
kann die Definition der Menge M (bzw. ihr Pendant als Liste)

$$M \;=\; \{x^2 \mid x \in \{1 \dots 100\} \wedge x \bmod 2 = 0\}$$

fast buchstabengetreu in eine Miranda-Definition überführt werden.

List-Comprehensions wurden zum ersten Mal in der Sprache KRC verwendet und basieren
auf der ZF-Mengentheorie. Diese Theorie wurde 1908 von Ernst Zermelo mit dem Ziel entwickelt,
eine widerspruchsfreie Basis der Mathematik zu schaffen, nachdem in der naiven, axiomatischen
Mengenlehre Paradoxien entdeckt wurden. Das bekannteste Paradoxon geht auf Russell zurück.
Die Definition der Menge R

$$R \;=\; \{A \mid A \notin A\}$$

führt mit $R \in R \Leftrightarrow R \notin R$ zu einem Widerspruch. In der ZF-Mengentheorie kann eine derartige Menge *nicht* definiert werden, da Mengen nur ausgehend von bereits „bekannten" Mengen
konstruiert werden können. Die konstruktive Natur der ZF-Ausdrücke ermöglicht gerade ihre
Verwendung in einer Programmiersprache.

Abschnitt 6.1 führt die grundlegenden Formen von List-Comprehensions ein
und zeigt typische Beispiele für Anwendungen dieser Notation. Mit weiterführen-
den Formen, die insbesondere die Definition von potentiell unendlichen Listen
unterstützen, beschäftigen sich die Abschnitte 6.2 und 6.3.

6.1 Einfache List-Comprehensions

Die Definition der Menge M wird wie folgt in eine Miranda-Definition übersetzt.

```
m = [x^2 | x<-[1..100]; x mod 2=0]
```

Statt der geschweiften Klammern werden eckige Klammern verwendet, statt dem
Elementzeichen $\in$ das Symbol `<-` und statt der Konjunktion $\wedge$ ein Semikolon `;`.
Der Ausdruck `x<-[1..100]` heißt *Generator*, der boolesche Ausdruck `x mod 2=0`
Filter. Generatoren und Filter bilden zusammen den Rumpf einer List-Comprehen-
sion, der Ausdruck auf der linken Seite vom Symbol `|` wird als Kopf bezeichnet.

Im einfachsten Fall besteht der Rumpf aus einem Generator. Auf der rechten Seite des Zeichens <- darf ein beliebiger listenwertiger Ausdruck stehen. Die Variable, die links von dem Zeichen <- steht, wird sukzessive an die Elemente der von dem Ausdruck generierten Liste gebunden. Der Kopf wird jeweils relativ zu dieser Bindung ausgewertet.

```
[x^2 | x<-[1..9]]   ▷   [1,4,9,16,25,36,49,64,81]
```

Generatoren und Filter werden durch ein Semikolon ; getrennt. Filter schränken den Geltungsbereich von Variablen ein: Der Kopf wird nur ausgewertet, wenn der boolesche Ausdruck True ergibt.

```
[x^2 | x<-[1..9]; x mod 2=0]   ▷   [4,16,36,64]
```

Im Rumpf können auch mehrere Generatoren angegeben werden. Die Variablen variieren dann über alle möglichen Kombinationen der jeweiligen Listenelemente.

```
[(i,j) | i<-[1..2]; j<-[2..4]]
▷   [(1,2),(1,3),(1,4),(2,2),(2,3),(2,4)]
```

Wenn die Listen x und y jeweils die Längen m und n haben, dann besitzt die Liste [(i,j) | i<-x; j<-y] die Länge mn. Wie aus dem obigen Beispiel ersichtlich ist, wird zunächst die Variable des linken Generators an einen Wert gebunden, die Variable des zweiten Generators variiert anschließend über alle Werte; dann wird die erste Variable an den nächsten Wert gebunden und die zweite Variable variiert abermals über alle Werte usw. Je weiter rechts ein Generator steht, desto „schneller" variiert die entsprechende Variable.

Man kann sich die Reihenfolge, in der die Listenelemente aufgeführt werden, leicht merken, wenn man sich die Generatoren als geschachtelte for-Schleifen (in Pascal) vorstellt.

```
for i:=1 to 2 do
    for j:=2 to 4 do
        writeln(i,j);
```

Das Programmfragment korrespondiert gerade zu der obigen List-Comprehension. List-Comprehensions weisen einige Ähnlichkeiten zu geschachtelten for-Schleifen auf, sind aber natürlich *nicht* auf Iterationen über Zahlenintervalle eingeschränkt.

Im Unterschied zu Mengen ist bei Listen die Reihenfolge der Elemente relevant. Dennoch sollte man versuchen, List-Comprehensions möglichst deklarativ, d. h. beschreibend, und nicht operational zu lesen. Der Ausdruck

```
[f a b | a<-x; b<-y; p a b]
```

sollte gelesen werden als:

> Die Liste aller **f a b**, so daß **a** aus **x** und **b** aus **y** ist und **p a b** erfüllt
> ist.

Die Variable, die durch einen Generator eingeführt wird, ist sowohl im Kopf
als auch in allen weiter rechts aufgeführten Generatoren und Filtern sichtbar. Auf
diese Art und Weise können abhängige Generatoren notiert werden.

```
    [(i,j) | i<-[1..3]; j<-[1..i]]
 ▷  [(1,1),(2,1),(2,2),(3,1),(3,2),(3,3)]
```

Sollen mehrere Variablen über die gleiche Liste iterieren, so können die Variablen
durch Kommata getrennt in einem Generator aufgeführt werden, d. h., anstelle des
Ausdrucks `[i*j | i<-x; j<-x]` kann auch kürzer `[i*j | i,j<-x]` geschrieben
werden.

Da List-Comprehensions ganz „normale" Ausdrücke sind, können sie auch geschachtelt werden.

```
    [[i*j | i<-[1..2]] | j<-[1..3]]  ▷  [[1,2],[2,4],[3,6]]
```

Geschachtelte List-Comprehensions werden insbesondere häufig bei der Verarbeitung von Matrizen verwendet.

Auf der linken Seite von Generatoren können nicht nur Variablen aufgeführt
werden, sondern es können auch Muster angegeben werden. List-Comprehensions
sind somit die dritte Stelle neben formalen Parameterpositionen und konformen
Definitionen, in denen Muster eingesetzt werden. Mit Hilfe von Mustern können
mehrere Variablen gleichzeitig gebunden werden; zusätzlich wirkt ein Muster als
Filter, da eine Bindung nur vorgenommen wird, wenn das Matching erfolgreich
war. Die folgenden Definitionen zeigen einige Beispiele für die Verwendung von
Mustern.

```
ssss xs    = ['s':x | 's':x<-xs]
getones x  = [a | (a,1)<-x]
empties xs = sum [1 | []<-xs]
```

Die Funktion **ssss** sucht aus einer Liste von Strings alle Strings heraus, die mit
dem Buchstaben `'s'` beginnen. Analog dazu wählt **getones** aus einer Liste von
Paaren alle Paare aus, deren zweite Komponente eine 1 enthält, und projiziert auf
die erste Komponente. Die Funktion **empties**, die die Anzahl der leeren Listen in
einer Liste von Listen zählt, zeigt, daß ein Muster nicht notwendigerweise Variablen
enthalten muß. Ebensowenig muß der Kopf einer List-Comprehension Variablen
enthalten.

```
ssss ["ulli","susi","holgi","steffi"]  ▷  ["susi","steffi"]
getones [(3,1),(0,2),(1,1),(2,1)]  ▷  [3,1,2]
    empties ["","bla","","","bla"]  ▷  3
```

Die Positionen auf einem Schachbrett, die ein Springer von einer bestimmten Position in einem Zug erreichen kann, können einfach mit Hilfe einer List-Comprehension bestimmt werden.

```
moves (x,y) = [(x+i,y+j) | i,j<-[-2,-1,1,2]; i^2+j^2=5;
                           0<=x+i<8; 0<=y+j<8]
```

Wenn wir Mengen mit Hilfe von (sortierten) Listen ohne doppelte Elemente darstellen, dann können „Mengenkonstruktoren" sehr elegant mit Hilfe von List-Comprehensions formuliert werden. Das kartesische Produkt zweier Mengen ist besonders einfach zu definieren.

```
cp :: [*]->[**]->[(*,**)]
cp x y = [(a,b) | a<-x; b<-y]
```

Die Funktion **powset** berechnet die Potenzmenge einer Menge. Aus der Funktionsdefinition läßt sich unmittelbar ablesen, daß die Kardinalität der Potenzmenge 2^n ist, wenn die Kardinalität der zugrundegelegten Menge n ist, da die Größe der Ergebnisliste bei jedem Rekursionsschritt verdoppelt wird.

```
powset :: [*]->[[*]]
powset [] = [[]]
powset (a:x) = p ++ [a:y | y<-p]
               where
               p = powset x
```

Die Menge aller n-Tupel bzw. aller Sequenzen der Länge n über einer Menge kann mit Hilfe der Funktion **sequ** bestimmt werden.

```
sequ :: num->[*]->[[*]]
sequ 0 x = [[]]
sequ (n+1) x = [a:y | a<-x; y<-sequ n x]
```

Eine (endliche) Funktion ist eindeutig bestimmt durch die Sequenz ihrer Funktionswerte, wenn wir voraussetzen, daß der Definitionsbereich total geordnet ist. Der Ausdruck **fun x y** bezeichnet die Menge aller „Funktionen" mit dem Definitionsbereich **x** und dem Wertebereich **y**. Eine Funktion wird durch eine Assoziationsliste dargestellt, d. h. als Relation über dem Definitions- und Wertebereich.

```
fun :: [*]->[**]->[[(*,**)]]
fun x y = [zip2 x d | d<-sequ (#x) y]
```

Mit Hilfe der Funktion `zip2` wird jeweils ein Element aus dem Definitionsbereich
mit dem entsprechenden Element aus dem Wertebereich gepaart. Wenn der Definitionsbereich sortiert ist, dann kann die in Abschnitt 5.3 definierte Funktion `lookup`
verwendet werden, um die Menge aller *Funktionen* mit gegebenem Definitions- und
Wertebereich zu berechnen.

```
fun' :: [*]->[**]->[*->**]
fun' x y = map lookup (fun x y)
images fs x = aplist (map map fs) x
```

Um die Bildbereiche der Funktionen zu bestimmen, wird die Funktion `images`
benutzt. Beachte: Funktionen können nicht ausgegeben werden.

```
fun' [1..2] [0..1]  ▷  [<function>,<function>,<function>,
                        <function>]
images $$ [1..2]  ▷  [[0,0],[0,1],[1,0],[1,1]]
```

Es besteht ein enger Zusammenhang zwischen List-Comprehensions und den
Funktionen `map`, `map2` und `filter`, die wir in Abschnitt 5.5.1 bzw. 5.5.2 kennengelernt haben. So kann der Ausdruck `map f x` stets durch die List-Comprehension
`[f a | a<-x]` ersetzt werden. Eine List-Comprehension ist oftmals günstiger, da
die Definition einer Hilfsfunktion in vielen Fällen vermieden werden kann (vgl. die
folgenden Definitionen von `bars` und `aplist` mit den entsprechenden Definitionen
in Abschnitt 5.5.1). Allerdings kann eine List-Comprehension *nicht* den Ausdruck
`map f` ersetzen.

```
bars x = layn [rep n '*' | n<-x]
aplist x a = [f a | f<-x]
member' x a = or [a=b | b<-x]                    || = member
length x = sum [1 | a<-x]                        || = #
```

Analog korrespondiert der Ausdruck `map2 f x y` zu der List-Comprehension
`[f a b| (a,b)<-zip2 x y]`. Zur Erinnerung: Die Funktion `map2` haben wir insbesondere bei der Verarbeitung von Vektoren und Matrizen eingesetzt. Die Funktionen `vecadd`, `scalar` und `matmul` implementieren einige grundlegende Operationen auf Vektoren und Matrizen. Beachte die Verwendung geschachtelter List-Comprehensions bei der Definition der Matrizenmultiplikation.

```
v1 $vecadd v2 = [a+b | (a,b)<-zip2 v1 v2]
v1 $scalar v2 = sum [a*b | (a,b)<-zip2 v1 v2]
m1 $matmul m2 = [[v1 $scalar v2 | v2<-transpose m2] | v1<-m1]
```

Die in der Standardumgebung definierte Funktion **transpose** transponiert eine
Matrix. Die Einheitsmatrix der Größe n kann ebenfalls durch eine geschachtelte
List-Comprehension definiert werden.

```
idmat n = [[delta i j | j<-[1..n]] | i<-[1..n]]
          where
          delta i j = 1, if i=j
                    = 0, otherwise
```

Der Ausdruck **filter p x** entspricht der List-Comprehension [a|a<-x; p a].
Wenn die Bedingung p komplexer ist, z. B. 0<=a<10, dann ist die Verwendung einer
List-Comprehension günstiger, da die zusätzliche Definition einer Hilfsfunktion
entfällt (vgl. die folgende Definition von **factors** mit der Definition aus Abschnitt
5.5.2).

```
factors n = [m | m<-[1..n]; n mod m = 0]


qsort [] = []
qsort (a:x) = qsort [b | b<-x; b<=a] ++ [a] ++
                 qsort [b | b<-x; b>a]
```

List-Comprehensions sind besonders geeignet, um kombinatorische Probleme
oder Suchprobleme zu formulieren. In Abschnitt 8.3 werden wir uns mit typischen
Backtracking-Problemen beschäftigen, die mit Hilfe von List-Comprehensions besonders elegant implementiert werden können. Im folgenden zeigen wir, wie mit
Hilfe von List-Comprehensions Anfragen an ein „Datenbanksystem" gestellt werden können (ein typisches Suchproblem).

Unsere Sichtweise von Datenbanken ist natürlich sehr naiv: Wir stellen eine Relation einfach als Liste von Tupeln dar. Für die Angabe der „Relationenschemata"
verwenden wir die folgenden Typabkürzungen.

```
vorname == [char];  wohnort == [char];  titel == [char]
mnr  == num;        vnr     == num
```

Die Datenbank enthält Informationen über Studenten, jeder Student ist durch die
Matrikelnummer (**mnr**) eindeutig gekennzeichnet (Schlüsselattribut), über Vorlesungen, jede Vorlesung ist durch die Vorlesungsnummer (**vnr**) eindeutig bestimmt,
und über die Teilnahme von Studenten an Vorlesungen, wobei die dritte Komponente der Relation die prozentuale Anwesenheit eines Studenten in einer Vorlesung
angibt.

```
s :: [(mnr,vorname,wohnort)]                            || Student
```

```
s = [ ( 204, "Werner",  "Frankfurt"),
      (1809, "Anna",    "Hannover"),
      (3101, "Paul",    "Koeln"),
      (1010, "Chris",   "Marl"),
      (2012, "Eva",     "Dortmund")   ]


v :: [(vnr,titel)]                              || Vorlesung
v = [ (55, "Informationssysteme"),
      ( 7, "Schaltwerktheorie"),
      ( 9, "Theorie der Programmierung"),
      ( 1, "Grundlagen der theoretischen Informatik") ]


t :: [(vnr,mnr,num)]                            || Teilnehmer
t = [ (55, 204,100), (55,1809,50), (55,1010,10), (55,2012,60),
      ( 7,1809, 50), ( 7,1010,20),
      ( 9,1010, 40),
      ( 1,2012, 40), ( 1,1010,30)                          ]
```

Welche Studenten hören die Vorlesung Informationssysteme? Um diese Anfrage
zu beantworten, müssen wir zunächst mit Hilfe der Vorlesungsrelation v die Vorlesungsnummer bestimmen. Aus der Teilnehmerrelation t suchen wir dann alle
Tupel mit der gleichen Vorlesungsnummer heraus. Da wir an den Vornamen der
Studenten interessiert sind, muß noch die Studentenrelation s verwendet werden.

```
a1 = [vname | (vnr1,"Informationssysteme")<-v;
              (vnr2,mnr1,anw)<-t; vnr1=vnr2;
              (mnr2,vname,adr)<-s; mnr1=mnr2]
```

In der Relationenalgebra entspricht diese Anfrage einem natürlichen Verbund (na-
tural join) der drei Relationen und der anschließenden Projektion auf den Vornamen.

Die Variablen, die auf der linken Seite von Generatoren eingeführt werden, sind nur lokal
in der List-Comprehension sichtbar und überdecken andere globale Variablen, aber auch weiter
links durch Generatoren eingeführte Variablen. Aus diesem Grund kann die obige Anfrage *nicht*
einfacher durch [.. | (vnr,..)<-v; (vnr,..)<-t ..] formuliert werden.

Welche Vorlesungen besucht Chris und wie oft ist er dort anwesend?

```
a2 = [(titel,anw) | (mnr1,"Chris",adr)<-s;
                    (vnr1,mnr2,anw)<-t; mnr1=mnr2;
                    (vnr2,titel)<-v; vnr1=vnr2]
```

Welche Vorlesung besucht Anna, nicht aber Eva? Diese Anfrage läßt sich nicht mit
Hilfe einer einzigen List-Comprehension beantworten. Aus diesem Grund führen
wir eine Hilfsfunktion ein, die zu einem Studenten alle Vorlesungen angibt, die sie
oder er besucht.

```
a3 = besucht "Anna" -- besucht "Eva"
     where
     besucht vname1 = [titel | (mnr1,vname2,adr)<-s; vname1=vname2;
                               (vnr1,mnr2,anw)<-t; mnr1=mnr2;
                               (vnr2,titel)<-v; vnr1=vnr2]
```

Die obigen List-Comprehensions korrespondieren zu *sicheren* Ausdrücken[1] des Tupelkalküls (vergleiche [Ullman 87]), wobei das Semikolon im Rumpf einer List-
Comprehension der Konjunktion entspricht. List-Comprehensions sind allerdings
nicht so ausdrucksstark wie Ausdrücke des Tupelkalküls, da entsprechende Konstrukte für die Disjunktion und Negation fehlen. Aus diesem Grund haben wir
in der letzten Anfrage Ausdrücke der Relationenalgebra und des Tupelkalküls gemischt.

6.2   Iterative Generatoren

Neben den Generatoren, die wir bisher verwendet haben, kennt Miranda noch eine
weitere Form, die sogenannten *iterativen Generatoren*. Ein iterativer Generator ist
im Prinzip eine Berechnungsvorschrift, die angibt, an welche Werte eine Variable
sukzessive gebunden wird. Die Arbeitsweise eines iterativen Generators kann am
besten mit einem Beispiel veranschaulicht werden.

```
[a | a<-0,a+1..]  ▷  [0,1,2,3,4,5,6,7,8,...
```

Auf der rechten Seite des Symbols `<-` werden zwei durch ein Komma getrennte
Ausdrücke angegeben: Der erste Ausdruck (`0`) bestimmt den Startwert der Variablen (`a`), der zweite Ausdruck (`a+1`) gibt an, wie aus der Belegung der Variablen
die nächste Belegung berechnet werden kann. Diese Form erinnert stark an die
Definition von Folgen mit Hilfe von Rekurrenzgleichungen. Der obige Ausdruck
entspricht der Folge a_i mit

$$a_0 = 0$$
$$a_{n+1} = a_n + 1$$

---

[1] Ein sicherer Ausdruck beschreibt eine *endliche* Relation.

Iterative Generatoren bzw. die resultierenden Listen sind im allgemeinen unendlich. Die List-Comprehension `[x | x<-a,f x..]` erzeugt die unendliche Liste `[a,f a,f(f a),f(f(f a)),....`

Auf der linken Seite von Generatoren können wie gewohnt auch Muster angegeben werden. Dies ist z. B. nützlich, wenn, wie bei der Definition der Fibonacci-Funktion, nicht nur auf das letzte, sondern auch auf das vorletzte Folgenglied zugegriffen wird (siehe unten).

$$[a \ | \ (a,b)<-(0,1),(b,a)..] \quad \triangleright \quad [0,1,0,1,0,1,0,...$$
$$[a \ | \ (1,a,b,c)<-(1,1,1,0),(a,b,c,1)..] \quad \triangleright \quad [1,1,0]$$

Wie in dem letzten Beispiel deutlich wird, beendet ein Fehlschlag beim Pattern-Matching den Iterationsprozeß (im Unterschied zu normalen Generatoren).

Iterative Generatoren sind natürlich nicht auf arithmetische Ausdrücke beschränkt wie die folgenden Beispiele zeigen.

$$[x \ | \ x<-[],1:x..] \quad \triangleright \quad [[],[1],[1,1],[1,1,1],...$$
$$[x \ | \ 1:x<-rep \ 4 \ 1,x..] \quad \triangleright \quad [[1,1,1],[1,1],[1],[]]$$

Allerdings können arithmetische oder geometrische Folgen und Reihen besonders natürlich spezifiziert werden. So bezeichnet `[b | b<-a,b+d..]` die arithmetische bzw. `[b | b<-a,b*q..]` die geometrische Folge. Um die korrespondierenden Reihen zu bestimmen, müssen die Folgenglieder jeweils aufsummiert werden. Dazu kann die Standardfunktion `scan` verwendet werden, die `foldl` auf jeden Präfix einer Liste anwendet.

```
series = scan (+) 0
arithmetic_series a d = series [b | b<-a, b+d..]
geometric_series a q  = series [b | b<-a, b*q..]
```

Die Liste aller Fibonacci-Zahlen bzw. die Liste mit allen Werten der Fakultätsfunktion kann wie folgt definiert werden.

```
fiblist = [a | (a,b)<-(0,1), (b,a+b)..]
faclist = [a | (a,n)<-(1,1), (a*n,n+1)..]
```

Da bei der Fibonacci-Funktion das vorletzte Folgenglied und bei der Fakultätsfunktion der Index in der jeweiligen Rekurrenzgleichung verwendet wird, wird ein Tupel für die Verwaltung der zusätzlichen Daten benutzt. Beachte: `scan (*) 1 [1..]` ist eine äquivalente Definition für `faclist`.

Die Methode von Newton zur Bestimmung einer Nullstelle (vgl. Abschnitt 5.5.4) kann ebenfalls sehr elegant mit Hilfe einer List-Comprehension realisiert werden.

```
sqrt' a = limit [x | x<-1, 0.5*(x+a/x)..]
```

Die Funktion `limit` geht eine Liste durch, bis sich ein Listenelement, der „Grenz-wert" oder der „Fixpunkt", wiederholt und gibt dieses zurück.

Wie das letzte Beispiel zeigt, kann anstelle des Ausdrucks `iterate f x` auch die List-Comprehension `[a | a<-x, f a..]` verwendet werden.

6.3   Diagonalisierende List-Comprehensions

Wir haben in den letzten beiden Abschnitten gesehen, daß ein Generator auch unendlich viele Bindungen für eine Variable erzeugen kann. Der Auswertungs-mechanismus von Miranda garantiert, daß die Berechnung immer terminiert, so-lange nur auf endliche Abschnitte zugegriffen wird. Aus diesem Grund terminiert `fac 250990`, nicht aber `inf`.

```
fac = (faclist!)
inf = sum faclist
```

Wenn in einer List-Comprehension mehrere Generatoren, endliche und unendli-che, verwendet werden, ist allerdings *nicht* sichergestellt, daß jede Kombination von Werten auch irgendwann abgearbeitet wird, d. h., die Reihenfolge, in der auf-gezählt wird, ist *nicht fair*. Der Ausdruck `[(i,j) | i<-[0..9]; j<-[0..]]` wer-tet zu einer unendlichen Liste aus, die nur Paare der Form `(0,b)` enthält (vgl. Ana-logie zu geschachtelten `for`-Schleifen).

Aus diesem Grund gibt es in Miranda noch eine weitere Form von List-Compre-hensions, die sogenannten diagonalisierenden List-Comprehensions. Bei Verwen-dung dieses Konstruktes wird sichergestellt, daß die Reihenfolge der Aufzählung fair ist. Syntaktisch unterscheiden sie sich von den normalen List-Comprehensions durch die Verwendung des Symbols `//` anstelle des Symbols `|`.

Die Wertekombinationen werden mit Hilfe (einer Verallgemeinerung) des Dia-gonalisierungsverfahrens von Cantor aufgezählt. Die beiden folgenden Beispiele zeigen die unterschiedliche Vorgehensweise bei normalen und diagonalisierenden List-Comprehensions.

```
    [(i,j) | i<-[1..3]; j<-[4..7]]
  ▷ [(1,4),(1,5),(1,6),(1,7),(2,4),(2,5),(2,6),(2,7),
    (3,4),(3,5),(3,6),(3,7)]
    [(i,j) // i<-[1..3]; j<-[4..7]]
  ▷ [(1,4),(1,5),(2,4),(1,6),(2,5),(3,4),(1,7),(2,6),
    (3,5),(2,7),(3,6),(3,7)]
```

I	4	5	6	7
1	1	2	3	4
2	5	6	7	8
3	9	10	11	12

//	4	5	6	7
1	1	2	4	7
2	3	5	8	10
3	6	9	11	12

Abbildung 6.1: Normale und diagonalisierende List-Comprehensions

Die Reihenfolge der Aufzählung ist in Abbildung 6.1 dargestellt.

Typische Anwendungen für diagonalisierende List-Comprehensions sind Suchprobleme, die einen unendlich großen Suchraum aufspannen. Die Liste `pyths` enthält alle rechtwinkligen Dreiecke mit ganzzahligen Seitenlängen.

```
pyths = [(a,b,c) // a,b,c<-[1..]; a^2+b^2=c^2]
```

Das Programm ist von spektakulärer Ineffizienz, da viele unnötige Kombinationen ausprobiert werden. Man überlegt sich schnell, daß sich die Länge der Hypothenuse jeweils automatisch aus den Längen der Katheten ergibt. Die folgende Variante von `pyths` realisiert diese Verbesserung.

```
pyths' = [(a,b,intsqrt(a^2+b^2)) // a<-[3..]; b<-[a+1..];
                                    is_sq (a^2+b^2)]
         where
         intsqrt x = entier (sqrt x)
         is_sq y   = (intsqrt y)^2 = y
```

6.4 Syntax

Die Syntax für Ausdrücke wird erweitert um List-Comprehensions.

```
<simple>     ⟶   ...
             |   [ <exp> | <qualifs> ]          List-Comprehension
             |   [ <exp> // <qualifs> ]         diagonalisierende LC
<qualifs>    ⟶   <qualifier> ; <qualifs>
             |   <qualifier>
<qualifier>  ⟶   <exp>                          Filter
             |   <generator>                    Generator
<generator>  ⟶   <pat>-list <- <exp>            einfacher Generator
             |   <pat> <- <exp> , <exp> ..      iterativer Generator
```

Aufgaben

Aufgabe 6.1 Gegeben sind die folgenden Definitionen.

```
a = 9;   x = [1..a];   y = [a,a-1..1]
even a = a mod 2=0;   odd a = a mod 2=1
```

Welche der folgenden Ausdrücke sind wohlgeformt und welche Bedeutung haben
sie?

```
[1 | True]                    [1 | False]
[a | a>0]                     [a | a<0]
[a | a<-x; a<-y]              [a | a<-x--[a]; a<-y--[a]]
[a | a<-x; b<-[1..a]]         [b | b<-x; c<-[1..a]]
[a | a<-x; a mod 2=0]         [b | b<-x; a mod 2=0]
[a | a mod 2=0; a<-x]         [b | b mod 2=0; b<-x]
[[a | a<-x] | b<-y]           [a | a<-[b | b<-x]]
[(a,b,c) | a,b<-x; c<-y]      [(a,b,c) // a,b<-x; c<-y]
[a | [a]<-[1],[a,a]..]        [x | x<-[],(1:x)..; #x<3]
```

Aufgabe 6.2 Welche der folgenden Ausdrücke können effizienter berechnet werden? Wir nehmen an, daß es auf die Reihenfolge der Elemente in der Liste *nicht*
ankommt.

```
1.   [(a,b) | a<-x; even a; b<-y; odd b]
     [(a,b) | a<-x; b<-y; even a; odd b]

2.   [(a,b) | a<-x; even a; b<-y; b>8]
     [(a,b) | a<-x; b<-y; b>8; even a]
     [(a,b) | a<-x; b<-y; even a; b>8]
     [(a,b) | b<-y; b>8; a<-x; even a]
```

Aufgabe 6.3 Kann die Funktion `pyths` auf die folgende Weise noch effizienter
berechnet werden?

```
pyths'' = [(a,b,intsqrt c) // a<-[3..]; b<-[a+1..]; is_sq c]
          where
          c = a^2+b^2
          intsqrt x = entier (sqrt x)
          is_sq y   = (intsqrt y)^2 = y
```

Aufgabe 6.4**   1. Wir können eine Relation $R \subseteq A \times B$ als Liste von Paaren darstellen. Definiere Funktionen, um den Definitionsbereich, den Wertebereich und den Träger einer Relation zu berechnen. Der Träger einer Relation ist die Vereinigung des Definitions- und Wertebereiches.

2. Eine endliche, totale Halbordnung kann durch eine Liste **x** von Elementen dargestellt werden, so daß **x!i<x!j** genau dann gilt, wenn **i<j**.

Definiere eine Funktion **topsort :: [(*,*)]->[*]**, die eine Relation falls möglich in eine totale Halbordnung einbettet (topologisches Sortieren). Teste die Funktion mit den folgenden Eingaben aus.

```
    topsort [(2,1),(5,4),(2,4),(4,6),(3,1),(4,3)]
 ▷  [2,5,4,3,1,6]
    topsort [(a,b) | a,b<-[1..9]; a<b]
 ▷  [1,2,3,4,5,6,7,8,9]
    topsort [(a,b) | a,b<-[1..9]; a<=b]
 ▷  [1,2,3,4,5,6,7,8,9]
    topsort [(1,2),(2,3),(3,4),(4,1)]
 ▷  error
```

Einträge, die aus der Reflexivität bzw. Transitivität folgen, können ausgelassen werden.

Aufgabe 6.5* Formuliere die folgenden Anfragen an die in Abschnitt 6.1 eingeführte Datenbank mit Hilfe von List-Comprehensions. In Klammern ist jeweils der Typ der Ergebnisrelation bzw. des Ergebniswertes angegeben.

1. Welche Studenten hören welche Vorlesung intensiv, d. h. besuchen mehr als die Hälfte der Vorlesungsstunden (**[(vorname,titel)]**)?

2. Welche Studenten hören sowohl Schaltwerktheorie als auch Grundlagen theoretischer Informatik (**[vorname]**)?

3. Wer besucht die Vorlesung Informationssysteme am häufigsten (**vorname**)?

4. Welche Vorlesung wird am besten besucht (**titel**)?

5. Welche Vorlesung besuchen wieviel Prozent der Studenten (**[(titel,num)]**)?

Aufgabe 6.6* Ein magisches Quadrat der Größe n ist so mit (verschiedenen) Zahlen von 1 bis n^2 belegt, daß die Summe jeder Reihe, jeder Spalte und der beiden Diagonalen den gleichen Wert ergibt.

2	7	6		2	9	4		4	3	8		4	9	2
9	5	1		7	5	3		9	5	1		3	5	7
4	3	8		6	1	8		2	7	6		8	1	6

Es gibt insgesamt 8 magische Quadrate der Größe 3. Die Lösungen können alle durch Spiegelungen ineinander überführt werden.

1. Definiere eine Funktion `squares :: num->[[num]]`, die alle Quadrate einer angegebenen Größe aufzählt. (Ein Quadrat der Größe n ist eine $n \times n$-Matrix, die mit den Zahlen von 1 bis n^2 belegt ist.)

2. Definiere eine Funktion `magic :: [[num]]->bool`, die überprüft, ob ein Quadrat ein magisches Quadrat ist.

3. Verwende diese Funktionen, um eine Funktion `solutions :: num->[[num]]` zu implementieren, die alle magischen Quadrate berechnet.

Aufgabe 6.7** Wir stellen (numerische) Matrizen wie üblich durch Listen von Listen dar: `matrix == [[num]]`.

1. Schreibe eine Funktion `det :: matrix->num`, um die Determinante einer quadratischen Matrix zu bestimmen.

2. Definiere eine Funktion `invert :: matrix->matrix`, um die Inverse einer quadratischen Matrix zu berechnen.

3. Das Gaußsche Eliminationsverfahren kann verwendet werden, um die Lösung eines linearen Gleichungssystems zu bestimmen. Mit Hilfe der Funktion

```
gauss :: (matrix,matrix)->(matrix,matrix)
```

   wird die erste Matrix in eine normierte Zeilenstufenform gebracht, die Umformungen werden zusätzlich auf die zweite Matrix angewendet. Die Ergebnisse der Umformungen werden zurückgegeben.

Aufgabe 6.8** In den beiden folgenden Rätseln müssen die Buchstaben so durch die Ziffern 0...9 ersetzt werden, daß die Summe der ersten beiden Zahlen gleich der dritten Zahl ist (in der Mitte ist eine Lösung für das linke Rätsel angegeben).

```
    F O U R          2 7 9 0          S E N D
  + F I V E        + 2 4 8 3        + M O R E
  ---------        ---------        ---------
    N I N E          5 4 5 3        M O N E Y
```

1. Löse die beiden Rätsel mit Hilfe von List-Comprehensions. Die Ausdrücke sollten möglichst klar und einfach sein. (Auf Effizienz kommt es in diesem Fall nicht so sehr an.)

2. Definiere eine Funktion

```
solve :: ([char],[char],[char])->[[(char,num)]]
```

mit deren Hilfe Rätsel dieser Art allgemein gelöst werden können. Das Ergebnis ist eine Liste mit *allen* Lösungen; eine Lösung wird als Assoziationsliste dargestellt.

Aufgabe 6.9* Implementiere das Cantorsche Diagonalisierungsverfahren, d. h., schreibe eine Funktion `diag :: [[*]]->[[*]]`, die ein „Tupel" von (unendlichen) Listen nimmt, und alle „Tupel" mit Elementen aus den jeweiligen Listen in einer *fairen* Reihenfolge aufzählt (damit die Funktion auf Tupel beliebiger Größe anwendbar ist, stellen wir ein n-Tupel als n-elementige Liste dar).

7 Benutzerdefinierte Typen

In diesem Kapitel werden wir verschiedene Möglichkeiten kennenlernen, in Miranda neue Datentypen zu definieren.

Den größten Raum nimmt dabei die Beschreibung der „algebraischen Datentypen" ein (Abschnitt 7.1). Mit Hilfe algebraischer Datentypen können beliebige Termstrukturen definiert werden. Sie subsumieren somit Aufzählungstypen, disjunkte Vereinigungen (variante Records) und rekursive Datenstrukturen (allerdings keine zyklischen Strukturen).

Während bei algebraischen Datentypen das Hauptaugenmerk den Elementen eines definierten Typs gilt, kann bei abstrakten Datentypen (Abschnitt 7.2) auf die Elemente des Typs nicht direkt zugegriffen werden. Eine Manipulation ist nur über einen Satz vorher festgelegter Funktionen möglich. Abstrakte Datentypen sind insbesondere aus softwaretechnologischer Sicht von Interesse, da durch die Einschränkung von Zugriffsmöglichkeiten Fehlersuche und Programmpflege (Austausch von Implementierungen) vereinfacht wird.

Platzhaltertypen (Abschnitt 7.3) können während der Programmentwicklung als Platzhalter für noch nicht definierte Typen eingesetzt werden und sind insbesondere in Verbindung mit dem in Kapitel 9 beschriebenen Modulkonzept von Interesse.

7.1 Algebraische Datentypen

Wir werden die Konzepte dieses Abschnitts unter anderem mit Hilfe eines fortlaufenden Beispiels erklären. Es wird ein Übersetzer beschrieben, der arithmetische und boolesche Ausdrücke in Anweisungen für eine einfache Stackmaschine übersetzt.

Wir gehen davon aus, daß die zu übersetzenden Ausdrücke bereits in Form eines abstrakten Syntaxbaums gegeben sind. (Mit dem Gebiet der Syntaxanalyse beschäftigen wir uns in Abschnitt 8.4 und 9.2.2.) Bei der Übersetzung eines Ausdrucks wird zusätzlich überprüft, ob der Ausdruck wohlgetypt ist. Für die Stackmaschine wird ein Interpreter implementiert, der die generierten Anweisungen ausführt. In Abbildung 7.1 ist ein Beispiel für einen Ausdruck und der für diesen Ausdruck erzeugte Code angegeben. Das Beispiel vermittelt hoffentlich einen kleinen Eindruck von der zu bewältigenden Programmieraufgabe.

Beachte: Die einzelnen Komponenten des Übersetzers werden nicht in der logi-

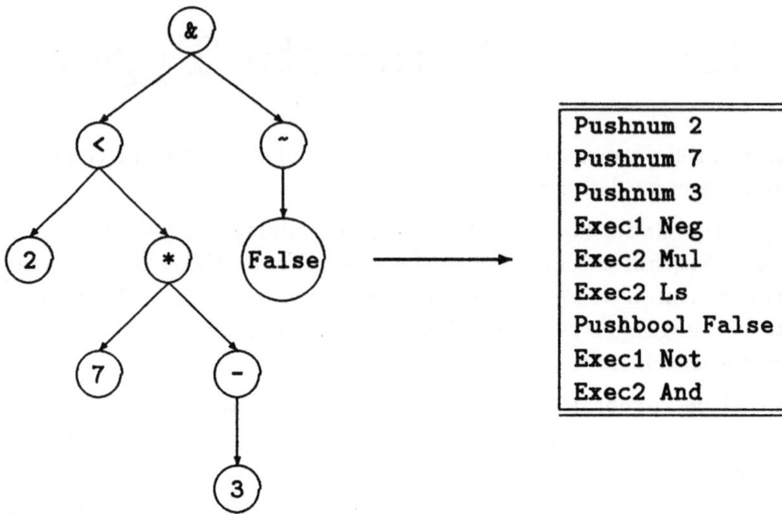

Abbildung 7.1: Übersetzung eines Ausdrucks in Stackmaschineninstruktionen

schen Reihenfolge angegeben, sondern sind aufsteigend nach dem Schwierigkeitsgrad der verwendeten Konzepte angeordnet.

7.1.1 Aufzählungstypen

Mit Hilfe „algebraischer Datentypen" werden neue Typen definiert im Gegensatz
zu Typsynonymen, die letztlich als Abkürzungen für bereits bekannte Typen dienen. Die Definition eines algebraischen Datentyps besteht aus der Angabe einer
Bildungsvorschrift, die beschreibt, wie Elemente des Typs konstruiert werden. Die
folgende Definition beschreibt den Aufbau der kleinsten Einheit der Informations-
verarbeitung.

```
bit ::= O | I
```

Auf der linken Seite des Symbols ::= steht der definierte Typ und auf der rechten
Seite werden, durch senkrechte Striche getrennt, die Elemente des Typs aufgeführt.
Die Bezeichner O und I werden Konstruktoren genannt, da mit ihrer Hilfe Elemente
des definierten Typs bit konstruiert werden. Bezeichner für Konstruktoren können
leicht von Bezeichnern für Funktionen oder Typen unterschieden werden, da sie mit
einem Großbuchstaben beginnen. Diese Konvention muß stets bei der Definition
neuer algebraischer Typen eingehalten werden.

Konstruktoren können genauso wie vordefinierte Konstanten in Ausdrücken
verwendet werden.

```
lsb n = O,  if n mod 2=0
      = I,  otherwise
```

Für die Funktion lsb wird vom Übersetzer automatisch der Typ

```
lsb :: num->bit
```

hergeleitet. Auch der neu definierte Typ kann genauso wie ein vordefinierter Typ
verwendet werden.

```
binary == [bit]                                    || lsb first
```

Mit Hilfe der folgenden Funktionen können natürliche Zahlen in ihre Binärdarstellung und umgekehrt konvertiert werden.

```
nat2bin :: num->binary
nat2bin = map lsb.takewhile (~=0).iterate (div 2)
```

Konstruktoren können als Muster auf der linken Seite einer Gleichung verwendet
werden, um zwischen verschiedenen Fällen zu unterscheiden.

```
bin2nat :: binary->num
bin2nat = foldr op 0
          where
          O $op n = 2*n
          I $op n = 2*n+1
```

Die Funktion bin2nat ist (zumindest auf dem Bereich der natürlichen Zahlen) die
Umkehrfunktion von nat2bin.

```
bin2nat (nat2bin n)  = n,  if integer n & n>=0
```

Diese einfache Form des algebraischen Datentyps entspricht in Pascal einem
Aufzählungstyp. Genau wie in Pascal ist auf den Elementen eine Ordnung defi-
niert, die zu der textuellen Anordnung der Elemente korrespondiert (das kleinste
Element ist das am weitesten links stehende). Wenn die folgende Definition für
Wochentage gegeben ist,

```
day ::= Mon | Tue | Wed | Thu | Fri | Sat | Sun
```

dann kann der Test, ob ein Tag ein Arbeitstag ist, wie folgt programmiert werden:

```
workday :: day->bool
workday d = Mon<=d<=Fri
```

Mit Hilfe der algebraischen Datentypen können insbesondere alle vordefinierten
Typen (mit Ausnahme funktionaler Typen) erklärt werden. Der Typ bool könnte
wie folgt definiert werden.

```
bool ::= False | True
```

Auch der Typ char entspricht im Prinzip einem Aufzählungstyp. Vordefinierte
Typen sind somit prinzipiell nicht notwendig; sie verbleiben nur aus Gründen der
Effizienz im Sprachumfang.

Übersetzer für Ausdrücke (Teil 1)

Die Ausdrücke, die behandelt werden, sind Operatorausdrücke, die aus numerischen und booleschen Konstanten und einer Anzahl von vordefinierten Operatoren zusammengesetzt sind. Wir wollen zunächst präzisieren, welche Operatoren
zulässig sind (unter den Konstruktoren ist jeweils der Operator in konkreter Syntax
angegeben).

```
op ::= Or | And | Not | Equ | Ls | Add | Neg | Mul
||     \/ | &  | ~  | =  | <  | +  | -  | *
```

In der Liste sind sowohl unäre als auch binäre Operatoren angegeben. Wir führen
beide Gruppen zusammen auf, um die Typprüfung (siehe Abschnitt 7.1.3) einheitlich gestalten zu können. Für die Typprüfung benötigen wir Angaben über den
Typ der jeweiligen Operatoren.

```
atype ::= Numtype | Booltype

optypes :: [(op, ([atype],atype))]
optypes = [ (Or,  ([Booltype,Booltype],Booltype)),
            (And, ([Booltype,Booltype],Booltype)),
            (Not, ([Booltype],          Booltype)),
            (Equ, ([Numtype,Numtype],  Booltype)),
            (Ls,  ([Numtype,Numtype],  Booltype)),
            (Add, ([Numtype,Numtype],  Numtype)),
            (Neg, ([Numtype],          Numtype)),
            (Mul, ([Numtype,Numtype],  Numtype)) ]
```

Mit jedem Operator wird in der Liste **optypes** ein Tupel assoziiert, das die Typen der Argumente und den Ergebnistyp des Operators spezifiziert. Auf diese Liste wird während der Typprüfung zurückgegriffen.

7.1.2   Disjunkte Vereinigungen

Übersetzer für Ausdrücke (Teil 2)

Wir haben in den Beispielen in Abschnitt 7.1.1 nur nullstellige Konstruktoren verwendet. Konstruktoren dürfen aber auch Argumente besitzen. Die Stackmaschine, die wir im folgenden definieren werden, muß auf ihrem Stack sowohl numerische als auch boolesche Werte ablegen können. Ein Typ, der diese beiden Grundtypen umfaßt, wird wie folgt definiert:

```
value ::= Bool bool | Num num
```

Die Argumenttypen der Konstruktoren werden direkt hinter den Konstruktoren angegeben. Der Typ **value** besteht aus den Werten **Bool False**, **Bool True**, **Num 0**, **Num 0.5** usw. Diese Form des algebraischen Datentyps korrespondiert zum varianten Record in Pascal (der Konstruktor entspricht dem „tag field"). Die Typdefinition wird auch disjunkte Vereinigung genannt, da der definierte Typ die aufgeführten Typen zwar umfaßt, aber auf Grund der Markierungen Elemente aus verschiedenen Typen unterschieden werden können.

Die Instruktionen der Stackmaschine sind sehr einfach: Es gibt Instruktionen, um numerische oder boolesche Werte auf den Stack zu pushen und Instruktionen, um unäre oder binäre Operatoren auszuführen.

```
instr ::= Pushnum num |
          Pushbool bool |
          Exec1 op |
          Exec2 op
```

Ein „Programm" für die Stackmaschine wird als Liste von Instruktionen repräsentiert.

```
codea = [ Pushnum 2,Pushnum 7,Pushnum 3,Exec1 Neg,Exec2 Mul,
          Exec2 Ls,Pushbool False,Exec1 Not,Exec2 And ]
```

Die Stackmaschine kann ähnlich wie der endliche Automat in Abschnitt 5.5.3 mit Hilfe von **foldl** und einer Zustandsübergangsfunktion definiert werden. Der Stack wird durch eine Liste von Werten dargestellt. Das Gesamtergebnis der Berechnung ist das oberste Stackelement.

```
execute :: [instr]->value
execute = hd.foldl exec []
```

Die Zustandsübergangsfunktion überführt den Stack in Abhängigkeit von einem
Befehl in einen neuen Stack.

```
exec :: [value]->instr->[value]
exec stack (Pushnum n) = Num n:stack
exec stack (Pushbool b) = Bool b:stack
exec (v:stack) (Exec1 op) = sys1 op v:stack
exec (v2:v1:stack) (Exec2 op) = sys2 op v1 v2:stack
```

Für jeden Konstruktor des Datentyps `instr` wird eine Gleichung aufgeführt. Wie
auch bei Listen besteht ein enger Zusammenhang zwischen der Typdefinition und
der Definition einer Funktion, die auf diesem Typ arbeitet.

Die Funktionen `sys1` und `sys2` führen die Operatoren auf die in Miranda vordefinierten Operatoren zurück. Dabei muß beachtet werden, daß `sys2 Add` eine
Funktion vom Typ `value->value->value` und nicht vom Typ `num->num->num` ist.
Aus diesem Grund müssen die Konstruktoren `Num` und `Bool` auf den linken und
rechten Seiten der Gleichungen verwendet werden.

```
sys1 :: op->value->value
sys1 Not  (Bool b) = Bool (~b)
sys1 Neg  (Num m)  = Num (-m)
sys2 :: op->value->value->value
sys2 Or   (Bool b) (Bool c) = Bool (b\/c)
sys2 And  (Bool b) (Bool c) = Bool (b&c)
sys2 Equ  (Num m) (Num n)   = Bool (m=n)
sys2 Ls   (Num m) (Num n)   = Bool (m<n)
sys2 Add  (Num m) (Num n)   = Num (m+n)
sys2 Mul  (Num m) (Num n)   = Num (m*n)
```

Man beachte, daß sowohl `sys1` als auch `sys2` partielle Funktionen sind: Der Aufruf `sys1 Not (Num 0)` führt zu einem Laufzeitfehler. Durch die Typprüfung der
Ausdrücke, die wir im folgenden Abschnitt beschreiben, wird allerdings gewährleistet, daß der erzeugte Code keinen Laufzeitfehler hervorruft.

Wenn man nicht nur an dem Ergebnis einer Programmabarbeitung interessiert
ist, sondern auch an den Zwischenergebnissen, dann erweist sich die Funktion
`trace` als hilfreich.

```
trace :: [instr]->[[value]]
trace = scan exec []
```

```
                        []
            Pushnum 2  |
                        [Num 2]
            Pushnum 7  |
                        [Num 7,Num 2]
            Pushnum 3  |
                        [Num 3,Num 7,Num 2]
            Exec1 Neg  |
                        [Num (-3),Num 7,Num 2]
            Exec2 Mul  |
                        [Num (-21),Num 2]
              Exec2 Ls |
                        [Bool False]
        Pushbool False |
                        [Bool False,Bool False]
            Exec1 Not  |
                        [Bool True,Bool False]
            Exec2 And  |
                        [Bool False]
```

Abbildung 7.2: Abarbeitung einer Folge von Instruktionen

Die Standardfunktion `scan` wendet `foldl` auf jeden Listenpräfix an, d. h., das
Ergebnis von `trace codea` ist eine Liste von Stacks. Mit Hilfe von `trace` wurde
auch Abbildung 7.2 erstellt, die die Abarbeitung des Programms `codea` visualisiert.

Parametrisierte Datentypen

Genauso wie Typsynonyme können auch algebraische Datentypen parametrisiert
werden. Die Typparameter werden wie üblich nach den Typnamen aufgeführt.
Der Typ `option *` mit

```
option * ::= Fail | Succeed *
```

ist nützlich bei der Implementierung von „don't know"-Nichtdeterminismus (siehe
Abschnitt 7.1.3), aber auch bei der Behandlung von Fehlern. Die Funktion `lookup`,
die in einer Assoziationsliste nach einem Eintrag mit einem bestimmten Schlüssel
sucht, bricht mit einer Fehlermeldung ab, falls kein entsprechender Eintrag vor-

handen ist. Die unten definierte Funktion **retrieve** gibt in diesem Fall den Wert
Fail zurück. Diese Vorgehensweise hat den Vorteil, daß die aufrufende Funktion
eine entsprechende Fehlerbehandlung durchführen kann.

```
retrieve :: [(*,**)]->*->option **
retrieve [] k = Fail
retrieve ((k',i):x) k = Fail,        if k<k'
                      = Succeed i,    if k=k'
                      = retrieve x k, otherwise
```

Auf der rechten Seite einer algebraischen Datentypdefinition können beliebig
viele Konstruktoren aufgeführt werden. Jeder Konstruktor darf eine beliebige
Anzahl von Argumenten besitzen. Es ist insbesondere zulässig, daß nur *ein* Konstruktor aufgeführt wird:

```
time  ::= Min num
price ::= DM  num
```

Der Typ **time**, der isomorph zum Typ **num** ist, ist insofern sinnvoll, als daß die
physikalische Größe **Min** 90 nicht mit der Zahl 90 verwechselt werden kann.

Wir haben bisher nur einparametrige Konstruktoren verwendet. In der folgenden Typdefinition werden Konstruktoren mit mehreren Parametern aufgeführt.

```
tape ::= CrO2 time price | Metal time price
```

Getreu der Miranda-Philosophie, soweit wie möglich Funktionen höherer Ordnung
zu verwenden, handelt es sich bei **CrO2** und **Metal** um *curryfizierte* Konstruktoren. Aus den Typdefinitionen können für die Konstruktoren die folgenden Typen
hergeleitet werden.

```
Fail       :: option *
Succeed    :: *->option *
Min        :: num->time
DM         :: num->price
CrO2,Metal :: time->price->tape
```

Somit sind sowohl **CrO2** und **CrO2** (**Min** 90) (**DM** 3.98) als auch **CrO2** (**Min** 60)
wohlgetypte Ausdrücke.

Eine algebraische Datentypdefinition hat die allgemeine Form (α_i steht für eine
Folge von i Sternen):

$$t \; \alpha_1 \ldots \alpha_m \; ::= C_1 \; t_{11} \ldots t_{1k_1} \mid \cdots \mid C_n \; t_{n1} \ldots t_{nk_n}$$

Die Konstruktoren $C_1, \ldots, C_n$ erhalten die folgenden Typen:

$$C_1 \quad :: \quad t_{11}\text{->}\cdots\text{->}t_{1k_1}\text{->}t \; \alpha_1 \cdots \alpha_m$$
$$\vdots$$
$$C_n \quad :: \quad t_{n1}\text{->}\cdots\text{->}t_{nk_n}\text{->}t \; \alpha_1 \cdots \alpha_m$$

Die vordefinierten Vergleichsoperatoren sind auch auf Elemente algebraischer Datentypen anwendbar. Der Ausdruck $C_i \; e_{i1} \ldots e_{ik_i}$ ist kleiner als der Ausdruck $C_j \; e_{j1} \ldots e_{jk_j}$, wenn $i < j$ oder wenn $i = j$ und $(e_{i1}, \ldots, e_{ik_i}) < (e_{j1}, \ldots, e_{jk_j})$ gilt. Die Ordnung auf Tupeln entspricht der lexikographischen Ordnung:

$$(a,b) < (c,d) \quad :\Leftrightarrow \quad a < c \; \vee \; a = c \; \wedge \; b < d$$

7.1.3 Rekursive Datentypen

Algebraische Datentypdefinitionen dürfen auch rekursiv sein, d. h., der definierte Typ darf in der Definition verwendet werden. Wir haben in Abschnitt 3.1.3 informell beschrieben, wie natürliche Zahlen rekursiv definiert werden können. An dieser Stelle wollen wir die formale Definition vorstellen[1].

```
nat ::= Zero | Succ nat
```

Die Elemente vom Typ **nat** sind somit `Zero`, `Succ Zero`, `Succ (Succ Zero)`, ... Die natürliche Zahl n wird durch n Anwendungen des Konstruktors `Succ` auf den Konstruktor `Zero` repräsentiert. Die Konstruktoren `Zero` und `Succ` können wie üblich als Muster bei Funktionsdefinitionen verwendet werden.

```
addnat :: nat->nat->nat
addnat Zero n = n
addnat (Succ m) n = Succ (addnat m n)
```

---

[1] Der Typ nat korrespondiert zu den natürlichen Zahlen. Es gibt allerdings einen gewichtigen Unterschied: Der Typ nat enthält auch das Element infinity mit

```
infinity = Succ infinity
```

Dies hat zur Folge, daß das Induktionsprinzip ungültig ist. Um Eigenschaften von „unendlichen" Elementen eines Datentyps nachzuweisen, muß das Prinzip der *Fixpunktinduktion* verwendet werden.

Das Muster **Zero** korrespondiert zu dem Muster 0 und **Succ n** zu n+1.

Wir haben bereits erwähnt, daß alle vordefinierten Typen (mit Ausnahme funktionaler Typen) mit Hilfe algebraischer Datentypen erklärt werden können. Der Datentyp Liste kann wie folgt definiert werden.

```
[*]  ::=  []  |  *:[*]
```

Übersetzer für Ausdrücke (Teil 3)

In diesem Abschnitt wollen wir den Übersetzer angeben, der Ausdrücke in Instruktionen für die oben beschriebene Stackmaschine übersetzt. Wir gehen davon aus, daß Ausdrücke bereits als „abstrakte Syntaxbäume" vorliegen, d. h., daß die Phase der Syntaxanalyse bereits abgeschlossen ist.

Die Ausdrücke, die wir betrachten wollen, enthalten numerische und boolesche Konstanten und unäre und binäre Operatoren. Dies wird durch die nachfolgende Typdefinition formalisiert.

```
term * ::= Value value |
           Unop * (term *) |
           Binop * (term *) (term *)
```

Der Typ **term *** ist ein Beispiel für einen parametrisierten, rekursiven Datentyp. Mittels der Parametrisierung abstrahieren wir von einer konkreten Repräsentation der Operatoren. Im folgenden verwenden wir stets den Typ **op** zur Darstellung der Operatoren (**term op**). In Abschnitt 9.2.2 benutzen wir zum gleichen Zweck einzelne Zeichen (**term char**). Durch die geschickte Parametrisierung eines Datentyps erreicht man nicht nur eine gewisse Ökonomie in der Darstellung, sondern steigert auch die Wiederverwendbarkeit von Definitionen.

In den folgenden Beispielen für abstrakte Syntaxbäume oder Terme ist die konkrete Syntax jeweils in einem Kommentar angegeben.

```
a = Binop And b(Unop Not(Value(Bool False)))      || b & ~False
b = Binop Ls(Value(Num 2)) c                       || 2 < c
c = Binop Mul(Value(Num 7))(Unop Neg(Value(Num 3))) || 7 * -3
d = Binop And(Value(Bool True))(Unop Neg b)        || True & -b
```

Die konkrete Syntax kann vom menschlichen Leser besser verarbeitet werden, während die abstrakte Syntax einfacher vom Rechner bearbeitet werden kann. Aus diesem Grund wird in einem Übersetzer vor der Codeerzeugung die konkrete Syntax zunächst in die abstrakte Syntax überführt. Die konkrete Syntax wird in der Regel durch eine kontextfreie Grammatik spezifiziert.

```
<expr>  ⟶   <value>                    Konstante
        |   <op> <expr>                unärer Operator
        |   <expr> <op> <expr>         binärer Operator
        |   ( <expr> )                 geklammerter Ausdruck
```

Die angegebene Grammatik ist hochgradig mehrdeutig. Bevor aus einer derartigen Spezifikation mit Hilfe von Parser-Generatoren automatisch ein Parser generiert werden kann, muß die Grammatik zunächst eindeutig gemacht werden. Bei LALR(1)-Parser-Generatoren (yacc und **bison**) kann die Eindeutigkeit der obigen Grammatik durch die Vergabe von Präzedenzen sichergestellt werden. In Abschnitt 8.4 lernen wir eine Syntaxanalyse-Technik kennen, die auch mehrdeutige Grammatiken behandeln kann. Ein spezielles, auf die Analyse von Ausdrücken in Operatorschreibweise ausgerichtetes Verfahren wird in Abschnitt 9.2.2 beschrieben.

Konkrete Syntaxbäume bzw. Ableitungsbäume, die man als unmittelbares Ergebnis der syntaktischen Analyse erhält, enthalten im Gegensatz zu abstrakten Syntaxbäumen viele irrelevante Details wie etwa Klammerpaare. Darüber hinaus hat ein (abstrakter) Term sehr viele konkrete Repräsentationen: 2+3*4, 2+(3*4), (2+(3*4)), ...

Trotzdem gibt es natürlich enge Beziehungen zwischen algebraischen Datentypen und kontextfreien Grammatiken: Die Nichtterminalzeichen korrespondieren zu Datentypen und die Terminalzeichen zu Konstruktoren.

Der Übersetzer, den wir im folgenden beschreiben werden, basiert auf dem Prinzip eines *derivors* und besteht aus zwei Teilen: Aus dem eigentlichen Übersetzer, der Ausdrücke in eine Folge sogenannter *Compilezeitaktionen* überführt und aus den Compilezeitaktionen selbst. Die Compilezeitaktionen kann man sich als Anweisungen oder Prozeduren einer imperativen Sprache vorstellen, die einen bestimmten Zustandsraum transformieren. Der Zustandsraum enthält die für die Übersetzung notwendigen Informationen und Datenstrukturen. Der Zustandsraum, den wir für die Übersetzung benötigen, besteht aus drei Komponenten: Einer Folge von Instruktionen, einem Typstack und einer Liste von Fehlermeldungen.

```
state  == ([instr],[atype],[string])
```

Auf dem Typstack werden die Typen von Konstanten und die Ergebnistypen von Operatoren abgelegt. Anhand dieser Typinformationen wird überprüft, ob die Typen der aktuellen Parameter mit den Typen der formalen Parametern eines Operators übereinstimmen[2]. Falls ein Typfehler auftritt, wird eine entsprechende Fehlermeldung an die Liste der Fehlermeldungen angehängt.

---

[2]Wenn man die Typprüfung genau untersucht, erkennt man, daß der Ausdruck zur Übersetzungszeit *abstrakt interpretiert* wird: Statt auf den konkreten Werten wird mit den Typen der Werte gerechnet (die Abstraktionsfunktion ist *Wert* ↦ *Typ*).

Es gibt drei verschiedene Compilezeitaktionen, die mit dem Operator **$andthen** verknüpft werden.

```
action    == state->state
geninstr  :: instr  ->action
pushtype  :: atype  ->action
checktype :: num->op->action
andthen   :: action->action->action
```

Mit der Aktion **geninstr** wird eine Instruktion an die bereits vorhandene Instruktionsfolge angehängt. Die Aktion **pushtype** lagert einen Typ auf den Typstack ab. Die Aktion **checktype** führt die Typprüfung für einen Operator der angegebenen Stelligkeit durch. Nach erfolgreicher Typprüfung werden darüber hinaus die Argumenttypen vom Typstack entfernt und der Ergebnistyp abgelegt.

Bei der Übersetzung von Operatorausdrücken werden zunächst die Argumente übersetzt und dann der entsprechende Code für den Operator erzeugt (die Vorgehensweise entspricht gerade einem Postorder-Durchlauf).

```
compile :: term op->action
compile (Value (Num n))
    = geninstr (Pushnum n) $andthen
      pushtype Numtype
compile (Value (Bool b))
    = geninstr (Pushbool b) $andthen
      pushtype Booltype
compile (Unop o e)
    = compile e          $andthen
      checktype 1 o       $andthen
      geninstr (Exec1 o)
compile (Binop o e1 e2)
    = compile e1         $andthen
      compile e2         $andthen
      checktype 2 o       $andthen
      geninstr (Exec2 o)
```

Die Implementierung der Compilezeitaktionen ist nicht schwierig: Ein Zustand wird gemäß den obigen Beschreibungen in einen neuen Zustand überführt.

```
geninstr i (ins,tys,errs)
    = (ins++[i],tys,errs)
pushtype t (ins,tys,errs)
    = (ins,t:tys,errs)
```

```
checktype ar op (ins,tys,errs)
   = (ins,tres:drop ar tys,errs),          if targ=texp
   = (ins,tres:drop ar tys,errs++[err]),   otherwise
     where
     texp = reverse (take ar tys)
     (targ,tres) = lookup optypes op
     err = "type error: expected "++show targ++
           " but found "++show texp
```

Wie die Definition von checktype zeigt, kann die Funktion show auch auf Elemente
neu definierter Typen angewendet werden.

Die Funktion mini kombiniert den Übersetzer mit dem Interpreter der Stack-
maschine. Zunächst wird ein Ausdruck übersetzt; wenn bei der Übersetzung keine
Fehler auftreten, wird der erzeugte Code ausgeführt. Anderenfalls werden die
Fehlermeldungen ausgegeben.

```
mini :: term op->string
mini e = show (execute ins),  if errs=[]
       = lay errs,            otherwise
         where
         (ins,tys,errs) = compile e ([],[],[])
```

In Abbildung 7.3 sind für den Ausdruck a links die Compilezeitaktionen, die ausgeführt werden, und rechts die Zustände, die durchlaufen werden, aufgeführt. Die
Übersetzung von d führt zu den folgenden Fehlermeldungen.

```
type error: expected [Numtype] but found [Booltype]
type error: expected [Booltype,Booltype] but found
  [Booltype,Numtype]
```

Binärbäume

Für die Verwaltung großer Datenmengen werden häufig Baumstrukturen verwendet. Die einfachste Baumstruktur ist der markierte Binärbaum.

```
tree * ::= Empty | Node (tree *) * (tree *)
```

Ein Binärbaum ist entweder ein leerer Baum oder ein Knoten, der aus einem linken
und einem rechten Teilbaum besteht. Der Datentyp ist parametrisiert, d. h., wir
legen uns an dieser Stelle nicht fest, von welchem Typ die Markierungen sind.

Einfache Operationen auf Binärbäumen können wie gewohnt mit Hilfe von
Mustern definiert werden.

```
                        (□,□,□)
      geninstr (Pushnum 2) ↓
                        ([Pushnum 2],□,□)
          pushtype Numtype ↓
                        ([Pushnum 2],[Numtype],□
      geninstr (Pushnum 7) ↓
                        ([Pushnum 2,Pushnum 7],[Numtype],□)
          pushtype Numtype ↓
                        ([Pushnum 2,Pushnum 7],[Numtype,Numtype],□)
      geninstr (Pushnum 3) ↓
                        ...,Pushnum 7,Pushnum 3],[Numtype,Numtype],□)
          pushtype Numtype ↓
                        ...,Pushnum 7,Pushnum 3],[Numtype,Numtype,Numtype],□)
        checktype 1 Neg ↓
                        ...,Pushnum 7,Pushnum 3],[Numtype,Numtype,Numtype],□)
      geninstr (Exec1 Neg) ↓
                        ...,Pushnum 3,Exec1 Neg],[Numtype,Numtype,Numtype],□)
        checktype 2 Mul ↓
                        ...,Pushnum 3,Exec1 Neg],[Numtype,Numtype],□)
      geninstr (Exec2 Mul) ↓
                        ...,Exec1 Neg,Exec2 Mul],[Numtype,Numtype],□)
         checktype 2 Ls ↓
                        ...,Exec1 Neg,Exec2 Mul],[Booltype],□)
       geninstr (Exec2 Ls) ↓
                        ...,Exec2 Mul,Exec2 Ls],[Booltype],□)
  geninstr (Pushbool False) ↓
                        ...,Exec2 Ls,Pushbool False],[Booltype],□)
         pushtype Booltype ↓
                        ...,Exec2 Ls,Pushbool False],[Booltype,Booltype],□)
         checktype 1 Not ↓
                        ...,Exec2 Ls,Pushbool False],[Booltype,Booltype],□)
      geninstr (Exec1 Not) ↓
                        ...,Pushbool False,Exec1 Not],[Booltype,Booltype],□)
         checktype 2 And ↓
                        ...,Pushbool False,Exec1 Not],[Booltype],□)
      geninstr (Exec2 And) ↓
                        ...,Exec1 Not,Exec2 And],[Booltype],□)
```

Abbildung 7.3: Übersetzung eines Ausdrucks

```
depth, size :: tree *->num
depth Empty = 0
depth (Node l a r) = max2 (depth l) (depth r) + 1
size Empty = 0
size (Node l a r) = size l + 1 + size r
```

Die Funktion **depth** bestimmt die Höhe eines Binärbaums; die Funktion **size**
ermittelt die Anzahl der Knoten in einem Baum. Derartige Funktionen können aus
der Typdefinition systematisch abgeleitet werden: Für jeden Konstruktor wird eine
Gleichung angegeben, rekursive Aufrufe erfolgen gemäß der rekursiven Definition
des Typs **tree ***.

Wenn wir feststellen wollen, ob ein Element in einem Baum vorhanden ist,
müssen wir den gesamten Baum durchlaufen (uninformierte Suche).

```
search :: tree *->*->bool
search Empty b = False
search (Node l a r) b
    = True,                              if a=b
    = search l b \/ search r b,  otherwise
```

Auf Grund der Tatsache, daß der Operator \/ nichtstrikt im zweiten Argument
ist, wird die Suche abgebrochen, sobald das Element gefunden ist.

Verwenden wir Bäume, um Wörterbücher (siehe Abschnitt 5.3) zu implementieren, dann kann das Rekursionsschema von **search** für die Adaption der Funktion
retrieve (siehe Abschnitt 7.1.2) übernommen werden.

```
retrievetree :: tree (*,**)->*->option **
retrievetree Empty k = Fail
retrievetree (Node l (k',i) r) k
    = Succeed i,                                 if k=k'
    = retrievetree l k $combine retrievetree r k,  otherwise
```

```
combine :: option *->option *->option *
Fail      $combine b = b
Succeed a $combine b = Succeed a
```

Der Konstruktor **Succeed** korrespondiert zum booleschen Wert **True** und die Funktion **combine** zur logischen Disjunktion. Das Beispiel zeigt, wie leicht man einfache
Funktionen erweitern kann, indem man die verwendeten Hilfsdefinitionen anpaßt.

Binäre Suchbäume

Für die Implementierung von Wörterbüchern wird man allerdings keine „normalen" Bäume, sondern Suchbäume (am besten balancierte Suchbäume) verwenden.

Ein binärer Suchbaum ist ein Binärbaum mit der folgenden Eigenschaft: Für jeden Knoten gilt, daß die Knotenmarkierung größer gleich allen Markierungen im linken Teilbaum und kleiner als alle Markierungen im rechten Teilbaum ist. Suchbäume haben die angenehme Eigenschaft, daß Suchoperationen in der Regel nur logarithmische Laufzeit benötigen, wohingegen Suchoperationen, die auf „normalen" Bäumen oder Listen arbeiten, lineare Laufzeit benötigen.

```
membertree :: tree *->*->bool
membertree Empty b = False
membertree (Node l a r) b
    = membertree l b,   if b<a
    = True,             if b=a
    = membertree r b,   if b>a
```

Wenn die Elemente jeweils gleichmäßig auf die Teilbäume verteilt sind, wird bei jedem Suchschritt jeweils die Suchmenge halbiert. Aus dieser Eigenschaft folgt die logarithmische Laufzeit. Bei einer Einfügeoperation muß darauf geachtet werden, daß die Suchbaumeigenschaft nicht verletzt wird.

```
inserttree :: *->tree *->tree *
inserttree a Empty = Node Empty a Empty
inserttree a (Node l b r)
    = Node (inserttree a l) b r,   if a<=b
    = Node l b (inserttree a r),   otherwise
```

Es gibt im Prinzip drei verschiedene Möglichkeiten, einen Binärbaum in eine Liste zu überführen. Die drei Möglichkeiten Preorder, Inorder und Postorder unterscheiden sich dadurch, daß die Knotenmarkierung vor, zwischen oder nach den beiden Teillisten, die sich aus den rekursiven Aufrufen ergeben, eingefügt wird. Mit Hilfe des Inorder-Durchlaufs wird ein binärer Suchbaum in eine aufsteigend sortierte Liste überführt.

```
inorder :: tree *->[*]
inorder Empty = []
inorder (Node l a r) = inorder l++[a]++inorder r
```

Die Laufzeit von `inorder` ist für linksentartete[3] Binärbäume im Verhältnis zur Größe quadratisch (vgl. mit der naiven Implementierung von **reverse**). Das folgende Verfahren benötigt lineare Laufzeit.

---

[3] Der Aufruf `left n` mit

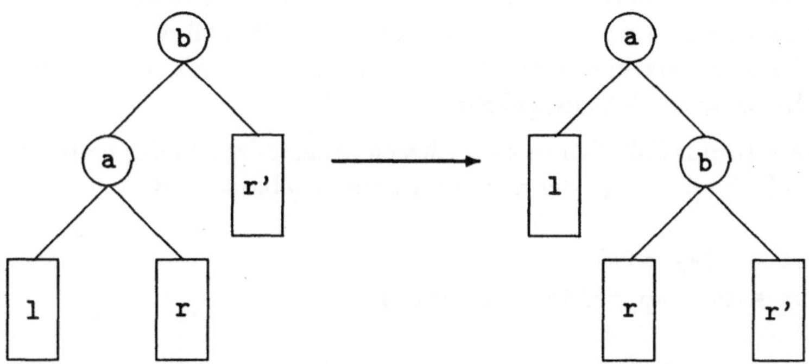

Abbildung 7.4: Rechtsrotation

```
inorder' Empty = []
inorder' (Node Empty a r) = a:inorder' r
inorder' (Node (Node l a r) b r')
    = inorder' (Node l a (Node r b r'))
```

Während des Baumdurchlaufs wird der Baum durch Rechtsrotationen in eine
rechtsentartete Form gebracht, die in linearer Zeit „ausgegeben" werden kann.
Eine Rechtsrotation, die in Abbildung 7.4 graphisch dargestellt ist, erhält die
Suchbaumeigenschaft. Rotationen werden gerne im Zusammenhang mit höhenbalancierten Bäumen verwendet, um die Balance eines Baums wiederherzustellen
(siehe Abschnitt 7.2).

Die Einfügeoperation und der Inorder-Durchlauf können zu einem einfachen
Sortierverfahren kombiniert werden.

```
treesort :: [*]->[*]
treesort = inorder'.foldr inserttree Empty
```

Heapsort

Die Laufzeit von **treesort** ist im schlechtesten Fall quadratisch. Der schlechteste
Fall liegt vor, wenn **treesort** auf eine bereits auf- oder absteigend sortierte Liste
angewendet wird. Im folgenden wollen wir ein Verfahren vorstellen, das auch im
schlechtesten Fall nur eine Laufzeit von $O(n \log n)$ benötigt. Das Sortierverfahren

---

```
left 0 = Empty
left (n+1) = Node (left n) (n+1) Empty
```

konstruiert einen linksentarteten Baum der Größe n.

heißt nach der verwendeten Datenstruktur *Heapsort*. Ein Heap ist ein Binärbaum
mit der folgenden Eigenschaft: Für jeden Knoten gilt, daß die Knotenmarkierung
kleiner gleich allen Markierungen der Teilbäume ist. Somit ist jeder binäre Suchbaum ein Heap, aber nicht umgekehrt.

Der Algorithmus läßt sich in zwei Phasen unterteilen: In der ersten Phase wird
der Heap aufgebaut, der in der zweiten Phase abgebaut wird.

```
heapsort :: [*]->[*]
heapsort = unheap.foldr sink Empty
```

Die Funktion sink fügt ein Element in einem Heap ein.

```
sink :: *->tree *->tree *
sink a Empty = Node Empty a Empty
sink a (Node l b r)
    = Node (sink b r) a l,  if a<=b
    = Node (sink a r) b l,  otherwise
```

Beim Einfügen wird darauf geachtet, daß die Heap-Eigenschaft nicht verletzt wird.
Dadurch daß immer in den linken Teilbaum eingefügt wird und der linke und der
rechte Teilbaum bei jedem rekursiven Aufruf vertauscht werden, wird erreicht,
daß der Baum insgesamt ausgeglichen ist (eine genauere Analyse führen wir weiter
unten durch).

```
unheap :: tree *->[*]
unheap Empty = []
unheap (Node l a r) = a:unheap (reheap l r)

reheap :: tree *->tree *->tree *
reheap Empty t = t
reheap (Node l a r) Empty = Node l a r
reheap (Node ll a lr) (Node rl b rr)
    = Node (reheap ll lr) a (Node rl b rr),  if a<=b
    = Node (Node ll a lr) b (reheap rl rr),  otherwise
```

Die Funktion unheap entfernt sukzessive das oberste Element aus dem Heap; die
Hilfsfunktion reheap kombiniert jeweils den linken und rechten Teilbaum zu einem
Heap.

Um die Laufzeit von Heapsort zu analysieren, führen wir zunächst den Begriff
des *gewichtsbalancierten* Baums ein. Ein Baum heißt gewichtsbalanciert, wenn
sich für jeden Knoten die Größe der Teilbäume höchstens um eins unterscheidet.

```
sizebal :: tree *->bool
sizebal Empty = True
sizebal (Node l a r)
    = abs (size l-size r)<=1 & sizebal l & sizebal r
```

Gewichtsbalancierte Bäume haben die angenehme Eigenschaft, daß die Tiefe durch den Logarithmus der Größe beschränkt ist. Ist die Größe des Baums T gleich n, so gilt:

$$|T| \leq \lceil \log_2 n \rceil$$

Mit $|T|$ wird die Tiefe des Baums T bezeichnet; $\lceil a \rceil$ ist die kleinste, ganze Zahl $\geq a$.

Wir zeigen zunächst, daß aufeinanderfolgende Aufrufe von sink stets gewichtsbalancierte Bäume erzeugen. Die Struktur dieser Bäume ist *unabhängig* davon, welche Elemente eingefügt werden, da die rekursiven Aufrufe von sink bezüglich der erzeugten Baumstruktur identisch sind. Aus diesem Grund nehmen wir für die folgende Argumentation an, daß stets das gleiche Element, z. B. a, eingefügt wird.

Wenn wir den Baum, der nach n-facher Anwendung von sink a auf den leeren Baum entsteht, mit T_n bezeichnen, so gilt die folgende Eigenschaft.

Der linke Teilbaum von T_n mit $n \geq 1$ ist $T_{n\,\mathrm{div}\,2}$ und der rechte Teilbaum ist $T_{(n-1)\,\mathrm{div}\,2}$.

Diese Gesetzmäßigkeit läßt sich leicht durch vollständige Induktion nachweisen (vgl. auch Aufgabe 7.13). Die Gewichtsbalance folgt unmittelbar aus dieser Gesetzmäßigkeit, da T_n die Größe n hat.

Wenn die Länge der zu sortierenden Liste n ist, dann steigen sowohl sink als auch reheap n-mal einen Pfad, der höchstens die Länge $\log_2 n$ hat, hinab. Somit beträgt die gesamte Laufzeit von Heapsort $O(n \log n)$.

Huffman-Codierung

enn große Datenmengen archiviert werden müssen, besteht oft die Notwendigkeit, die zu speichernden Daten zu komprimieren. Wir wollen in diesem Abschnitt ein Verfahren vorstellen, mit dessen Hilfe Dateien auf 50% bis 80% Prozent ihrer ursprünglichen Größe verringert werden können. Das Verfahren heißt nach seinem Erfinder *Huffman-Codierung* und arbeitet mit speziellen Codierungsbäumen.

Die ASCII-Codierung und die EBCDI-Codierung verwenden für jedes Zeichen einen Code *fester* Länge (7 Bit oder 8 Bit). Wenn die Zeichen durch Codes *variabler* Länge repräsentiert werden — häufig auftretende Zeichen erhalten kurze Codewörter und weniger häufig auftretende Zeichen entsprechend längere Codewörter

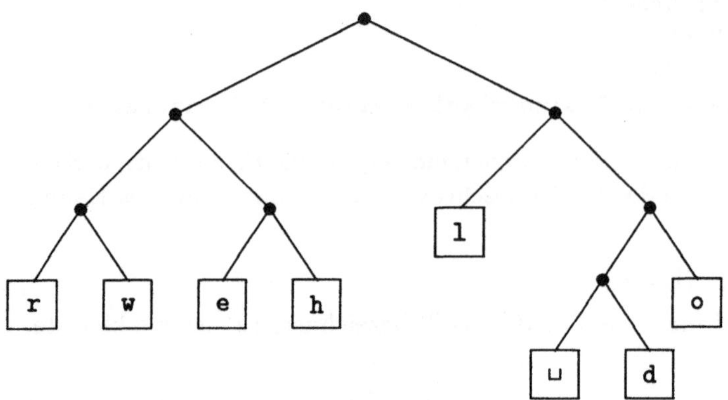

Abbildung 7.5: Beispiel für einen Codierungsbaum

— dann kann die Redundanz oft beträchtlich vermindert werden. Eine wichtige
Voraussetzung ist allerdings, daß aus der Bitsequenz die ursprüngliche Zeichenfolge eindeutig rekonstruiert werden kann. Diese Voraussetzung wird erfüllt, wenn
man darauf achtet, daß kein Codewort der Präfix eines anderen Codewortes ist
(Fano-Eigenschaft). Zu diesem Zweck führen wir sogenannte Codierungsbäume
ein.

```
codetree * ::= Leaf * | Fork (codetree *) (codetree *)
```

Im Gegensatz zu Binärbäumen besitzen Codierungsbäume nur an den Blättern
Markierungen. Die Blätter sind in diesem Kontext gerade mit den zu codierenden
Zeichen markiert. In Abbildung 7.5 ist ein Codierungsbaum dargestellt, der für
die Codierung der Zeichenkette "hello world" verwendet werden kann. Da die
Codierungsbäume nur an den Blättern markiert sind, wird die Fano-Eigenschaft
automatisch erfüllt.

Den Code, der einem Zeichen durch einen Codierungsbaum zugeordnet wird,
erhält man, indem man von der Wurzel bis zu dem entsprechenden Blatt absteigt.
Immer wenn man links absteigt, hängt man an die mitgeführte Bitfolge eine O
und sonst eine I an. Die Funktion **flatten** ermittelt für jedes Zeichen eines
Codierungsbaums den zugehörigen Code.

```
flatten :: codetree *->[(*,binary)]
flatten = isort ls1.flatten' []
flatten' c (Leaf a) = [(a,c)]
flatten' c (Fork l r) = flatten' (c++[O]) l++flatten' (c++[I]) r
ls1 (a,b) (c,d) = a<=c
```

Das Ergebnis ist eine Assoziationsliste, in der jedes Zeichen mit seiner Codierung
assoziiert wird.

Die Funktion **ctree**, die wir im folgenden definieren, hat die Eigenschaft,
daß sie zu einer gegebenen Zeichenfolge den *optimalen* Codierungsbaum konstruiert. Optimal heißt in diesem Zusammenhang, daß die Summe der gewichteten
Pfadlängen minimal ist.

$$\sum p_i l_i$$

Mit p_i wird die Auftrittshäufigkeit des i-ten Zeichens und mit l_i dessen Codie-
rungslänge bezeichnet.

```
ctree :: [*]->codetree *
ctree = build.isort ls2.count

build :: [(*,num)]->codetree *
build x = build' [(Leaf c,n) | (c,n)<-x]
build' [(t,m)] = t
build' ((t,m):(u,n):x) = build' (insert ls2 (Fork t u,m+n) x)
ls2 (a,b) (c,d) = b<=d
```

Zunächst wird die Auftrittshäufigkeit jedes Zeichens bestimmt (`count`). Die Ergebnisliste wird aufsteigend nach der Häufigkeit sortiert. Die Funktion `build`
wandelt zunächst jedes Zeichen in einen einelementigen Baum um. Abschließend
werden solange die ersten beiden Listenelemente zu einem Baum zusammengefaßt
und mit der akkumulierten Häufigkeit in die Restliste einsortiert, bis die Liste
einelementig ist. Das einzige Listenelement ist der gewünschte Codierungsbaum.
Wendet man `ctree` auf `"hello world"` an, so erhält man den in Abbildung 7.5
gezeigten Baum. Dieser Algorithmus geht auf den Namensgeber des Verfahrens
zurück. Der Beweis seiner Korrektheit kann in [Knuth 68] nachgelesen werden.

Die Codierung einer Zeichenkette (bzw. einer Liste) ist relativ einfach: Jedes
Zeichen wird durch seine Codierung ersetzt und die resultierende Liste konkateniert.

```
x2bin :: codetree *->[*]->binary
x2bin ct s = concat [lookup (flatten ct) c | c<-s]
```

Um eine Bitfolge zu decodieren, müssen wir den Codierungsbaum wiederholt
durchlaufen. Beginnt die zu decodierende Folge mit 0, verzweigen wir in den linken
Teilbaum, im anderen Fall in den rechten. Wenn wir an einem Blatt angelangt
sind, wird das entsprechende Zeichen „ausgegeben" und das Verfahren wird mit
der restlichen Bitfolge wiederholt.

```
bin2x :: codetree *->binary->[*]
bin2x ct b
    = bin2x' b ct
      where
      bin2x' [] (Leaf c) = [c]
      bin2x' (a:x) (Leaf c) = c:bin2x' (a:x) ct
      bin2x' (0:x) (Fork l r) = bin2x' x l
      bin2x' (I:x) (Fork l r) = bin2x' x r
```

Wenn der Codierungsbaum ct gegeben ist,

```
ct = ctree "hello world"
```

dann erhalten wir die folgenden Ergebnisse.

```
x2bin ct "hello world"  ▷  [0,I,I,0,I,0,I,0,I,0,I,I,I,I,I,0,
                            0,0,0,I,I,I,I,0,0,0,I,0,I,I,0,I]
          bin2x ct $$  ▷  "hello world"
```

Wenn ct ein Codierungsbaum ist, der Codierungen für alle auftretenden Zeichen enthält, dann gilt:

```
bin2x ct.x2bin ct  =  id
```

Beachte, daß wir mit dem obigen Verfahren beliebige Listen codieren können. Insbesondere können auch Listen von Strings behandelt werden. Dies kann insbesondere dann lohnend sein, wenn große Texte, die nur auf einen kleinen Wortschatz zurückgreifen, komprimiert werden müssen. Für kleine Datenmengen ist das Verfahren in der Regel nicht empfehlenswert, da neben den codierten Zeichen der Codierungsbaum zusätzlichen Platz beansprucht — es sei denn, man verwendet feste Codierungsbäume, die vorher auf Grund statistischer Aussagen ermittelt worden sind.

2-3-Bäume

Wenn man Bäume als Suchstrukturen verwendet, ist es wünschenswert, daß die Bäume ausgeglichen sind, um eine logarithmische Laufzeit der Suchoperationen garantieren zu können. Gewichtsbalancierte Bäume sind ein einfaches Beispiel für geeignete Suchbäume. Die Eigenschaft der Gewichtsbalance kann allerdings nach einer Einfügeoperation nur schwer wiederhergestellt werden. Aus diesem Grund verwendet man in der Regel *höhenbalancierte* Bäume. Im folgenden führen wir eine einfache Form höhenbalancierter Bäume, sogenannte 2-3-Bäume, ein. Mit höhenbalancierten Binärbäumen, sogenannten AVL-Bäumen, beschäftigen wir uns in Abschnitt 7.2.

2-3-Bäume, das sind B-Bäume der Ordnung 3, besitzen die folgenden Eigenschaften.

1. Jeder Knoten hat entweder 2 oder 3 Söhne,

2. Ein Knoten mit k Söhnen enthält $k - 1$ Schlüssel.

3. Alle Blätter des Baums befinden sich auf der gleichen Stufe, d. h., die Höhe der Teilbäume eines Knotens ist jeweils gleich.

In der Typdefinition für 2-3-Bäume wird neben dem Konstruktor für den leeren Baum, den Konstruktoren für 2-Knoten und 3-Knoten ein zusätzlicher Konstruktor Put aufgeführt, der von der Einfügeoperation verwendet wird.

```
tree23 * ::= Void                                        |
             Node2 (tree23 *) * (tree23 *)               |
             Node3 (tree23 *) * (tree23 *) * (tree23 *)  |
             Put (tree23 *) * (tree23 *)
```

Der Einfügeprozeß läßt sich in zwei Phasen unterteilen:

1. Suchphase: Das neu einzufügende Element wird gemäß der vordefinierten Ordnung zu den Blättern transportiert.

2. Aufteilungsphase: Wenn das Element in ein 2-Blatt eingefügt wurde, dann wird der Knoten zu einem 3-Knoten erweitert. Ein Einfügen in einem 3-Blatt verursacht einen Überlauf und bewirkt eine Aufteilung des Blattes in zwei 2-Knoten. Das mittlere Element wird in den Vaterknoten eingefügt. Die Aufteilung setzt sich entlang des Suchpfades solange fort, bis kein erneuter Überlauf auftritt.

2-3-Bäume haben die (zumindest für die Informatik) unkonventionelle Eigenschaft, daß sie von unten nach oben wachsen. In Abbildung 7.6 ist eine Abfolge von 2-3-Bäumen dargestellt, die durch Einfügeoperationen auseinander hervorgehen.

Die Unterteilung in zwei verschiedene Phasen spiegelt sich auch in der Miranda-Definition wider. Die Hilfsfunktion ins23 transportiert das einzufügende Element k zu den Blättern. Die Definition ähnelt der „normalen" Einfügeoperation mit folgenden Ausnahmen: Die Funktionen node2 und node3 werden anstelle der Konstruktoren Node2 und Node3 verwendet und im Trivialfall (letzte Gleichung) wird der Konstruktor Put anstelle des Konstruktors Node2 verwendet.

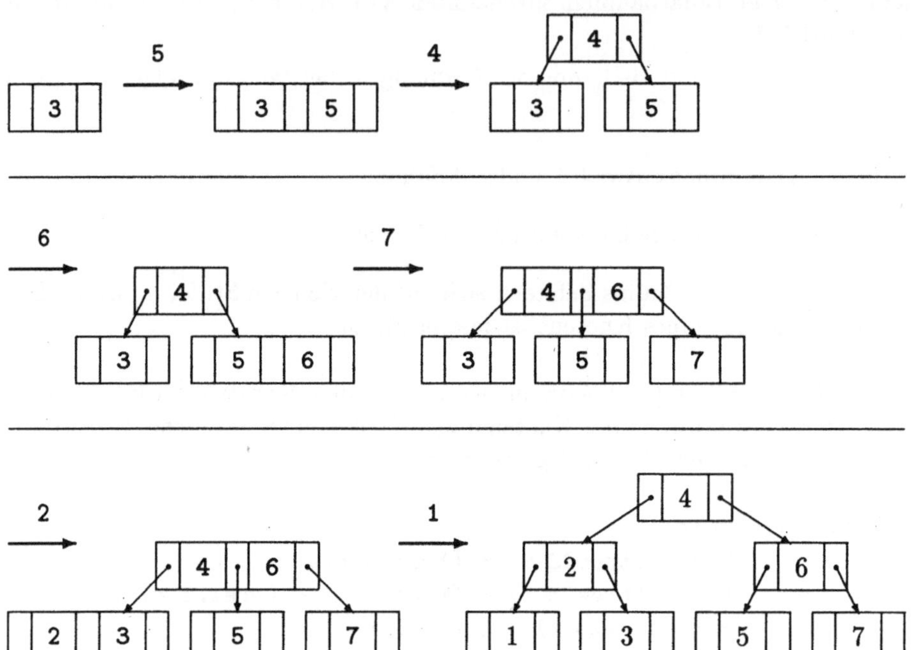

Abbildung 7.6: Einfügeoperationen in 2-3-Bäume

```
insert23, ins23 :: *->tree23 *->tree23 *
insert23 k x = root (ins23 k x)
ins23 k (Node2 x a y) = node2 (ins23 k x) a y,  if k<=a
                      = node2 x a (ins23 k y),  otherwise
ins23 k (Node3 x a y b z) = node3 (ins23 k x) a y b z,  if k<a
                          = node3 x a (ins23 k y) b z,  if k<b
                          = node3 x a y b (ins23 k z),  otherwise
ins23 k Void = Put Void k Void
```

Mit Hilfe der Funktionen **node2** und **node3** wird die zweite Phase durchgeführt.
Der Konstruktor **Put** dient als Signal, daß in einem Knoten ein Element eingefügt
werden soll. Wenn es sich um einen 2-Knoten handelt, wird der Knoten zu einem 3-
Knoten erweitert. Handelt es sich um einen 3-Knoten (Überlauf), wird der Knoten
in zwei 2-Knoten aufgespalten und das Signal wird nach oben weitergereicht.

```
node2 :: tree23 *->*->tree23 *->tree23 *
node2 (Put x a y) b z = Node3 x a y b z
node2 x a (Put y b z) = Node3 x a y b z
```

```
node2 x a y = Node2 x a y

node3 :: tree23 *->*->tree23 *->*->tree23 *->tree23 *
node3 (Put w a x) b y c z = Put (Node2 w a x) b (Node2 y c z)
node3 w a (Put x b y) c z = Put (Node2 w a x) b (Node2 y c z)
node3 w a x b (Put y c z) = Put (Node2 w a x) b (Node2 y c z)
node3 w a x b y = Node3 w a x b y

root :: tree23 *->tree23 *
root (Put x a y) = Node2 x a y
root x = x
```

Wenn sich der Aufteilungsprozeß bis zur Wurzel fortpflanzt, dann wird der Konstruktor Put von der Funktion root in einen 2-Knoten überführt.

Bäume mit beliebigem Verzweigungsgrad

Wir haben bis jetzt nur Bäume mit einem Verzweigungsgrad ≤ 3 betrachtet. Der folgende Typ implementiert Bäume mit beliebigem Verzweigungsgrad.

```
nattree * ::= Natnode * [nattree *]
```

Jeder Knoten besitzt eine Markierung und eine Liste von Söhnen. Ein Knoten ohne Nachfolger, z. B. Natnode 1 [], ist ein Blatt.

```
inftree :: nattree num
inftree = inftree' 0
inftree' n = Natnode n (repeat (inftree' (n+1)))
```

Der Baum inftree besitzt einen unendlichen Verzweigungsgrad und eine unendliche Tiefe. Bäume mit unendlichem Verzweigungsgrad werden wir in Abschnitt 8.6.4 für die Implementierung von Memostrukturen verwenden.

7.1.4   DIY-Infix-Operatoren

Genau wie Funktionen und Typsynonyme können auch mindestens zweistellige Konstruktoren und mindestens zweistellige, algebraische Datentypen als Infix-Operatoren notiert werden, wenn dem Bezeichner das Zeichen $ vorangestellt wird.

```
arith_term ::= Const num |
```

```
      Minus arith_term |
      arith_term $Plus   arith_term |
      arith_term $Times  arith_term

* $disjoint_union ** ::= Left * | Right **
```

Wie üblich können DIY-Infix-Operatoren in jedem Kontext an Stelle der applikativen Schreibweise verwendet werden und zwischen beiden Notationen kann beliebig gewechselt werden.

7.2 Abstrakte Datentypen

Ein algebraischer Datentyp wird durch die Angabe der Elemente spezifiziert, aus denen der Datentyp besteht. Ein *abstrakter Datentyp* wird hingegen durch sein Verhalten spezifiziert, d. h. durch die Menge der Operationen, die auf dem Typ arbeiten.

Abstrakte Datentypen sind von besonderem Interesse, da sie einen zusätzlichen Schutzmechanismus zur Verfügung stellen, mit dessen Hilfe die Manipulation von Daten eingeschränkt werden kann. Der Schutz, den das Typsystem bietet, ist in einigen Fällen nicht ausreichend. Wenn wir ein Datum mit der Angabe von Tag, Monat und Jahr durch ein 3-Tupel vom Typ (num,num,num) darstellen, dann enthält der gewählte Typ viele Elemente, die kein Datum repräsentieren, z. B. (67,-1,3.14). Auch algebraische Datentypen bieten keine Lösung dieses Problems an, da insbesondere bestimmte Wertekombinationen auf Grund von Schaltjahren ausgeschlossen werden müssen, z. B. (29,2,1991). Ähnliche Probleme treten auf, wenn man geordnete Listen oder balancierte Suchbäume betrachtet.

Die obigen Beispiele haben gemeinsam, daß jeweils eine Teilmenge eines Typs ausgezeichnet wird. Abstrakte Datentypen können verwendet werden, um die betreffenden Elemente auf eine „höhere Sphäre" zu ziehen und um den Eintritt in und den Austritt aus der höheren Sphäre zu kontrollieren.

Einführendes Beispiel

In Aufgabe 5.13 ist die textuelle Aufbereitung von Daten ausgehend von einigen, grundlegenden Funktionen eingeübt worden. Der Typ picture ist in der Aufgabe aus didaktischen Gründen nicht konkretisiert worden; man war gezwungen, ausschließlich mit den bereitgestellten Funktionen zu arbeiten. Dies entspricht gerade der Philosophie des abstrakten Datentyps. Aus diesem Grund verwenden wir picture als einführendes Beispiel[4].

Eine abstrakte Datentypdefinition besteht in Miranda aus zwei Teilen. Im ersten Teil, der sogenannten *Signatur*, werden die Typen der Zugriffsoperationen spezifiziert.

```
abstype picture with
    row,col          :: string->picture
    abovex,besidex :: picture->picture->picture
    height,width   :: picture->num
    fill             :: char->num->num->picture
```

Nach dem Schlüsselwort abstype folgt der Name des abstrakten Datentyps. Die Zugriffsoperationen werden nach dem Schlüsselwort with aufgelistet, die Syntax entspricht der Syntax für Wertespezifikationen.

Die Signatur stellt das Interface für den Benutzer oder Klienten eines abstrakten Datentyps dar. Der zweite Teil einer abstrakten Datentypdefinition, die sogenannten *Implementierungsgleichungen*, ist für den Benutzer vom zweitrangigem Interesse. Aus diesem Grund werden sie auch getrennt von der Signatur aufgeführt.

```
picture == ([string],num,num)          || textblock, height, width

row s  = ([s],1,#s)
col s  = (transpose [s],#s,1)

(p,h,w) $abovex (q,h',w')
    = (p++q,h+h',w),  if w=w'
    = err'abovex,      otherwise
(p,h,w) $besidex (q,h',w')
    = (map2 (++) p q,h,w+w'),  if h=h'
    = err'besidex,              otherwise
err'abovex  = error "abovex: pic's have not the same width"
err'besidex = error "besidex: pic's have not the same height"

height (p,h,w) = h
width  (p,h,w) = w

fill c h w = (rep h (rep w c),h,w)
```

Der Implementierungstyp (der konkrete Typ) wird mit Hilfe einer Typgleichung angegeben. Die in der Signatur definierten Bezeichner werden mit Hilfe normaler

---

[4]Außerdem wollen wir die Definition der Basisfunktionen an dieser Stelle nachholen.

Wertedefinitionen an konkrete Werte gebunden. Die Implementierungsgleichungen
können an einer beliebigen Stelle im Skript angegeben werden, sollten aber aus
Gründen der Lesbarkeit direkt hinter der Signatur aufgeführt werden.

Innerhalb der Implementierungsgleichungen fallen der abstrakte Typ (im obigen Beispiel `picture`) und der konkrete Typ (`([string],num,num)`) zusammen.
Außerhalb der Implementierungsgleichungen sind der abstrakte Typ und der konkrete Typ zwei unterschiedliche, nicht zueinander in Beziehung stehende Typen,
d. h., es ist nicht zulässig, `height` auf das Tupel `([],0,0)` anzuwenden oder direkt
auf die dritte Komponente von `row "high"` zuzugreifen. Somit können abstrakte
Werte nur mit Hilfe der in der Signatur aufgeführten Operationen manipuliert
werden.

Wenn sichergestellt wird, daß diese Operationen keine unzulässigen Werte (im
obigen Beispiel `(["a","bc"],-3,0.7)`) erzeugen, dann wird durch das Konzept
des abstrakten Datentyps garantiert, daß auch bei der Verwendung keine Fehler
auftreten können. Umgekehrt gilt: Wenn ein Fehler auftritt, dann muß der Fehler
in den Implementierungsgleichungen lokalisiert werden können.

Auf Grund der Tatsache, daß die Implementierung eines abstrakten Datentyps
für den Benutzer nicht zugänglich ist, kann diese problemlos ausgewechselt werden.
Diese Eigenschaft kann insbesondere beim Rapid-Prototyping sinnvoll eingesetzt
werden: So ist es denkbar, daß für den ersten Prototypen eines Programms eine
spezielle Datenstruktur auf sehr einfache, aber ineffiziente Weise implementiert
wird. Diese einfache Implementierung kann in einer späteren Phase durch eine
bessere Implementierung ersetzt werden.

Elemente eines abstrakten Datentyps können i. allg. nicht ausgegeben werden.
Wenn im Miranda-Interpreter der Ausdruck `row "high"` eingegeben wird, dann
erscheint lediglich die Ausgabe:

```
<abstract ob>
```

Die Funktion <u>show</u>, die für die Umwandlung von Werten in ihre Druckrepräsenta-
tion verwendet wird, kann allerdings erweitert werden, so daß auch Elemente eines
abstrakten Datentyps ausgegeben werden können. Zu diesem Zweck muß die Signatur des Typs `picture` um die Funktion `showpicture` vom Typ `picture->[char]`
erweitert werden.

```
        ...
    showpicture     :: picture->[char]
```

Wenn der abstrakte Typ mit `mumble` bezeichnet wird, dann heißt die Funktion
entsprechend `showmumble`. Die Implementierungsgleichungen müssen ebenfalls erweitert werden.

```
showpicture (p,h,w) = lay p
```

Wird im Miranda-Interpreter der Ausdruck `col "high"` eingegeben, dann erhält
man die Ausgabe.

```
h
i
g
h
```

Die <u>show</u>-Funktion wird bei der Ausgabe automatisch auf den abstrakten Wert
angewendet.

Beachte, daß der abstrakte Datentyp **picture** ohne die Funktion **showpicture** nicht besonders sinnvoll wäre, da es sonst keine Möglichkeit gäbe, auf ein Bild zuzugreifen. Ein ähnliches
Beispiel für eine nutzlose Definition stellt der Typ **noexit** dar: Es gibt keine Möglichkeit, aus
einem Element Informationen zu extrahieren.

```
abstype noexit with
    put :: num->noexit
    inc :: noexit->noexit
noexit == num;  put = id;  inc = (+1)
```

Die folgende Definition ist auf ähnliche Weise nutzlos: Es gibt keine Möglichkeit, ein Element
des Typs zu erzeugen.

```
abstype noentry with
    dec :: noentry->noentry
    get :: noentry->num
noentry == binary;  dec = (I:);  get = bin2nat
```

Der Typ **noinside** ist ebenfalls nur beschränkt von Nutzen, da es keine Operationen gibt, um
Elemente des Typs zu verändern.

```
abstype noinside with
    entr  :: num->noinside
    exit  :: noinside->num
noinside == [num];  entr n = [1..n];  exit = #
```

Somit besteht ein „sinnvoller" abstrakter Datentyp immer aus einer Menge von Injektionsfunk-
tionen, die Elemente des abstrakten Datentyps erzeugen, aus einer Menge von Transformati-
onsfunktionen, die Elemente eines abstrakten Datentyps ineinander überführen, und aus einer
Menge von Projektionsfunktionen, die Elemente des abstrakten Datentyps auf konkrete Werte
abbilden.

AVL-Bäume

Immer dann, wenn spezielle Suchstrukturen (z. B. balancierte Bäume für die Implementierung von Wörterbüchern) verwendet werden, ist es sinnvoll, einen abstrakten Datentyp einzusetzen, um die willkürliche Manipulation (z. B. Veränderung von Balancefaktoren) der Suchstrukturen zu verhindern.

Wir zeigen im folgenden, wie AVL-Bäume (nach den Erfindern G. M. Adel'son-Vel'skiî und E. M. Landis benannt) in Miranda implementiert werden können. Die Adpation von AVL-Bäumen auf Wörterbücher wird in Aufgabe 7.19 nachgeholt.

AVL-Bäume sind *höhenbalancierte* Binärbäume. Ein Baum heißt höhenbalanciert, wenn sich für jeden Knoten die Höhe der Teilbäume höchstens um eins unterscheidet.

```
depthbal :: tree *->bool
depthbal Empty = True
depthbal (Node x a y) = abs (depth x - depth y)<=1
                        & depthbal x & depthbal y
```

Die Eigenschaft der Höhenbalance ist weniger restriktiv als die Eigenschaft der Gewichtsbalance. Somit ist jeder gewichtsbalancierte Baum auch ein höhenbalancierter Baum. Höhenbalancierte Bäume werden für die Implementierung von Suchstrukturen vorgezogen, da die Ausgeglichenheit nach einer Einfügeoperation durch einfache Rotationen wiederhergestellt werden kann. Ein Satz von Adel'son-Vel'skiî und Landis garantiert zudem, daß ein höhenbalancierter Baum höchstens 45% höher ist als sein gewichtsbalanciertes Gegenstück (siehe [Wirth 79]).

Wir beschränken uns auf die Realisierung der wichtigsten Funktionen, eine vollständige Implementierung würde sicherlich einen umfangreicheren Satz von Funktionen zur Verfügung stellen.

```
abstype avl * with
    emptyavl   :: avl *
    insertavl  :: *->avl *->avl *
    inorderavl :: avl *->[*]


avl *          == baltree *
baltree *      == tree (*,num,num)
emptyavl       = Empty
insertavl a t  = fst (insavl a t)
inorderavl t   = [b | (b,hl,hr)<-inorder' t]
```

Die Vereinbarung zeigt, daß auch parametrisierte, abstrakte Datentypen definiert werden können.

Ein AVL-Baum ist ein Binärbaum mit zusätzlichen Knotenmarkierungen. Diese Markierungen geben die Höhe des linken und des rechten Teilbaums an und werden von den Ausgleichsoperationen benötigt.

Der *Balancefaktor* (oder die Neigung) eines Knotens errechnet sich aus der Höhe des linken minus der Höhe des rechten Teilbaums und ist ein Maß für die Ausgeglichenheit des Knotens. Dadurch, daß die Höhen der Teilbäume in den Knoten abgespeichert sind, kann der Balancefaktor leicht berechnet werden.

```
slope :: baltree *->num
slope Empty = 0
slope (Node l (b,hl,hr) r) = hl-hr
```

Der Einfügeprozeß läßt sich ähnlich wie bei 2-3-Bäumen in zwei Phasen unterteilen: In der ersten Phase wird das einzufügende Element zu einem Blatt transportiert und in der zweiten Phase wird die Ausgeglichenheit des Baums durch Rotationen wiederhergestellt.

Bei der Einfügeoperation werden zusätzlich die Höhenangaben aktualisiert. Zu diesem Zweck gibt die Funktion `insavl` neben dem erweiterten Baum zusätzlich das Wachstum zurück (das Wachstum beträgt entweder 0 oder 1).

```
insavl :: *->baltree *->(baltree *,num)
insavl a Empty = (Node Empty (a,0,0) Empty,1)
insavl a (Node l (b,hl,hr) r)
    = rebal (Node l' (b,hl+gl,hr) r ), if a<=b
    = rebal (Node l  (b,hl,hr+gr) r'), otherwise
      where
      (l',gl) = insavl a l
      (r',gr) = insavl a r
```

Die Funktion `rebal` führt die Ausgleichsoperation durch. Eine derartige Operation ist immer dann nötig, wenn der Balancefaktor eines Knotens 2 oder −2 beträgt. Im ersten Fall wird die Ausgeglichenheit durch eine Rechtsrotation (`shiftr`) und im zweiten Fall durch eine Linksrotation (`shiftl`) wiederhergestellt. Wie auch `insbal` gibt `rebal` das Wachstum des Baums zurück.

```
rebal :: baltree *->(baltree *,num)
rebal t = (shiftr t,0),      if slope t=2
        = (shiftl t,0),      if slope t=-2
        = (t,abs (slope t)), otherwise
```

Da pro eingefügtem Element *höchstens* eine Ausgleichsoperation notwendig ist, wird in den ersten beiden Fällen der Wert 0 zurückgegeben. Anderenfalls ergibt sich das Wachstum aus dem Absolutbetrag des Balancefaktors (Warum?).

Eine Rechtsrotation (vgl. Abbildung 7.4) verringert den Balancefaktor des obersten Knoten um 2 unter der Voraussetzung, daß der Balancefaktor des linken Teilbaums positiv ist (einfache R-Rotation). Wenn die Neigung des linken Teilbaums negativ ist, kann sie durch eine Linksrotation positiv gemacht werden; dabei wird die Höhe des Teilbaums erhalten (LR-Doppelrotation). Diese beiden Formen der Rotation werden von der Funktion shiftr durchgeführt; die symmetrischen Rotationen von der Funktion shiftl.

```
shiftr,shiftl :: baltree *->baltree *
shiftr (Node l a r)
    = rotr (Node (rotl l) a r),   if slope l=-1
    = rotr (Node l a r),          otherwise
shiftl (Node l a r)
    = rotl (Node l a (rotr r)),   if slope r=1
    = rotl (Node l a r),          otherwise
```

Die eigentlichen Rotationen führen die Funktionen rotl und rotr durch. Dabei muß jeweils die Höhenangabe in den Knoten aktualisiert werden.

```
rotr,rotl :: baltree *->baltree *
rotr (Node (Node ll (a,hll,hlr) lr) (b,h,hr) r)
    = Node ll (a,hll,max2 hlr hr+1) (Node lr (b,hlr,hr) r)
rotl (Node l (a,hl,h) (Node rl (b,hrl,hrr) rr))
    = Node (Node l (a,hl,hrl) rl) (b,max2 hl hrl+1,hrr) rr
```

Anstatt in den Knoten die Höhe der Teilbäume anzugeben, kann auch direkt der Balancefaktor „abgespeichert" werden (vgl. Aufgabe 7.22).

In Abbildung 7.7 sind die verschiedenen Arten der Rotation graphisch dargestellt. Die fett gezeichneten Knoten markieren jeweils die beiden obersten Knoten, die rotiert werden. Nach den ersten drei Einfügeoperationen kann die Balance jeweils durch eine einfache Rotation wiederhergestellt werden. In den beiden letzten Fällen ist hingegen eine Doppelrotation notwendig.

Die Signatur von AVL-Bäumen kann ebenfalls um eine Ausgabefunktion erweitert werden. Der Typ dieser Funktion ist etwas komplexer als im ersten Beispiel, da der Typ avl * parametrisiert ist. Auf Grund der Parametrisierung benötigt showavl als ersten Parameter eine Funktion für die Ausgabe der Blattmarkierungen. Der Typ von showavl muß somit lauten[5]:

```
. . .

showavl :: (*->[char])->avl *->[char]
```

---

[5]Aufgabe 7.12 beschäftigt sich mit der Ausgabe von Binärbäumen. Aus diesem Grund geben wir an dieser Stelle keine Realisierung der Ausgabefunktion an.

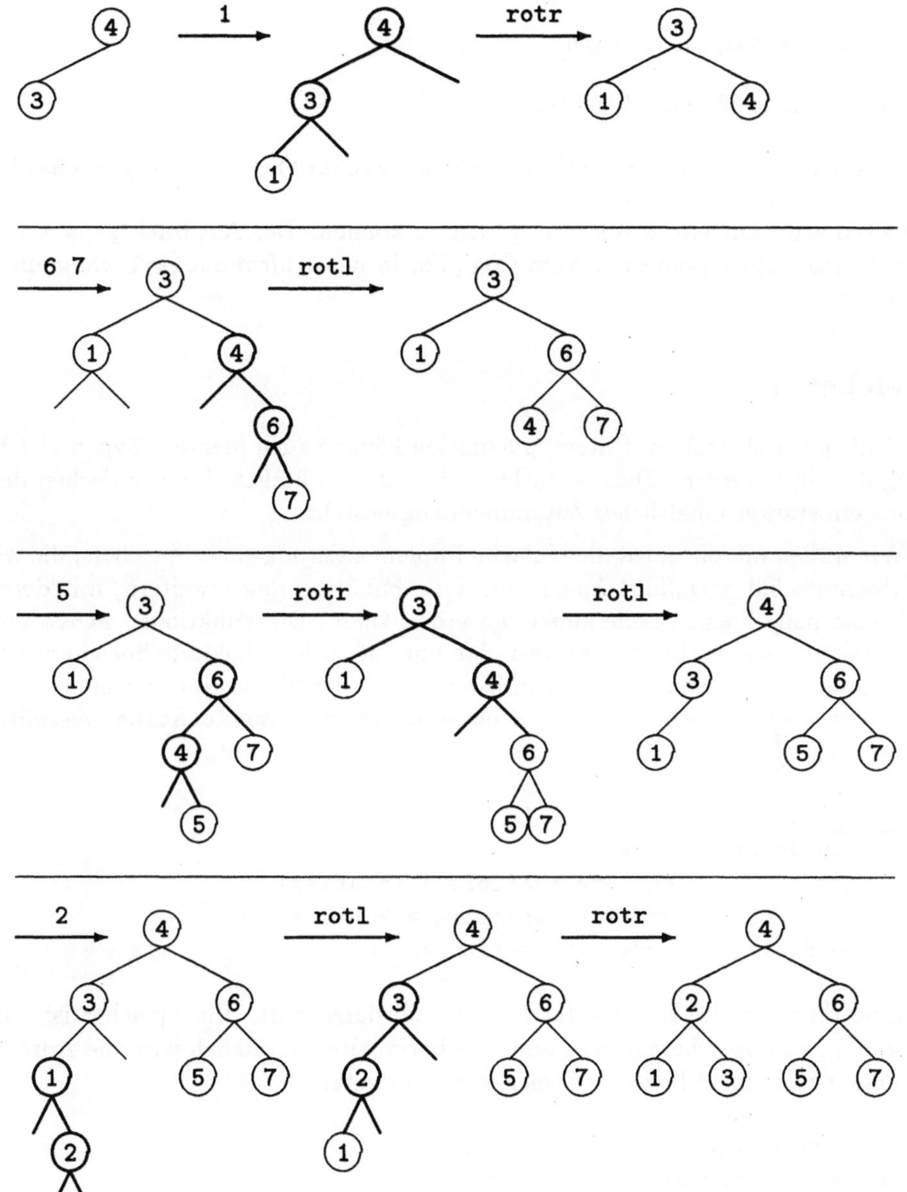

Abbildung 7.7: Einfügeoperationen in AVL-Bäume

Allgemein gilt, daß für jeden Typparameter ein entsprechender Parameter an die
show-Funktion übergeben werden muß. Ist die Vereinbarung

$$\text{\underline{abstype} } t\ \alpha_1 \ldots \alpha_m\ \underline{\text{with}} \ldots$$

gegeben, dann muß in der Signatur

$$\text{showt} \ :: \ (\alpha_1\text{->[char]})\text{->}\cdots\text{->}(\alpha_m\text{->[char]})\text{->t } \alpha_1 \ldots \alpha_m\text{->[char]}$$

enthalten sein, um Werte von t ausgeben zu können. Der Ausdruck show t mit
t::avl num wird automatisch vom Compiler in den Aufruf showavl shownum t
umgewandelt.

Speicher

Mit Hilfe einer abstrakten Datentypdefinition können auch mehrere Typen gleichzeitig definiert werden. Dies ist insbesondere dann nützlich, wenn zwischen den
Typen ein starker inhaltlicher Zusammenhang besteht.

Wir wollen im folgenden die einfache Implementierung eines Speichers, die wir
in Abschnitt 5.3 eingeführt haben, um eine Funktion new erweitern, mit deren
Hilfe eine neue Speicherzelle allokiert werden kann. Die Funktionen store und
load sollen so umgeschrieben werden, daß nur auf vorher allokierte Speicherzellen
zugegriffen werden kann. Zu diesem Zweck muß sowohl das Konzept eines Speichers (core *) als auch das Konzept einer Speicheradresse (location) geschützt
werden.

```
abstype core *, location with
    emptycore :: core *
    new       :: *->core *->(core *,location)
    storecell :: *->location->core *->core *
    loadcell  :: core *->location->*
```

Eine Speicheradresse wird durch eine Zahl dargestellt. Ein Speicher ist eine
Abbildung von Speicheradressen auf Speicherinhalte. Zusätzlich wird die Adresse
der ersten noch nicht belegten Speicherzelle mitgeführt.

```
location == num
core *  == (num->*,num)
```

Die Implementierung der Funktionen ähnelt der in Abschnitt 5.4 vorgestellten
Realisierung von Feldern. Die Hilfsfunktion update aktualisiert den Wert einer
Funktion an einer Stelle.

```
emptycore
    = (undef,0)
new v (s,l)
    = ((update s l v,l+1),l)
storecell v l' (s,l)
    = (update s l' v,l),   if l'<l
    = error "bus error",   otherwise
loadcell (s,l) l'
    = s l',                if l'<l
    = error "bus error",   otherwise


update :: (*->**)->*->**->*->**
update f a v = g
               where
               g b = v,    if a=b
                   = f b,   otherwise
```

Dieses Modell eines Speichers ist wesentlich realistischer als das in Abschnitt 5.3 vorgestellte, da die Funktionen storecell und loadcell nur mit Adressen aufgerufen werden können, die aus vorhergehenden Aufrufen von new resultieren[6].

Ähnlich wie algebraische Datentypen können auch abstrakte Datentypen verschränkt rekursiv sein, d. h., ein abstrakter Datentyp kann mit Hilfe eines zweiten abstrakten Datentyps implementiert werden und dieser kann wiederum mit Hilfe des ersten Typs implementiert werden.

7.3 Platzhaltertypen

Wir haben bis jetzt Wertespezifikationen fast ausschließlich zur Programmdokumentation benutzt. Derartige Typangaben werden aber auch oft am Anfang der Programmentwicklung verwendet, um die Schnittstellen von Funktionen zu spezifizieren. In einem derartig frühen Stadium hat man sich typischerweise aber noch nicht auf eine Repräsentation der Datenstrukturen festgelegt.

---

[6]Aus diesem Grund ist man versucht zu glauben, daß der Fehler "bus error" nicht auftreten kann. Das ist leider nicht richtig wie das folgende Beispiel zeigt.

```
loadcell emptycore ((snd.new 2.fst.new 1) emptycore)  ▷  error
```

Mit Hilfe der zur Verfügung gestellten Funktionen können mehrere, voneinander unabhängige Speicher gleichzeitig verwaltet werden. Die Adressen der jeweiligen Speicher können untereinander „ausgetauscht" werden, ohne daß dies zur Übersetzungszeit erkannt wird. Es ist *nicht* möglich, diesen Fehler auszuschließen, da Elemente eines abstrakten Datentyps keine Objekte im Sinne einer objektorientierten Programmiersprache sind und insofern auch keine eigene Identität besitzen.

Platzhaltertypen (Typspezifikationen) bieten die Möglichkeit, dem System Typen bekannt zu geben, ohne sich auf eine konkrete Repräsentation festlegen zu müssen. Mit der Deklaration

```
symbol,symboltable :: type
```

werden zwei „leere" Typen definiert, die in einer Wertespezifikation verwendet werden können.

```
entersym  :: symbol->*->symboltable->symboltable
lookupsym :: symboltable->symbol->*
```

Auf diese Art und Weise kann das Miranda-System verwendet werden, um die Konsistenz einer solchen Schnittstellenbeschreibung zu prüfen. Wenn das Skript übersetzt wird, wird die Meldung

```
SPECIFIED BUT NOT DEFINED: entersym,lookupsym;
```

ausgegeben, um den Benutzer an die noch zu programmierenden Funktionen zu erinnern.

Ein Platzhaltertyp kann in einer späteren Phase der Programmentwicklung durch ein Typsynonym, einen algebraischen oder einen abstrakten Typ ersetzt werden.

7.4   Literaturhinweise

Eine umfassende Einführung in das Gebiet des Übersetzerbaus bietet [Aho 86]. Speziell mit dem in Abschnitt 7.1.3 vorgestellten derivor-Prinzip beschäftigt sich [Jones 83].

Zum Themengebiet „Algorithmen und Datenstrukturen" gibt es ein unüberschaubares Angebot an Literatur. Zwei Klassiker sind das gleichnamige Buch von Wirth [Wirth 79] und das mehrbändige Werk von Knuth [Knuth 68, Knuth 69, Knuth 73]. Dort findet man auch weitere Informationen zu den in diesem Kapitel behandelten Themen: Sortieralgorithmen, binäre Suchbäume, 2-3-Bäume, AVL-Bäume und Huffman-Codierung. (Der Leser ist eingeladen, die imperativen Formulierungen von Algorithmen mit ihren funktionalen Gegenstücken zu vergleichen.)

Die in Kapitel 1 genannte, einführende Literatur behandelt das Thema mit unterschiedlicher Intensität: [Bird 88a], [MacLennan 90] und [Reade 89] beschäftigen sich sehr ausführlich mit der Definition neuer Typen, wohingegen [Field 88] das Gebiet nur am Rande streift.

Die Implementierung von 2-3-Bäumen basiert auf einem entsprechenden Beispiel aus [O'Donnell 85].

7.5 Syntax

Die Syntax für Typdefinitionen und -spezifikationen ist hiermit vollständig.

```
<tdef>  ⟶   <tform> == <type> (;)              Typsynonym
        |   <tform> ::= <constructs> (;)       algebraischer Datentyp
        |   abstype <tform>-list with
            <sig> (;)                          abstrakter Datentyp
<spec>  ⟶   <var>-list :: <type> (;)           Wertespezifikation
        |   <tform>-list :: type (;)           Platzhaltertyp
<sig>   ⟶   <spec> { <spec> }                  Signatur


<constructs>  ⟶   <construct> | <constructs>
              |   <construct>
<construct>   ⟶   <constructor> { <argtype> }        Konstruktor
              |   <type> $<constructor> <type>       DIY-Infix
              |   ( <construct> ) { <argtype> }
```

Die Syntax für Muster ist ebenfalls vollständig.

```
<pat>  ⟶   ...
       |   <constructor> { <formal> }          mehrstelliger Konstruktor
       |   <pat> $<constructor> <pat>          DIY-Infix
       |   ( <pat> ) { <formal> }
```

Aufgaben

Aufgabe 7.1 Schreibe Routinen,

```
str2bin :: [char]->binary
bin2str :: binary->[char]
```

um Zeichenketten in ihre Binärdarstellung und umgekehrt zu verwandeln. Jedes Zeichen wird in der ASCII-Codierung durch eine Folge von 7 Bits codiert. Der folgende Zusammenhang sollte bestehen:

```
bin2str.str2bin = id
```

Unter welchen Umständen gilt die umgekehrte Beziehung?

Aufgabe 7.2 Implementiere die Funktion,

```
addbin :: binary->binary->binary
```

um zwei Binärzahlen beliebiger Länge zu addieren. Die Funktion sollte das Gesetz

```
bin2nat (addbin b c) = bin2nat b + bin2nat c
```

erfüllen.

Aufgabe 7.3* Schreibe Funktionen, um einen Ausdruck vom Typ **term** op in Präfix-, Infix- und Postfixnotation auszugeben.

```
prefix,infix,pstfix :: term op->[char]
```

Wenn die Funktionen auf den Ausdruck **a**, dessen abstrakter Syntaxbaum in Abbildung 7.1 angegeben ist, angewendet werden, sollten die folgenden Ergebnisse erzielt werden:

```
prefix a  ▷  "& < 2 * 7 - 3 ~ False"
 infix a  ▷  "((2 < (7 * (- 3))) & (~ False))"
pstfix a  ▷  "2 7 3 - * < False ~ &"
```

Die Ausdrücke werden jeweils in einer Form angegeben, die ein erneutes Einlesen ermöglicht (vgl. Aufgaben 7.6 und 7.7).

Aufgabe 7.4* Definiere eine Funktion, die einen Ausdruck in Infix-Notation überführt. Die Ausgabe sollte im Gegensatz zu Aufgabe 7.3 keine Klammern enthalten, die auf Grund der in Miranda gültigen Regeln (Präzedenz und Assoziativität der Operatoren) ausgelassen werden könnten. Für den Ausdruck **a** erhält man die gut lesbare Ausgabe:

```
infix a  ▷  "2 < 7 * - 3 & ~ False"
```

Aufgabe 7.5 Ein Scanner unterteilt eine Zeichenkette in lexikalische Einheiten (tokens). Eine lexikalische Einheit ist z. B. eine Zahl, ein Operator oder ein Trennzeichen.

1. Definiere den Datentyp **token**, mit dem die in Ausdrücken vom Typ **term** op auftretenden lexikalischen Einheiten repräsentiert werden können.

2. Programmiere aufbauend auf dem in Abschnitt 5.5.2 vorgestellten Programm einen Scanner, mit dessen Hilfe die lexikalische Analyse von Ausdrücken durchgeführt werden kann.

```
scanner :: [char]->[token]
```

Aufgabe 7.6** Verwende den in Aufgabe 7.5 entwickelten Scanner, um einen Ausdruck in Präfix-, Infix- oder Postfixnotation in einen abstrakten Syntaxbaum zu überführen.

```
prepars,inpars,postpars :: [char]->term op
```

Wenn die Stelligkeit der Operatoren gegeben ist, kann die Analyse für Präfix- und Postfixnotation problemlos durchgeführt werden. Ausdrücke in Infix-Notation werden *ohne* Beachtung von Assoziativität und Präzedenz der Operatoren geparst, d. h., wir nehmen an, daß alle Operatoren rechtsassoziativ sind und die gleiche Präzedenz besitzen.

Aufgabe 7.7*** Schreibe einen *Operator-Präzedenz-Parser*, um Ausdrücke in Infix-Notation gemäß den Miranda-Regeln für Assoziativität und Präzedenz zu parsen.

Aufgabe 7.8* Schreibe ein Programm, mit dessen Hilfe Ausdrücke vom Typ `term op` direkt ausgewertet werden können (ohne den Zwischenschritt über die Stackmaschine). Es sollte dabei berücksichtigt werden, daß auch fehlerhaft getypte Ausdrücke übergeben werden können.

Aufgabe 7.9* Wir haben in Abschnitt 7.1.3 beschrieben, wie ein Element in einen binären Suchbaum eingefügt wird. Schreibe eine Funktion, um ein Element aus einem binären Suchbaum zu löschen.

Aufgabe 7.10 Definiere eine Funktion, die einen Baum mit beliebigem Verzweigungsgrad in einen Binärbaum überführt. Hinweis: Eine Liste korrespondiert zu einem rechtsentarteten Binärbaum.

Aufgabe 7.11*** Die Funktion `inorder`, die in Abschnitt 7.1.3 definiert wurde, überführt einen Baum in eine Liste. Definiere die „Umkehrfunktion" `trees`, die zu einer Liste *alle* Bäume berechnet, deren Inorder-Durchlauf diese Liste zum Ergebnis hat.

```
trees :: [*]->[tree *]
```

Wie viele verschiedene, n-elementige Bäume gibt es, deren Inorder-Durchlauf identisch ist.

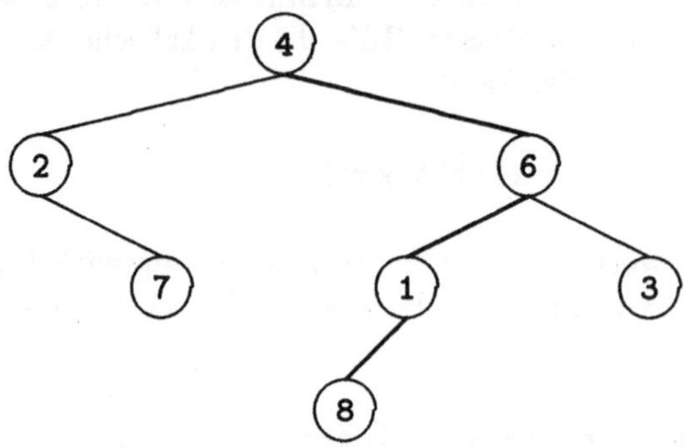

Abbildung 7.8: Beispiel für einen Binärbaum (Aufgabe 7.12 und 7.16)

Aufgabe 7.12* Wenn man Funktionen austestet, die auf Binärbäumen arbeiten, so erweist sich eine „graphische" Ausgabe von Binärbäumen als hilfreich.

1. Definiere eine Funktion, um einen Binärbaum von links nach rechts auszugeben: Pro Zeile wird ein Knoten aufgeführt, Knoten der gleichen Ebene sind untereinander angeordnet. Für den in Abbildung 7.8 dargestellten Baum sollte die folgende Ausgabe erzeugt werden (die Rahmen dienen nur der Übersichtlichkeit):

		3		
	6			
		1		
			8	
4				
		7		
	2			

Die Feldgröße und die Ausgabefunktion für die Knotenmarkierung werden der Ausgabefunktion übergeben.

2. Definiere eine Funktion, um einen Binärbaum von oben nach unten auszugeben. Die folgende Ausgabe sollte für den obigen Baum erzeugt werden.

				4			
	2				6		
		7		1		3	
			8				

Die Größe des kleinsten Feldes und die Ausgabefunktion für die Knotenmarkierung werden der Ausgabefunktion übergeben.

Aufgabe 7.13* Sei T_n der Baum, der nach n-facher Anwendung von `sink a` auf den leeren Baum entsteht. Zeige durch vollständige Induktion.

Der linke Teilbaum von T_n mit $n \geq 1$ ist $T_{n\,\text{div}\,2}$ und der rechte Teilbaum ist $T_{(n-1)\,\text{div}\,2}$.

Aufgabe 7.14 Schreibe die Funktionen `depth`, `size` und `inorder`, die auf Binärbäumen (`tree *`) arbeiten, auf Codierungsbäume (`codetree *`) um.

Aufgabe 7.15* Versuche die Funktionen `map` und `foldr` auf Codierungsbäume zu übertragen. Definiere mit Hilfe dieser Funktionen (`maptree` und `foldtree`) `depth`, `size` und `inorder`.

Aufgabe 7.16*   1. Ein Pfad in einem Binärbaum kann durch eine Folge von Bits repräsentiert werden. Der dick eingezeichnete Pfad in Abbildung 7.8 wird durch die Bitfolge [I,0,0] dargestellt (vgl. Abschnitt 7.1.3). Definiere eine Funktion `path`, die angibt, über welchen Pfad ein Element in einem Binärbaum erreicht werden kann und eine Funktion `access`, die das Element bestimmt, das sich am Ende des angegebenen Pfades befindet.

```
path   :: tree *->*->option binary
access :: tree *->binary->option *
```

Für den Fall, daß ein Fehler auftritt, wird jeweils der Wert `Fail` zurückgegeben.

2. Programmiere die Funktionen `path` und `access` auch für Bäume vom Typ `inftree *`. Überlege zunächst, wie Pfade repräsentiert werden können.

Aufgabe 7.17* Definiere algebraische Datentypen, um

1. Monate,

2. Temperaturangaben in Celsius, Fahrenheit und Kelvin,

3. ganze Zahlen,

4. prädikatenlogische Ausdrücke und

5. reguläre Ausdrücke

zu repräsentieren. Gibt es jeweils verschiedene Möglichkeiten, derartige Informationen zu repräsentieren? Welche Vor- und Nachteile besitzen die verschiedenen Alternativen?

Aufgabe 7.18* Implementiere den abstrakten Datentyp `queue *`, von dem die folgende Signatur gegeben ist,

```
abstype queue * with
    emptyqueue :: queue *
    isempty    :: queue *->bool
    join       :: queue *->*->queue *
    front      :: queue *->*
    reduce     :: queue *->queue *
    showqueue  :: (*->[char])->queue *->[char]
```

auf *zwei verschiedene* Weisen. Die Funktion `join` reiht ein Element in eine Schlange ein. Auf das erste Element einer Schlange kann mit `front` zugegriffen werden; mit `reduce` wird das erste Element entfernt.

Aufgabe 7.19** Wir haben in Abschnitt 5.3 ein Wörterbuch mit Hilfe einer Assoziationsliste realisiert. Übertrage die Funktionen `lookup` und `enter` auf eine effizientere Suchstruktur, z. B. einen 2-3-Baum oder einen AVL-Baum. Verwende einen abstrakten Datentyp, um die Implementierung zu „schützen".

Aufgabe 7.20** Schreibe eine Funktion, um in einem 2-3-Baum ein Element zu löschen.

Aufgabe 7.21 Schreibe eine Funktion, um einen AVL-Baum der Höhe n zu konstruieren, der eine minimale Anzahl von Blättern besitzt.

Aufgabe 7.22** Optimiere die Implementierung von AVL-Bäumen, indem Du statt der Angabe der Höhen den Balancefaktor in den Knoten abspeicherst. Versuche die Funktionen `rotr` und `rotl` so zu modifizieren, daß sie auf allen Bäumen (nicht nur auf Bäumen mit einem Balancefaktor zwischen -2 und 2) korrekt arbeiten.

Aufgabe 7.23 Überführe die Implementierung von (potentiell unendlichen) Mengen (`set *`) und Feldern (`array *`), die wir in Abschnitt 5.4 kennengelernt haben, in einen abstrakten Datentyp.

Aufgabe 7.24** Implementiere die Funktionen der folgenden Signatur.

```
abstype array * with
    mkarray :: num->*->array *
    sub     :: array *->num->*
```

```
upd        :: array *->num->*->array *
len        :: array *->num
```

Der Ausdruck **mkarray** n **x** erzeugt ein Feld der Länge **n** und initialisiert die Feldelemente mit **x**. Mit **a** **\$sub** i wird auf das i-te Element des Feldes **a** zugegriffen,
upd a i x setzt das i-te Element von **a** auf **x** und gibt ein entsprechend aktualisiertes Feld zurück. Mit **len** kann die Länge eines Feldes bestimmt werden.

Der Aufwand, um auf ein Element zuzugreifen oder ein Element zu aktualisie-
ren, sollte $O(\log n)$ betragen, wenn n die Länge des Feldes ist.

Aufgabe 7.25* Knobelei: Die Beispiele für abstrakte Datentypen in diesem Kapitel besitzen alle die folgenden Eigenschaft: Wenn die Zeile

```
abstype ... with
```

entfernt wird, erhält man ein gültiges Skript, in dem der abstrakte Typ und der
konkrete Typ zusammenfallen. Kann man diese Zeile stets weglassen?

8 Lazy Evaluation

Wir haben schon an verschiedenen Stellen den Auswertungsmechanismus von Miranda angesprochen. In diesem Kapitel wollen wir die Strategie, die bei der Vereinfachung eines Ausdrucks verfolgt wird, genauer untersuchen. Den in diesem Kapitel beschriebenen Techniken ist gemeinsam, daß sie in strikten Sprachen nicht oder nicht sinnvoll eingesetzt werden können.

Der wichtigste Grundsatz der Auswertungsstrategie ist es, unnötige Berechnungen soweit wie möglich zu vermeiden. Aus diesem Grund wird die Strategie auch *lazy evaluation* (wörtlich übersetzt „faule" Auswertung) genannt. Durch diese Eigenschaft wird insbesondere die Verarbeitung von potentiell unendlichen Datenstrukturen ermöglicht. Mit den sich daraus ergebenden Möglichkeiten und Techniken werden wir uns vergleichsweise ausführlich beschäftigen (Abschnitt 8.6), da diese Möglichkeiten in anderen Sprachen nicht verfügbar sind.

Darüber hinaus zeigen wir, wie diskrete, kombinatorische Probleme, die typischerweise mit Backtracking-Techniken gelöst werden, formuliert werden können (Abschnitt 8.3). Die Technik, die zu diesem Zweck eingeführt wird, kann daneben verwendet werden, um Parser für kontextfreie Grammatiken zu generieren (Abschnitt 8.4) und um Programme, die in der Sprache Prolog geschrieben worden sind, mechanisch in Miranda-Programme zu überführen (Abschnitt 8.5). Der letzte Punkt ist insbesondere deshalb interessant, da er den Zusammenhang zwischen funktionalen und logischen Programmiersprachen beleuchtet.

Mit einer besonders kuriosen Programmiertechnik, der sogenannten Programmierung mit Unbekannten, setzen wir uns in Abschnitt 8.7 auseinander. Das Kapitel wird mit Betrachtungen zur Speicherplatzeffizienz beschlossen (Abschnitt 8.8).

8.1 Eager Evaluation versus Lazy Evaluation

Ein Ausdruck, der die linke Seite einer Gleichung matcht, kann durch die rechte Seite der Gleichung ersetzt werden. Ein derartiger Ausdruck, der auch Teil eines größeren Ausdrucks sein darf, wird *Redex* (<u>red</u>ucible <u>ex</u>pression) genannt.

Enthält ein Ausdruck keinen Redex, so heißt der Ausdruck *in Normalform*. Das Ziel einer Auswertung ist es, einen Ausdruck in seine Normalform zu überführen. Wie wir gleich sehen werden, besitzt ein Ausdruck i. allg. mehrere Redexe. Wenn wir von den folgenden Definitionen ausgehen,

```
double n = n+n
fst' (a,b) = a                                    || = fst
infinity = 1+infinity
```

dann enthält der Ausdruck `double (double 4)` zwei Redexe: der gesamte Ausdruck ist ein Redex und der Teilausdruck `double 4` ist ein Redex. Je nachdem welcher Redex reduziert wird, gelangen wir zu unterschiedlichen Zwischenergebnissen. Wir wissen aber, daß das Endergebnis einer Reduktion, die Normalform, eindeutig ist (Konfluenz oder Church-Rosser-Eigenschaft). Somit unterscheiden sich verschiedene Reduktionsstrategien nur in der Anzahl der Schritte, die zur Erlangung der Normalform benötigt werden. Betrachten wir ein Beispiel.

<code>double(double 4)</code>

▷ double (4+4)	▷ double 4+double 4
▷ double 8	▷ (4+4)+double 4
▷ 8+8	▷ 8+double 4
▷ 16	▷ 8+(4+4)
	▷ 8+8
	▷ 16

Der obige Ausdruck wird auf zwei verschiedene Arten vereinfacht. Auf der linken Seite wird jeweils der am weitesten links stehende Redex, der keinen anderen Redex enthält, reduziert. Auf der rechten Seite wird der am weitesten links stehende Redex, der in keinem anderen Redex enthalten ist, ausgewählt.

Die erste Strategie bezeichnet man mit LI-Reduktion (leftmost innermost reduction, eager evaluation) und die zweite mit LO-Reduktion (leftmost outermost reduction). In imperativen Sprachen spricht man von Parameterübergabemechanismen anstatt von Reduktionsstrategien. Zur LI-Reduktion korrespondiert der Übergabemechanismus call by value, zur LO-Reduktion der Übergabemechanismus call by name. Anhand der Parameterübergabemechanismen lassen sich die beiden Strategien gut erklären: Wird ein Funktionsaufruf call by value abgearbeitet, so werden zunächst die aktuellen Parameter vereinfacht, die Ergebnisse der Vereinfachung werden für die formalen Parameter in den Funktionsrumpf eingesetzt, der anschließend abgearbeitet wird. Bei der Übergabeart call by name werden die aktuellen Parameter hingegen unausgewertet in den Rumpf substituiert. Im folgenden untersuchen wir die relativen Vor- und Nachteile der beiden Verfahren.

LO-Reduktion ist gegenüber der LI-Reduktion im Nachteil, wenn ein Funktionsparameter wie bei `double` mehrfach im Funktionsrumpf auftritt. In einem solchen Fall wird der aktuelle Parameter, der unausgewertet in den Rumpf eingesetzt wird, mehrfach berechnet.

```
                        fst (5,double 4)
        ▷    fst (5,4+4)              ▷  5
        ▷    fst (5,8)
        ▷    5
```

Tritt hingegen ein Funktionsparameter im Rumpf einer Funktion wie bei `fst` nicht auf, so erweist sich LO-Reduktion als vorteilhaft, da der aktuelle Parameter überhaupt nicht ausgewertet wird. Der Unterschied in der Anzahl der Reduktionsschritte kann sehr drastisch sein, wie das folgende Beispiel zeigt.

```
                        fst (5,infinity)
        ▷    fst (5,1+infinity)            ▷  5
        ▷    fst (5,1+(1+infinity))
        ⋮
```

Man kann zeigen, daß LO-Reduktion immer dann terminiert, wenn überhaupt eine terminierende Reduktionsfolge existiert (LO-Reduktion ist ein Fixpunktberechnungsverfahren). Somit erweist sich zumindest theoretisch LO-Reduktion als die geeignetere Reduktionsstrategie.

Der Nachteil der Mehrfachauswertung bei der LO-Reduktion kann vermieden werden, indem man von der Termrepräsentation — wenn wir einen Ausdruck durch eine lineare Folge von Zeichen notieren, meinen wir in diesem Kontext den abstrakten Syntaxbaum des Ausdrucks — zu einer Graphrepräsentation übergeht.

In einer Graphrepräsentation kann ein Teilausdruck mehrere „Vorgänger" besitzen. Wenn dieser Teilausdruck vereinfacht wird, erfahren alle Ausdrücke, die auf den Ausdruck verweisen, von der Vereinfachung. Für das obige Beispiel erhalten wir die folgende Reduktionsfolge (die Pfeile verweisen jeweils auf die Argumente der Funktionen).

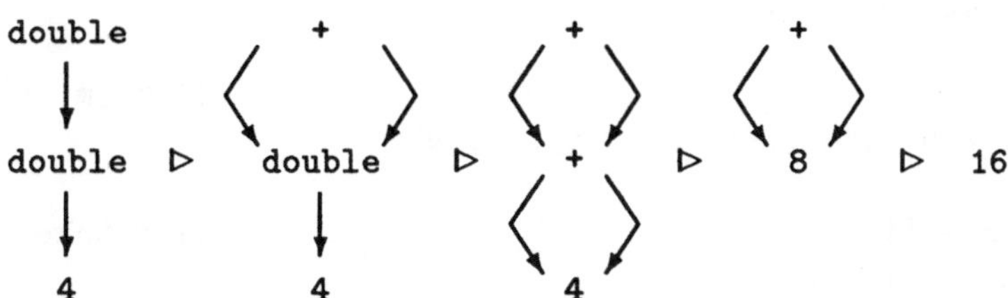

LO-Reduktion angewendet auf eine Graphrepräsentation bezeichnet man als LO-Graphreduktion (call by need, lazy evaluation). LO-Graphreduktion benötigt höchstens so viele Reduktionsschritte wie LI-Reduktion. Das Motto dieser Strategie lautet:

> Berechne einen Ausdruck nur, wenn es unbedingt nötig ist und dann
> auch nur einmal.

Wenn die Funktionen mit Hilfe von Mustern definiert werden, dann müssen
ggf. auch die aktuellen Funktionsparameter reduziert werden, um entscheiden zu
können, welche Gleichung anwendbar ist. Hier gilt der Grundsatz, daß eine Reduktion nur soweit wie unbedingt nötig vorgenommen wird. In Abschnitt 3.1.3
haben wir bereits angesprochen, daß die Muster streng sequentiell von links nach
rechts und von oben nach unten abgearbeitet werden. Zur Erinnerung: Wenn die
folgende Definition gegeben ist,

```
f x y 3 = 1
f x 2 z = 2
f 1 y z = 3
```

dann wird in dem Aufruf f (1^1) (2^2) (3^3) zuerst der dritte, dann der zweite
und schließlich der erste Parameter reduziert.

An dieser Stelle wollen wir präzisieren, was es heißt, einen Ausdruck „nur
soweit wie nötig" abzuarbeiten: wenn das zu matchende Muster keine Variable ist,
dann wird der entsprechende Parameter bis auf die sogenannte *Kopf-Normalform*
reduziert.

Ein Ausdruck heißt in Kopf-Normalform, wenn der Ausdruck kein Redex ist
und durch Vereinfachung eines Teilausdrucks auch nicht zu einem Redex werden
kann. Prominente Beispiele für Ausdrücke in Kopf-Normalform sind Anwendungen von *Konstruktoren* auf beliebige Terme, z. B. a:x, Node l a r etc. Da ein
Konstruktor stets zu sich selbst auswertet, ist und wird der gesamte Ausdruck kein
Redex. Ein Ausdruck in Normalform ist auch in Kopf-Normalform, aber nicht umgekehrt. Die in Abschnitt 8.6 aufgeführten Beispiele für unendliche Datenstrukturen besitzen in der Regel keine Normalform, wohl aber eine Kopf-Normalform.
Das folgende Beispiel verdeutlicht, warum es sinnvoll ist, Parameter nur bis zur
Kopf-Normalform zu vereinfachen.

```
iota m n = [],                    if m>n          || = [m..n]
         = m:iota (m+1) n,   otherwise


take' 0 x = []                                    || = take
take' (n+1) [] = []
take' (n+1) (a:x) = a : take' n x
```

Der Ausdruck iota m n korrespondiert zu der Punkt-Punkt-Notation [m..n].
Wir geben für den Ausdruck take 2 (iota 1 8) die Reduktionsfolgen bezüglich
LI- und LO-Graphreduktion an (aus Gründen der Übersichtlichkeit werten wir die
numerischen Parameter sofort aus).

$$\text{take 2 (iota 1 8)}$$

▷ take 2 (1:iota 2 8)	▷ take 2 (1:iota 2 8)
...	▷ 1:take 1 (iota 2 8)
▷ take 2 (1:2:···:iota 9 8)	▷ 1:take 1 (2:iota 3 8)
▷ take 2 (1:2:···:[])	▷ 1:2:take 0 (iota 3 8)
▷ 1:take 1 (2:3:···:[])	▷ 1:2:[]
▷ 1:2:take 0 (3:4:···:[])	
▷ 1:2:[]	

Bei der LI-Reduktion wird zuerst die gesamte Liste aufgebaut, bevor die Funktion
take 2 die ersten beiden Listenelemente abtrennt. Im Gegensatz dazu verzahnen
sich bei der LO-Reduktion der Erzeuger- und der Verbraucherprozeß, d. h., es wird
ein Stück der Liste erzeugt, dieses Anfangsstück wird verbraucht, daraufhin wird
wieder ein Stück erzeugt usw.

Wenn ein Tupel, dessen Komponenten verschiedene Variablen sind, als Muster angegeben
wird, dann matcht auf Grund der starken Typisierung ein Parameter auf jeden Fall dieses Muster.
Ein derartiges Muster heißt *unwiderlegbares* Muster (irrefutable pattern).

Ein unwiderlegbares Muster bewirkt keine Reduktion des Parameters. Dies hat insbesondere
dann Konsequenzen, wenn die Berechnung des Parameters nicht terminiert oder der Parameter
undefiniert ist.

```
g (a,b) = "hello world"
```

Das Muster (a,b) ist unwiderlegbar. Aus diesem Grund kann der Aufruf g **undef** unmittelbar
zu "hello world" reduziert werden.

Unwiderlegbare Muster lassen sich wie folgt definieren: ein Muster, das nur aus Produkt-
konstruktoren zusammengesetzt ist und in dem keine Variable mehrfach auftritt, heißt unwiderlegbar. Ein algebraischer Typ, der nur einen mindestens einstelligen Konstruktor besitzt,

```
weight ::= KG num
```

heißt Produkttyp. Der Konstruktor des Produkttyps heißt Produktkonstruktor. Mindestens
zweistellige Tupeltypen zählen ebenfalls zu den Produkttypen. Beachte, daß weder das nullstellige Tupel () noch ein einzelner, nullstelliger Konstruktor

```
unit ::= Unit
```

nach der obigen Definition zu den unwiderlegbaren Mustern zählen.

Die Auswertungsstrategie wird natürlich auch bei der Abarbeitung von Hilfsfunktionen verfolgt.

```
h n = 0,   if n=0
    = a,   otherwise
      where
      a = 5 div n
```

Der Wert von a wird nur berechnet, wenn n ungleich 0 ist.

8.2 Nichtstrikte Funktionen

Der Auswertungsmechanismus von Miranda ermöglicht es, nichtstrikte Funktionen
zu definieren. Eine Funktion heißt strikt in einem bestimmten Argument, wenn
die Berechnung eines Funktionsaufrufes immer dann nicht terminiert, wenn die
Berechnung des Arguments nicht terminiert.

Bezeichnen wir die nichtterminierende Berechnung mit $\perp$, dann heißt die dreistellige Funktion f strikt im zweiten Argument, wenn $f\,a\,\perp\,b = \perp$ für alle a und
b gilt. Als Beispiele für zweistellige Funktionen, die in beiden Argumenten strikt
sind, dienen die arithmetischen Operatoren; die booleschen Operatoren & und \/
sind nur strikt im ersten Argument (Warum?).

In jeder Programmiersprache gibt es mindestens eine nichtstrikte Funktion
bzw. ein nichtstriktes Konstrukt: die Fallunterscheidung. Wird die Sprache mit
Hilfe von LI-Reduktion implementiert bzw. ist der Parameterübergabemechanis-
mus call by value, dann ist es nicht möglich, die Fallunterscheidung selbst zu
definieren.

```
program loop(output);
    function ifthenelse(c:boolean; t,e:integer):integer;
        begin
        if c then ifthenelse := t
            else ifthenelse := e
        end;
    function fac(n:integer):integer;
        begin
        fac := ifthenelse(n=0,1,n*fac(n-1))
        end;
    begin
    writeln(fac(5))
    end.
```

Das Pascal-Programm terminiert nicht, da stets alle drei Parameter der Funktion
ifthenelse beim Aufruf reduziert werden. In Miranda kann die Fallunterscheidung problemlos definiert werden.

```
if'then'else :: bool->*->*->*
if'then'else True  then else = then
if'then'else False then else = else
```

```
fac n = if'then'else (n=0) 1 (n*fac (n-1))
```

Beim Aufruf von `if'then'else` wird gemäß der Muster nur der erste Parameter
reduziert. Demzufolge ist `if'then'else` strikt im ersten Argument und nichtstrikt
in den beiden anderen Argumenten.

Die Funktion `fst` ist strikt im ersten und nichtstrikt im zweiten Argument. Wenn wir formal
über ein Programm argumentieren, dann kann die `fst` definierende Gleichung `fst (a,b) = a`
stets angewendet werden, um Ausdrücke zu vereinfachen, d. h., der Ausdruck `fst (1,a)` kann
stets durch 1 ersetzt werden, unabhängig vom Wert der Variablen `a`. Dies ist nicht der Fall in
Sprachen, deren operationale Semantik durch LI-Reduktion definiert wird. In diesen Sprachen
ist `fst (1,⊥)=⊥`, d. h., der Wert des zweiten Parameters muß berücksichtigt werden.

8.3 Backtracking-Probleme

In diesem Abschnitt beschäftigen wir uns mit der Realisierung von Backtracking-
Techniken in Miranda. Dieser Abschnitt sollte insbesondere die Schachfreunde
unter den Lesern ansprechen, da wir das n-Damen-Problem und das Springer-
Problem als Fallbeispiele für diskrete kombinatorische Probleme heranziehen.

8.3.1 Das n-Damen-Problem

Beim n-Damen-Problem müssen n Damen so auf einem $n \times n$-Schachbrett plaziert
werden, daß sie sich nicht gegenseitig schlagen können. Eine Dame kann eine
andere Dame schlagen, wenn sie in der gleichen Spalte, Reihe oder Diagonale steht.
Eine graphische Darstellung der Positionen, die eine Dame auf einem 8×8-Feld
bedroht, ist in Abbildung 8.1 (a) angegeben.

Generate and Test

Ein erster Lösungsansatz besteht darin, alle möglichen Stellungen aufzuzählen
und für jede Stellung zu überprüfen, ob die Damen sicher stehen („generate and
test"). Dieser Ansatz, systematische Aufzählung des gesamten Suchraums, wird
auch „brute force" Methode genannt.

Da in jeder Spalte höchstens eine Dame plaziert werden kann, repräsentieren
wir eine Stellung (`board`) durch eine eindimensionale Liste, in der das m-te Element
die Reihe festlegt, in der sich die Dame (`queen`) in der m-ten Spalte befindet[1].

---

[1] Da für die Darstellung des Schachbretts bereits eine einfache Heuristik verwendet wird, zählen wir
streng genommen nicht den gesamten Suchraum auf.

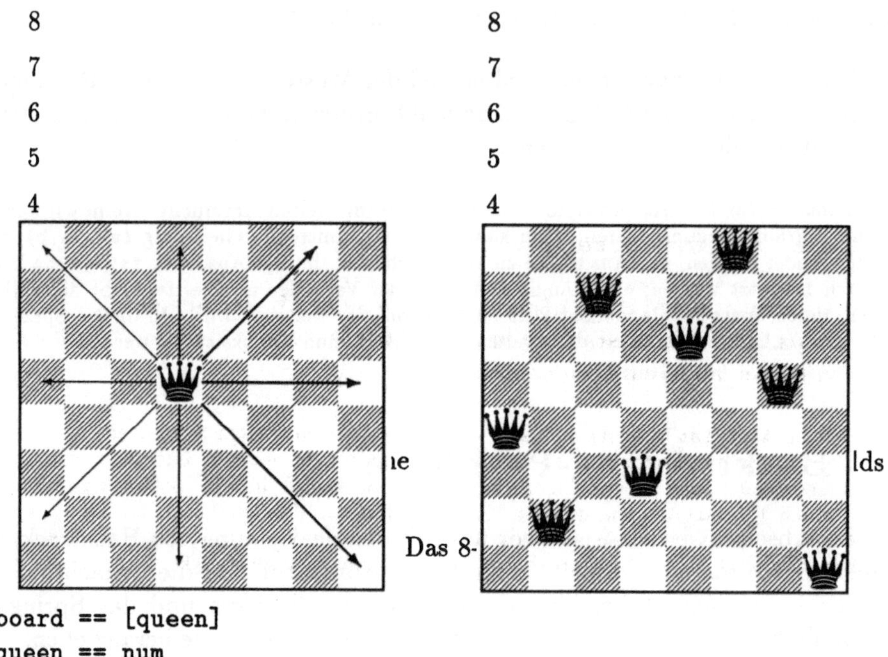


```
board == [queen]
queen == num
```

In Abbildung 8.1 (b) findet man eine Lösung des 8-Damen-Problems und die
Repräsentation dieser Lösung.

Die Funktion queens1 berechnet *alle Lösungen* des Problems, indem für alle
Permutationen der Zahlen von 1 bis n überprüft wird, ob die Stellung zulässig ist.

```
queens1 :: num->[board]
queens1 n = [qs | qs<-perms [1..n]; allsafe qs]

allsafe :: board->bool
allsafe [] = True
allsafe (q:qs) = safe q qs & allsafe qs

safe :: queen->board->bool
safe q qs = safe' (q-1) q (q+1) qs
safe' a b c [] = True
safe' a b c (q:qs) = ~member [a,b,c] q & safe' (a-1) b (c+1) qs
```

Die Funktion perms, die eine Liste aller Permutationen berechnet, wird in Abschnitt 8.5 definiert. Der Ausdruck safe q qs überprüft, ob die Dame q zu den

anderen, rechts von ihr stehenden Damen in `qs` sicher steht. Da die Damen spaltenweise plaziert werden und die Schlagrelation symmetrisch ist (wenn A durch B bedroht wird, wird auch B von A bedroht), müssen nur die in Abbildung 8.1 fett eingezeichneten Richtungen überprüft werden.

Um alle Lösungen des n-Damen-Problems zu ermitteln, müssen $n!$ Stellungen ausprobiert werden. Sind wir nicht an allen Lösungen interessiert, sondern nur an der ersten (`queens1 n!0`), so ist das Verfahren nicht ganz so ineffizient, wie es auf den ersten Blick erscheint: Auf Grund der Auswertungsstrategie werden die Permutationen nur soweit erzeugt, bis das Prädikat `allsafe` das erste Mal wahr wird.

Backtracking

Der Ansatz kann erheblich verbessert werden, wenn die Generierung von (Teil-) Stellungen und die Überprüfung dieser Stellungen miteinander verzahnt werden.

Das Schachbrett wird von links nach rechts besetzt. Nach jeder Plazierung einer Dame wird überprüft, ob die Dame relativ zu den bereits stehenden Damen sicher steht. Ein teilweise besetztes Spielfeld wird durch eine entsprechend kürzere Liste von Reihenpositionen repräsentiert.

Durch die frühzeitige Konsistenzüberprüfung wird der Suchraum drastisch verkleinert. So wird z. B. die Teilbelegung [1,2], die zu keiner Lösung ergänzt werden kann, nicht weiterverfolgt. Wenn man bei diesem Verfahren in eine Sackgasse gerät, d. h., es gibt keine Möglichkeiten, die nächste Dame zu plazieren, dann müssen vorherige Züge zurückgenommen werden (Backtracking).

Schauen wir uns die Vorgehensweise an einem kleinen Beispiel an. In Abbildung 8.2 sind einige Schnappschüsse auf dem Weg zur ersten Lösung des 4-Damen-Problems festgehalten. Die erste Dame wird in der ersten Reihe plaziert, die zweite Dame in der dritten Reihe. In dieser Situation stellt man fest, daß die dritte Dame nicht mehr gesetzt werden kann. Daraufhin wird die nächste Position der zuletzt gesetzten Dame ausprobiert: die zweite Dame wandert in Reihe vier. Nachdem die dritte Dame in der zweiten Reihe plaziert wurde, stellt man fest, daß die vierte Dame nicht mehr untergebracht werden kann. Da für die beiden zuletzt gesetzten Damen keine weiteren Zugmöglichkeiten mehr existieren, werden diese Damen vom Feld genommen und die erste Dame wandert in die zweite Reihe. Nach diesem Schritt ergeben sich die Positionen der anderen Damen zwangsläufig.

Die Methode, mit der das beschriebene Backtracking-Verfahren in Miranda umgesetzt wird, ist unter dem Namen „list of successes"-Technik bekannt. Diese Technik wurde in [Wadler 85] eingeführt und ermöglicht die Behandlung von Ausnahmesituationen (diese Möglichkeit verfolgen wir nicht weiter) und die Verwendung

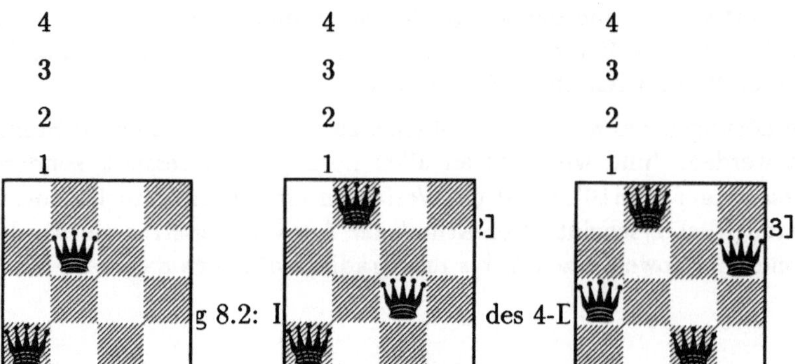

von Backtracking in nichtstrikten, funktionalen Sprachen, ohne spezielle Sprachkonstrukte zu benötigen.

Die zugrundeliegende Idee ist recht einfach: Eine Funktion, in der ein Fehler
auftreten kann, gibt entweder die leere Liste zurück (und zeigt damit einen Fehler
an) oder eine einelementige Liste, die den eigentlichen Rückgabewert enthält. Eine
„backtrackfähige" Funktion gibt entweder die leere Liste zurück (und zeigt damit
einen Fehlschlag an) oder eine mindestens einelementige Liste, die die verschiedenen Lösungen enthält. In diesem und im Abschnitt 8.5 zeigen wir, wie List-
Comprehensions verwendet werden können, um derartige Funktionen geschickt zu
verknüpfen. In Abschnitt 8.4 kombinieren wir „backtrackfähige" Funktionen mit
Hilfe Funktionen höherer Ordnung.

Die beschriebene Technik läßt sich wie folgt auf das n-Damen-Problem übertragen: Wie beim „generate and test"-Ansatz wird nicht nur die erste Lösung
berechnet, sondern eine Liste, die alle Lösungen enthält. Gemäß der Backtracking-
Strategie wird das Problem rekursiv auf kleinere Teilprobleme zurückgeführt.

```
queens2 :: num->[board]
queens2 n =
    queens2' n
    where
    queens2' 0 = [[]]
    queens2' (m+1)
        = [q:qs | qs<-queens2' m; q<-[1..n]; safe q qs]
```

Die Hilfsfunktion `queens2'` löst das Problem für ein Spielfeld der Höhe n und der
Breite m. Die zweite Gleichung der Hilfsfunktion kann wie folgt gelesen werden.

Eine Lösung (`q:qs`) für ein Spielfeld der Breite $m+1$ erhält man, indem
man eine Lösung (`qs`) für ein Spielfeld der Breite m so um eine Spalte

(q) erweitert, daß die neu positionierte Dame von den bereits plazierten
Damen nicht bedroht wird.

List-Comprehensions erlauben eine sehr natürliche, problemnahe Formulierung
des Backtracking-Verfahrens. Die schrittweise Generierung von Teillösungen und
das Zurücknehmen von Spaltenbelegungen wird automatisch durch die Auswertungsstrategie von Miranda realisiert. Sind wir nur an der ersten Lösung des n-
Damen-Problems interessiert (`queens2 n!0`), so garantiert die Auswertungsstrategie, daß nur die für die erste Lösung unabdingbaren Teillösungen generiert werden.

Forward-Checking

Obwohl Backtracking gegenüber der einfachen „generate and test"-Methode bereits eine erhebliche Verbesserung darstellt, gibt es dennoch eine Reihe von An-
satzpunkten für weitere Verbesserungen. Untersucht man die Methode genauer,
so stellt man folgende Mängel fest.

1. Wenn sehr oft Positionen zurückgenommen werden müssen (häufiges Backtracking), dann müssen für weiter rechts stehende Damen die gleichen Über-
   prüfungen mehrfach durchgeführt werden.

2. Sackgassen werden häufig erst sehr spät erkannt. Machen etwa die ersten
   Damen die Belegung einer weiter rechts stehenden Spalte unmöglich, so wird
   trotzdem versucht, die Teillösung zu vervollständigen.

3. Bei einem Fehlschlag wird die nächste Alternative ausprobiert, die nicht unbedingt die Ursache für den Fehlschlag beseitigt.

Der erste Mangel kann behoben werden, indem nicht nachträglich überprüft wird,
ob eine Dame bedroht wird, sondern von vornherein bedrohte Felder aus dem Brett
gestrichen werden. Zu diesem Zweck wird für jede Dame respektive Spalte eine
Liste aller belegbaren Reihenpositionen, d. h. aller noch nicht bedrohten Felder,
mitgeführt (das sogenannte domain). Wenn eine Dame neu gesetzt wird, werden
die von dieser Dame bedrohten Felder aus den Reihenpositionen der verbleibenden
Damen entfernt.

```
domain == [row];  row == num

queens3 :: num->[board]
queens3 n = queens3' (rep n [1..n])

queens3':: [domain]->[board]
```

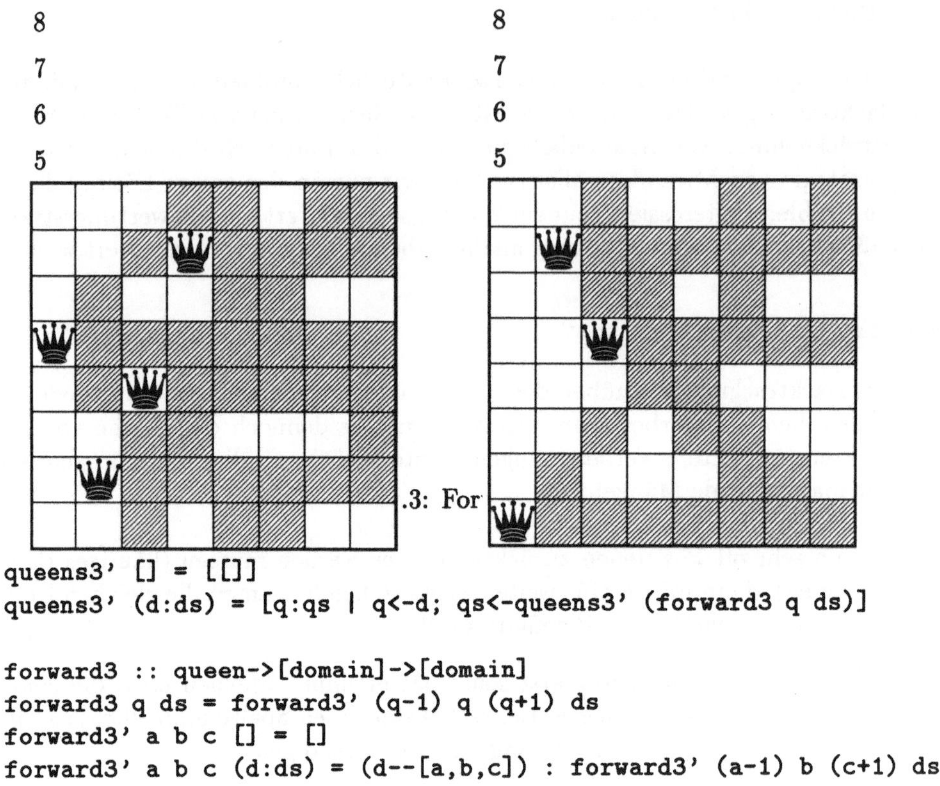

```
queens3' [] = [[]]
queens3' (d:ds) = [q:qs | q<-d; qs<-queens3' (forward3 q ds)]


forward3 :: queen->[domain]->[domain]
forward3 q ds = forward3' (q-1) q (q+1) ds
forward3' a b c [] = []
forward3' a b c (d:ds) = (d--[a,b,c]) : forward3' (a-1) b (c+1) ds
```

Die Funktion `queens3'` ist ähnlich strukturiert wie die Funktion `queens2'`: Anstelle des passiven Tests (`safe`) tritt die aktive Streichung der bedrohten Felder
(`forward3`). Abbildung 8.3 (a) zeigt einen Schnappschuß während der Suche nach
der 51. Lösung. Die von den plazierten Damen bedrohten Felder sind schwarz
markiert. Man sieht sehr schön, daß sich die Positionen der letzten vier Damen
zwangsläufig ergeben.

Forward-Checking mit First-Fail-Prinzip

Forward-Checking vermeidet zwar die wiederholte Überprüfung von Positionen.
Durch die starre Abfolge der Belegungen von links nach rechts werden aber Fehlschläge zum Teil erst sehr spät erkannt.

Sackgassen können eher entdeckt werden, wenn diejenige Dame als nächstes
positioniert wird, für die die wenigsten Wahlmöglichkeiten existieren. Diese Vorgehensweise wird First-Fail-Prinzip genannt, da als erstes die Belegungen ausprobiert
werden, die schneller zu einem Fehlschlag führen. Da die Belegungen irgendwann

sowieso durchgespielt werden müssen, aber Sackgassen (keine Wahlmöglichkeit)
und unvermeidbare Züge (genau eine Wahlmöglichkeit) sofort erkannt werden,
wird der gesamte Suchraum insgesamt verkleinert.

Da wir von der sequentiellen Positionierung der Damen abrücken, müssen
wir die bisherige Repräsentation des Spielfeldes um Spaltenangaben (column)
ergänzen.

```
board' == [(col,row)];  col == num


queens4 :: num->[board']
queens4 n = queens4' [(m,[1..n]) | m<-[1..n]]



queens4' :: [(col,domain)]->[board']
queens4' [] = [[]]
queens4' ((c,d):ds)
    = [(c,r):ps | r<-d; ps<-queens4' (forward4 (c,r) ds)]

forward4 :: (col,row)->[(col,domain)]->[(col,domain)]
forward4 (c,r) [] = []
forward4 (c,r) ((c',d):ds)
    = firstfail (c',d--[r+c-c',r,r+c'-c]) (forward4 (c,r) ds)

firstfail :: (col,domain)->[(col,domain)]->[(col,domain)]
firstfail (c,d) [] = [(c,d)]
firstfail (c,d) ((c',d'):ds)
    = (c,d):(c',d'):ds,  if #d<=#d'
    = (c',d'):(c,d):ds,  otherwise
```

Die Funktion `firstfail` sorgt dafür, daß das erste Element der von `forward4`
berechneten Liste die Spalte mit den wenigsten Wahlmöglichkeiten ist. In der
Situation, die in Abbildung 8.3 dargestellt ist, wird nach dem First-Fail-Prinzip
die nächste Dame in der sechsten Spalte plaziert. Auch hier ergeben sich die
Positionen der restlichen Damen zwangsläufig.

Experimentelle Untersuchungen zeigen, daß sich auf Grund der komplizierten
Repräsentation einer Stellung die Laufzeit von `queens4` gegenüber `queens3` leicht
verschlechtert, wenn man an der Berechnung aller Lösungen interessiert ist. Untersucht man hingegen die Laufzeit, die jeweils zur Berechnung der ersten Lösung
notwendig ist, dann ergeben sich drastische Verbesserungen um bis zu drei Zeh-
nerpotenzen. Ein Überblick über die Laufzeituntersuchungen ist in Abbildung 8.4
aufgeführt.

Aufruf	Reduktionen	Speicherplatz	GC's	Zeit in s
queens1 8	19530357	25909128	15	337.62
queens2 8	2260054	3240111	1	35.37
queens2 10	61783673	87540016	43	1025.78
queens2 12	2134543223	-	1571	34945.97
queens3 8	883813	1362239	0	13.82
queens3 10	16281380	25087691	12	266.28
queens3 12	398082136	613652407	322	6765.20
queens4 8	1099169	1546079	0	16.13
queens4 10	19438687	27330333	13	298.63
queens4 12	447228894	628316637	340	7197.48
queens1 8!0	1375127	1808486	0	20.3
queens2 8!0	124933	177349	0	1.83
queens2 16!0	45037555	61908230	30	704.0
queens2 24!0	-	1309160470	2820	64768.53
queens3 8!0	50279	77526	0	0.77
queens3 16!0	5063409	7776309	3	82.30
queens3 24!0	214281048	329373399	165	3516.12
queens4 8!0	70629	99629	0	1.0
queens4 16!0	96187	132716	0	1.42
queens4 24!0	207016	278951	0	3.8
queens4 32!0	472610	631932	0	6.87
queens4 64!0	2897588	3759137	1	43.17
queens4 128!0	22103016	28338823	21	427.82

Abbildung 8.4: Laufzeiten der verschiedenen queens-Programme

8.3.2 Das Springer-Problem

Beim Springer-Problem geht es darum, eine Zugfolge für einen Springer anzugeben, so daß alle Positionen eines Schachbretts genau einmal besucht werden. Die Brettpositionen, die ein Springer in einem Zug erreichen kann, sind in Abbildung 8.5 (a) angegeben.

Mit Hilfe der Backtracking-Technik läßt sich eine Lösung des Problems relativ leicht angeben. Die Funktion knight berechnet alle möglichen Zugfolgen zu einer gegebenen Schachbrettgröße und Anfangsposition des Springers. Eine Zugfolge wird durch eine Liste von Paaren repräsentiert, wobei ein Paar die Koordinaten einer Brettposition enthält.

Die Hilfsfunktion knight' führt die Zahl der verbleibenden Züge, die aktuelle

Po[...] ls be[...]

2	13	8	19	24
9	18	3	14	7
4	1	12	23	20
17	10	21	6	15
0	5	16	11	22

5×5

24	13	8	3	22
7	2	23	14	9
12	17	0	21	4
1	6	19	10	15
18	11	16	5	20

Die [...] Position (x,y) auf einem $n \times n$-Feld mit einem Springer erreicht werden können, werden mit Hilfe von moves n (x,y) ermittelt.

```
knight :: num->(num,num)->[[(num,num)]]
knight n (x,y)
    = knight' (n*n-1) (x,y) []
      where
      knight' 0 p ps = [p:ps]
      knight' (m+1) p ps = [ps' | p'<-moves n p; ~member ps p';
                                  ps'<-knight' m p' (p:ps)]

moves :: num->(num,num)->[(num,num)]
moves n (x,y) = [(x+i,y+j) | i,j<-[-2,-1,1,2]; i^2+j^2=5;
                             0<x+i<=n; 0<y+j<=n]
```

Die Funktion showboard erstellt aus einer von knight berechneten Zugfolge eine zweidimensionale Matrix, deren Einträge die Nummer des Zugs beschreiben, mit der der Springer das jeweilige Feld erreicht hat.

```
showboard :: [(num,num)]->[[num]]
showboard ps = [[pos (x,y) ps | x<-[1..n]] | y<-[1..n]]
               where
               n = sqrt (#ps)
               pos a x = #takewhile (~=a) x
```

Zwei Lösungen des Springer-Problems auf einem 5×5 Feld sind in Abbildung 8.5 (b) angegeben (für ein 4×4-Feld gibt es keine Lösungen).

8.4 Kombinator-Parsing

Wir führen in diesem Abschnitt eine Syntaxanalysetechnik ein, die insbesondere
für nichtstrikte funktionale Sprachen geeignet ist. Die grundlegenden Ideen dieses
Ansatzes gehen auf den bereits erwähnten Artikel von Wadler [Wadler 85] zurück,
die folgende Darstellung lehnt sich an [Hutton 89] an.

Ein Parser hat die Aufgabe, die logische Struktur einer linearen Folge von Zeichen zu bestimmen. Das Ergebnis der Syntaxanalyse ist in der Regel ein abstrakter
Syntaxbaum, kann aber auch ein beliebiger „semantischer Wert" der Zeichenfolge
sein. Ein Parser ist Bestandteil eines jeden Übersetzers; die Anwendbarkeit von
Parsern ist aber keineswegs auf diesen Bereich beschränkt: Z. B. können Benut-
zerschnittstellen mit Hilfe von Parsern erheblich verbessert werden, indem ein für
den Benutzer angenehmes Eingabeformat unterstützt wird.

Die Sprache, die ein Parser akzeptiert, wird durch eine kontextfreie Grammatik
spezifiziert. Als Darstellungsformen werden i. allg. Syntaxdiagramme oder wie in
diesem Buch Varianten der EBN-Form (Erweiterte Backus-Naur-Form) verwendet.
Es gibt mittlerweile viele Werkzeuge (die LALR(1)-Parser-Generatoren `yacc` und
`bison`), um aus einer kontextfreien Grammatik automatisch einen Parser zu generieren. Diese Werkzeuge können aber nur für die Klasse der *deterministisch kontextfreien Sprachen* oder Teilklassen dieser Klasse eingesetzt werden. Ein Beispiel
für eine nichtdeterministisch kontextfreie Sprache ist L mit (w^R ist das Spiegelwort
von w)

$$L \;=\; \{ww^R \mid w \in \{a, b\}^*\}$$

Diese Sprache wird durch die folgende, einfache Grammatik erzeugt.

```
<s>   ⟶   a <s> a
      |   b <s> b
      |   ε
```

Die Analysetechnik, die wir im folgenden einführen, das sogenannte Kombinator-
Parsing, kann im Gegensatz dazu für beliebige kontextfreie Sprachen verwendet
werden.

Beim Kombinator-Parsing werden ausgehend von einfachen Parsern mit Hilfe
von Kombinatoren schrittweise komplexere Parser aufgebaut. Da die Kombinatoren zu den verschiedenen Konstrukten der EBN-Form korrespondieren, erhält
man als Ergebnis einen Parser, der der zugrundegelegten Grammatik stark ähnelt.
Aus diesem Grund fällt es relativ leicht, Parser zu erstellen oder erstellte zu modifizieren. In einem Parser können semantische Aktionen verwendet werden, um
die geparsten Zeichen nach Belieben zu manipulieren.

Einfache Parser und Kombinatoren

Da Kombinator-Parser allgemeine kontextfreie Sprachen erkennen, sind sie von
Natur aus nichtdeterministisch (dont't know non-determinism). Aus diesem Grund
realisieren wir Kombinator-Parser mit Hilfe der „list of successes"-Technik , die wir
in Abschnitt 8.3 eingeführt haben.

Ein Parser erhält eine Liste von Zeichen als Eingabe. Er konsumiert einen
Teil der Eingabe und formt diese in einen semantischen Wert um, der zusammen
mit der *restlichen* Ausgabe zurückgegeben wird. Da es unter Umständen mehrere
Möglichkeiten gibt, Teile der Eingabe zu parsen, ist das Ergebnis eine Liste, die
sämtliche Möglichkeiten enthält — eine leere Liste signalisiert einen Fehlschlag.
Diese Funktionalität halten wir in der folgenden Typdefinition fest.

```
parser * ** == [*]->[(**,[*])]
```

Ungeachtet der Tatsache, daß der Ergebnistyp mehrere Komponenten beinhaltet,
sagen wir, daß eine Funktion vom Typ **parser token absyntax** eine Liste vom
Typ **token** in ein Element vom Typ **absyntax** überführt.

Im folgenden definieren wir einige sehr einfache Parser, die als Grundbausteine
für die Konstruktion komplexerer Parser dienen. Der erste Parser korrespondiert
zu dem Symbol ε in der EBN-Form. Da dieser Parser kein Eingabezeichen verbraucht, muß der semantische Rückgabewert explizit angegeben werden.

```
succeed :: **->parser * **
succeed v inp = [(v,inp)]
```

Der zweite Parser erlaubt es, einzelne Zeichen der Eingabe zu erkennen. Das
übergebene Prädikat bestimmt, welche Zeichen akzeptiert werden. Als semantischer Wert wird das gelesene Zeichen zurückgegeben.

```
satisfy :: (*->bool)->parser * *
satisfy p []    = []
satisfy p (x:xs) = [(x,xs)], if p x
                 = [],       otherwise
```

Die beiden leeren Listen repräsentieren Fehlschläge, die einelementige Liste einen
Erfolg. Dieser Parser ist *der* grundlegende Parser, auf den alle anderen Parser
zurückgeführt werden. Mit Hilfe von **satisfy** kann leicht ein Parser definiert
werden, der ein bestimmtes Zeichen erkennt.

```
literal :: *->parser * *
literal x = satisfy (=x)
```

Somit entpricht `literal t` dem Nichtterminalzeichen t in der EBN-Form.

Analog zu den Konstrukten der EBN-Form stellen wir im folgenden eine Reihe von Funktionen, sogenannte Kombinatoren, zusammen, die entsprechende Operationen auf Parsern durchführen. Da ein Parser eine Funktion ist, handelt es sich bei Kombinatoren durchweg um Funktionen höherer Ordnung.

Der Sequenz oder Konkatenation von Ausdrücken — in der EBN-Form durch Juxtaposition notiert — entspricht der Kombinator `then`.

```
then :: parser * **->parser * ***->parser * (**,***)
(p1 $then p2) inp
      = [((v1,v2),out2) | (v1,out1)<-p1 inp; (v2,out2)<-p2 out1]
```

Aus der List-Comprehension läßt sich die Arbeitsweise gut ablesen: Die Eingabe des Parsers `p1 $and p2` wird `p1` übergeben; die von `p1` nicht verbrauchte Eingabe wird anschließend in `p2` eingespeist. Die beiden semantischen Werte und die verbleibende Eingabe werden zurückgegeben. Die Verwendung einer List-Comprehension trägt der Tatsache Rechnung, daß sowohl `p1` als auch `p2` mehrere Ergebnisse zurückliefern können. Beachte, daß `then` auf Grund der Paarung der Ergebnisse nicht assoziativ ist.

Der Kombinator `alt` realisiert die Alternative, die in der EBN-Form mit einem senkrechten Strich bezeichnet wird. Der Parser `p1 $alt p2` erkennt alle Wörter, die von `p1` oder `p2` erkannt werden.

```
alt :: parser * **->parser * **->parser * **
(p1 $alt p2) inp = p1 inp ++ p2 inp
```

Die Alternative ist die Quelle von Mehrdeutigkeiten, da beide Parser die Eingabe akzeptieren können. Beachte, daß `alt` weder kommutativ noch idempotent ist, da die Ergebnisse der Argumentparser konkateniert werden. Aus diesem Grund muß man sich gut überlegen, in welcher Reihenfolge man die Parser verknüpft. Da man i. allg. daran interessiert ist, daß ein Parser möglichst viel von der Eingabe verbraucht, werden wir im folgenden die Parser stets so arrangieren, daß die Ergebnislisten absteigend nach der Länge der erkannten Eingabe sortiert sind, d. h., der längste erkannte Präfix steht im Listenkopf. Um die Klammerung mehrerer Alternativen brauchen wir uns allerdings keine Gedanken machen, da die Alternative assoziativ ist.

Zur Manipulation der geparsten Werte dient der Kombinator `using`. Das zweite Argument dieses Kombinators ist eine semantische Funktion, die auf die Ergebnisse des im ersten Arguments angegebenen Parsers angewendet wird.

```
using :: parser * **->(**->***)->parser * ***
(p $using f) inp = [(f v,out) | (v,out)<-p inp]
```

Mit den beschriebenen Funktionen können wir einen Parser für die in der Einleitung definierte Sprache L konstruieren. Abgesehen von den semantischen Aktionen kann der Parser unmittelbar aus der Grammatik abgeleitet werden.

```
s :: parser char string
s = ((literal 'a' $then s $then literal 'a') $using cat) $alt
    ((literal 'b' $then s $then literal 'b') $using cat) $alt
    succeed ""
    where
    cat (a,(x,b)) = [a]++x++[b]
```

Die semantische Aktion `cat` setzt aus den geparsten Teilen den ursprünglichen String wieder zusammen. Beachte: Da DIY-Infix-Operatoren rechtsassoziativ geklammert werden, liefert der Parser `p1 $then p2 $then p3` semantische Werte der Form `(v1,(v2,v3))` zurück.

Um festzustellen, ob eine Zeichenkette von einem Parser akzeptiert wird, kann die Funktion `accepted` verwendet werden,

```
accepted :: [(*,[**])]->bool
accepted x = [a | (a,[])<-x] ~= []
```

die überprüft, ob das Ergebnis einer Syntaxanalyse einen vollständigen Parse enthält.

```
accepted (s "abbbba")  ▷ True
accepted (s "baabab")  ▷ False
```

Der String `"baabab"` enthält zwar zwei akzeptable Präfixe (Welche?), aber der gesamte String ist nicht in der Sprache L enthalten.

Im zweiten Beispiel beschäftigen wir uns mit der Analyse simpler, natürlichsprachlicher Sätze. Da wir primär ein Beispiel für einen Kombinator-Parser angeben wollen, behandeln wir das Gebiet der Verarbeitung natürlicher Sprache nur sehr oberflächlich. Ausgangspunkt für die Analyse sind Sätze der Form:

```
Ulli arbeitet.
Holgi trinkt ein Bier.
```

Der Parser überführt diese Wortfolgen in eine Repräsentation, eine sogenannte funktionale Struktur oder kurz *F-Struktur*, aus der die grammatikalische Struktur des Satzes abgelesen werden kann. Eine F-Struktur ist im wesentlichen eine geschachtelte Assoziationsliste, die Attribute mit Werten assoziiert. Ein Attribut ist ein Name für eine grammatikalische Funktion (Subjekt, Objekt) oder ein grammatikalisches Merkmal; der Wert des Attributes kann wiederum eine F-Struktur

sein, die die Funktion oder das Merkmal genauer beschreibt. Die F-Strukturen für
die Beispielsätze lauten:

$$
\left[\begin{array}{ll} Subj: & \left[\, Pred: \ \ Ulli \,\right] \\ Pred: & \text{arbeitet} \end{array}\right]
\qquad
\left[\begin{array}{ll} Subj: & \left[\, Pred: \ \ Holgi \,\right] \\ Pred: & \text{trinkt} \\ Obj: & \left[\begin{array}{ll} Spec: & \text{ein} \\ Pred: & \text{Bier} \end{array}\right] \end{array}\right]
$$

Die Attribute *Subj* und *Obj* bezeichnen die entsprechenden grammatikalischen Einheiten. Das Attribut *Pred* kennzeichnet die semantische Form eines Substantivs
oder Verbs. Das Attribut *Spec* enthält den zu einem Substantiv gehörenden Artikel. F-Strukturen können leicht mit Hilfe algebraischer Datentypen definiert
werden.

```
fstructure == [feature]
feature ::= Subj fstructure |
            Pred string    |
            Obj  fstructure |
            Spec string
```

In der Regel kann nicht jedem Satz eindeutig eine F-Struktur zugeordnet werden. Obwohl wir mit der Technik des Kombinator-Parsings Mehrdeutigkeiten behandeln können, beschränken wir uns im folgenden auf die Analyse einer eindeu-
tigen Sprache. Diese Sprache wird durch die folgende, kontextfreie Grammatik
spezifiziert.

```
        <satz>          ⟶   <nominalphrase> <verbalphrase>
   <nominalphrase>      ⟶   <eigenname>
                        |    <artikel> <nomen>
    <verbalphrase>      ⟶   <transitives verb> <nominalphrase>
                        |    <intransitives verb>
        <artikel>       ⟶   ein
      <eigenname>       ⟶   holgi | ulli
        <nomen>         ⟶   bier
  <transitives verb>    ⟶   trinkt | sucht
 <intransitives verb>   ⟶   arbeitet
```

Aus der Grammatik kann der Parser wiederum unmittelbar abgeleitet werden,
indem die Konstrukte der EBN-Form in die korrespondierenden Parser und Kombinatoren überführt werden.

```
satz :: parser string fstructure
satz
    = (nominalphrase $then verbalphrase) $using fs'sent
nominalphrase
    = (eigenname              $using fs'pred) $alt
      ((artikel $then nomen) $using fs'np)
verbalphrase
    = ((transitives'verb $then nominalphrase) $using fs'vp)  $alt
      (intransitives'verb                      $using fs'pred)


artikel            = literal "ein"
eigenname          = literal "holgi" $alt literal "ulli"
nomen              = literal "bier"
transitives'verb   = literal "trinkt" $alt literal "sucht"
intransitives'verb = literal "arbeitet"
```

Die semantischen Aktionen überführen die geparsten Zeichenketten in entsprechende F-Strukturen.

```
fs'sent (np,vp) = [Subj np]++vp
fs'pred (s)     = [Pred s]
fs'np   (s,t)   = [Spec s,Pred t]
fs'vp   (v,np)  = [Pred v,Obj np]
```

Der vollständige Parser extrahiert mit Hilfe der Funktion `fst.hd` den ersten semantischen Wert aus der Ergebnisliste. Beachte: Wir gehen an dieser Stelle davon aus, daß bei der Syntaxanalyse keine Fehler auftreten.

```
parse :: [string]->fstructure
parse = fst.hd.satz
```

Die Analyse der Beispielsätze ergibt die oben aufgeführten F-Strukturen.

```
parse ["ulli","arbeitet"]
 ▷ [Subj [Pred "ulli"],Pred "arbeitet"]
parse ["holgi","trinkt","ein","bier"]
 ▷ [Subj [Pred "holgi"],Pred "trinkt",
     Obj [Spec "ein",Pred "bier"]]
```

F-Strukturen bilden bei der Sprachverarbeitung den Ausgangspunkt für eingehendere semantische Analysen. Der interessierte Leser sei auf [Bresnan 82] verwiesen.

Weitere Kombinatoren

Die erweiterte Backus-Naur-Form verfügt neben Sequenz und Alternative über
zusätzliche Konstrukte, die zwar nicht die Mächtigkeit des Formalismus erhöhen,
wohl aber die Lesbarkeit steigern und die Definition konkreter Sprachen erleichtern.

Ein optionales Auftreten eines Ausdrucks ($[\,p\,]$) wird durch den Kombinator
opt realisiert[2]. Da der Kombinator unter Umständen kein Eingabezeichen verbraucht, muß der semantische Wert, der in diesem Fall zurückgegeben wird, explizit angegeben werden.

```
opt :: parser * **->**->parser * **
p $opt v = p $alt (succeed v)
```

Das Konstrukt wird durch die Gleichung $[\,p\,] = p \mid \varepsilon$ definiert. Auf die gleiche
Weise wird der Kombinator implementiert. Die Reihenfolge, in der die Argumente
angegeben werden, entspricht unserer Konvention, die Ergebnisliste absteigend zu
sortieren.

Beliebig viele Wiederholungen eines Ausdrucks ($\{\,p\,\}$ oder p^*) können mit Hilfe
des Kombinators **many** realisiert werden.

```
many :: parser * **->parser * [**]
many p = ((p $then many p) $using cons) $alt (succeed [])
cons (a,x) = a:x
```

Auch hier entspricht die Implementierung der gängigen Definition des Konstruktes:
$\{\,p\,\} = p\,\{\,p\,\} \mid \varepsilon$. Die einzelnen Ergebnisse werden mit Hilfe von **cons** zu einer
Liste zusammengefügt.

Der Parser **some** iteriert sein Argument mindestens einmal ($p^+ = pp^*$).

```
some :: parser * **->parser * [**]
some p = (p $then many p) $using cons
```

Ein Parser, der eine vorzeichenbehaftete, ganze Zahl erkennt, kann mit Hilfe
dieser Kombinatoren einfach definiert werden.

```
signed'int :: parser char string
signed'int = (opt (literal '-') '+' $then
              some (satisfy digit)        ) $using cons
```

Kombinator-Parser ermitteln alle Möglichkeiten, Präfixe einer Zeichenkette zu
erkennen. Aus diesem Grund liefern die folgenden Aufrufe mehrere Ergebnisse
zurück.

---

[2]Mit p und q bezeichnen wir im folgenden beliebige Ausdrücke der EBN-Form.

```
    signed'int "123"     ▷   [("+123",""),("+12","3"),("+1","23")]
    signed'int "-34+25"  ▷   [("-34","+25"),("-3","4+25")]
```

Der Parse einer n-stelligen Zahl produziert n verschiedene Ergebnisse, die absteigend nach der Länge geordnet sind.

Häufig ist man an den Werten eines geparsten Konstruktes nicht interessiert. Typische Beispiele sind Schlüsselwörter, die zwar die Analyse des Quelltextes erleichtern, aber keinen eigentlichen, semantischen Wert besitzen. Die folgenden Kombinatoren erleichtern das „Vergessen" von Teilen des Syntaxbaums.

```
xthen :: parser * **->parser * ***->parser * ***
thenx :: parser * **->parser * ***->parser * **
p1 $xthen p2 = (p1 $then p2) $using snd
p1 $thenx p2 = (p1 $then p2) $using fst


return :: parser * **->***->parser * ***
p $return f = p $using const f
```

Die ersten beiden Kombinatoren sind Spezialfälle von `then`, die das Ergebnis des linken respektive des rechten Parsers vergessen. Der Kombinator `return` ersetzt den semantischen Wert eines Ausdrucks durch den angegebenen Wert.

Bei der Definition von Kombinatoren sind wir keineswegs auf die Konstrukte der EBN-Form eingeschränkt. Es können beliebige, häufig wiederkehrende Kombinationen von Parsern mit Hilfe von Funktionen höherer Ordnung schematisiert werden. Bei der Beschreibung der Syntax von Programmiersprachen treten häufig Sequenzen von Konstrukten auf: durch Kommata getrennte Elemente eines Tupels oder durch ein Semikolon getrennte Anweisungen. Dieses Schema — in einigen Varianten der EBN-Form durch $\{\, p\, \}_q$ notiert — wird durch den Kombinator `list` realisiert.

```
list :: parser * **->parser * ***->parser * [**]
list p1 p2 = (p1 $then many (p2 $xthen p1)) $using cons
```

Die Implementierung von `list` basiert wie erwartet auf der Definition des Schemas: $\{\, p\, \}_q = p\, \{\, q\, p\, \}$. Beachte: Die vom Parser p2 zurückgegebenen semantischen Werte werden ignoriert.

Analyse von Loop-Programmen

Als abschließendes Beispiel schreiben wir einen Interpreter für Loop-Programme. Die Klasse der Loop-Programme ist ein einfaches Modell aus der Theorie der Berechenbarkeit und entspricht der Klasse der primitiv rekursiven Funktionen. Loop-Programme haben die angenehme Eigenschaft, daß sie stets terminieren. Diese

Eigenschaft ist leicht einzusehen, wenn man einen Blick auf die Syntax wirft, da
die for-Schleife das einzige iterative Konstrukt ist.

$$
\begin{array}{rcl}
<program> & \longrightarrow & <assignment> \\
 & | & <sequencing> \\
 & | & <conditional> \\
 & | & <for\ loop> \\
<assignment> & \longrightarrow & <var> := 0 \\
 & | & <var> := <var> \\
 & | & <var> := <var> +1 \\
 & | & <var> := <var> -1 \\
<sequencing> & \longrightarrow & <program> ; <program> \\
<conditional> & \longrightarrow & \text{if } <var> = <var> \text{ then} \\
 & & <program> \text{ else} \\
 & & <program> \text{ fi} \\
<for\ loop> & \longrightarrow & \text{for } <var> = 1 .. <var> \text{ do} \\
 & & <program> \text{ od} \\
<var> & \longrightarrow & <letter> \{ <letter> \}
\end{array}
$$

Wir haben in den letzten beiden Abschnitten stets den engen Zusammenhang
zwischen Konstrukten der EBN-Form und Parser-Kombinatoren herausgestellt.
Bei der Umsetzung einer Grammatik muß allerdings darauf geachtet werden, daß
linksrekursive Regeln eliminiert werden, da derartige Regeln zur *Nichtterminie-
rung* führen (dieses Problem ist allen Top-Down-Parsern gemeinsam). Die obige
Grammatik enthält eine indirekte Linksrekursion.

$$<program> \longrightarrow <sequencing> \longrightarrow <program> ; <program>$$

Wenn wir das Nichtterminalzeichen <sequencing> expandieren, erhalten wir eine
linksrekursive (und rechtsrekursive) Regel. Eine linksrekursive Regel der Form
(mehrere Alternativen können durch Einführung neuer Nichtterminalzeichen zusammengefaßt werden)

$$\alpha \longrightarrow \alpha\beta \mid \gamma$$

kann durch die Regel

$$\alpha \longrightarrow \gamma \{ \beta \}$$

ersetzt werden[3]. Eine links- und rechtsrekursive Regel

---

[3]Beliebige, indirekte Linksrekursionen können durch Überführung der Grammatik in die Greibach-
Normalform eliminiert werden.

$$\alpha \longrightarrow \alpha\beta\alpha \mid \gamma$$

kann auf ähnliche Art und Weise ersetzt werden:

$$\alpha \longrightarrow \gamma \{ \beta\gamma \}$$

Wenden wir die Transformation auf die obige Grammatik an, dann erhalten wir folgende Produktionen.

$$
\begin{aligned}
\langle program \rangle \quad &\longrightarrow \quad \langle statement \rangle \{ \; ; \langle statement \rangle \} \\
\langle statement \rangle \quad &\longrightarrow \quad \langle assignment \rangle \\
&\qquad\;\; \mid \quad \langle conditional \rangle \\
&\qquad\;\; \mid \quad \langle for\ loop \rangle
\end{aligned}
$$

Die Effizienz eines Kombinatorparsers hängt stark von der Anzahl der Fehlschläge ab, die während der Analyse auftreten. Aus diesem Grund sind die Produktionen für das Nichtterminalzeichen $\langle assignment \rangle$ als Ausgangspunkt für einen Parser ungeeignet, da bei der Analyse von `a:=b-1` der Präfix `a:=` wiederholt erfolglos analysiert wird. Als einfache Optimierung empfiehlt es sich, gleiche Präfixe von Regeln herauszuziehen (Linksfaktorisierung). Die Regel

$$\alpha \longrightarrow \beta\gamma_1 \mid \cdots \mid \beta\gamma_m$$

wird durch die Regel

$$\alpha \longrightarrow \beta (\gamma_1 \mid \cdots \mid \gamma_m)$$

ersetzt. Somit können wir die Produktionen für $\langle assignment \rangle$ in einer Regel zusammenfassen.

$$\langle assignment \rangle \quad \longrightarrow \quad \langle var \rangle \; := (\; 0 \mid \langle var \rangle \; [\; +1 \mid -1 \;] \;)$$

Die Bedeutung der einzelnen Konstrukte der Loop-Sprache klären wir, indem wir einen Interpreter für die Sprache angeben. Der Interpreter wird direkt mit Hilfe der semantischen Aktionen des Parsers spezifiziert, ohne daß der Umweg über einen abstrakten Syntaxbaum gegangen wird. Jedem Konstrukt ordnet der entsprechende Parser unmittelbar seine Bedeutung zu. Die Semantik ist kompositional, d. h., die Bedeutung eines Konstruktes ergibt sich aus der Bedeutung seiner Bestandteile.

Die Anweisungen verändern die Inhalte von (globalen) Variablen. Stellen wir den Speicher als Assoziationsliste dar, dann können wir eine Anweisung als Abbildung des Typs `cvalue` (command value) mit

```
cvalue == memory->memory
memory == [(string,num)]
```

interpretieren. Die Bedeutung einer Sequenz von Anweisungen ergibt sich somit
aus der umgekehrten Komposition (andthen) der Bedeutungen der einzelnen Anweisungen.

```
program,statement :: parser string cvalue
program
    = (list statement (literal ";")) $using foldl1 andthen
statement
    = (assignment  $using assign) $alt
      (conditional $using cond)    $alt
      (forloop      $using for)
```

Der Kombinator list gibt als Ergebnis eine Liste von Abbildungen des Typs
cvalue zurück; diese Abbildungen werden mit Hilfe von foldl1 in umgekehrter
Reihenfolge miteinander komponiert. Die Parser für die übrigen Konstrukte der
Sprache lassen sich nach den obigen Vorarbeiten leicht angeben.

```
assignment :: parser string (string,memory->num)
assignment
    = var $then literal ":=" $xthen rhs
rhs = (literal "0"                $return const 0) $alt
      ((var $then opt crement id) $using applyto)
crement
    = (literal "+1" $return (+1))          $alt
      (literal "-1" $return (subtract 1))
```

```
conditional :: parser string ((string,string),(cvalue,cvalue))
conditional
    = literal "if"   $xthen condition $then
      literal "then" $xthen program   $then
      literal "else" $xthen program   $thenx
      literal "fi"
condition
    = var $then literal "=" $xthen var
```

```
forloop :: parser string ((string,string),cvalue)
forloop
    = literal "for" $xthen range   $then
      literal "do"  $xthen program $thenx
```

```
        literal "od"
range
    = var $then literal ":=" $xthen
      literal "1" $xthen literal ".." $xthen var


var = satisfy (and.map letter)
```

Die Bedeutung eines syntaktischen Konstrukts ist nicht immer so naheliegend, wie
die konzeptionelle Einfachheit der Sprache es suggeriert. Wie oft wird z. B. eine
Schleife durchlaufen, deren Schleifenvariable oder deren obere Schranke im Rumpf
manipuliert wird? Die semantische Aktion **for** gibt auf diese Frage eine genaue
Antwort: Die Schleife wird genau n mal durchlaufen, wenn n der Wert der oberen
Schranke vor dem ersten Schleifendurchlauf ist.

```
assign (var,exp) mem
    = store (exp mem) var mem
applyto (var,fun) mem
    = fun (load mem var)
cond ((v1,v2),(then,else)) mem
    = then mem,  if load mem v1 =load mem v2
    = else mem,  otherwise
for ((v1,v2),body) mem
    = ntimes (load mem v2) (inc v1.body) (store 1 v1 mem)
      where inc var mem = store (load mem var+1) var mem
```

Die semantischen Aktionen sind leichter zu verstehen, wenn man den allgegenwärti-
gen Parameter **mem** ignoriert. Um den Interpreter zu testen, definieren wir ein
kleines (parametrisiertes) Programm, das zwei Variablen voneinander subtrahiert
und das Ergebnis einer dritten zuweist.

```
sub'prg m n res                                   || res := m-n
    = ["if",m,"=",n,"then",
          res,":=","0",
       "else",
          res,":=",m,";",
          "for","i",":=","1","..",n,"do",
              res,":=",res,"-1",
          "od",
       "fi"]


interpreter :: [string]->[(string,num)]->[(string,num)]
interpreter = fst.hd.program
```

Um das interpretierte Programm auszuführen, müssen wir eine initiale Speicherbelegung zur Verfügung stellen.

```
interpreter (sub'prg "a" "b" "c") [("a",23),("b",17)]
  ▷ [("a",23),("b",17),("c",6),("i",18)]
```

Das Beispiel der Loop-Programme zeigt, daß mit Hilfe der Technik des Kombinator-Parsing leicht und vergleichsweise elegant lauffähige Parser konstruiert werden können. Im definierten Parser spiegelt sich die Struktur der zugrundegelegten Grammatik deutlich wieder, so daß Veränderungen oder Erweiterungen der Grammatik leicht übertragen werden können.

8.5 Von Prolog zu Miranda

Da in den vergangenen Abschnitten wiederholt von Backtracking-Techniken die Rede war, liegt es nahe, in diesem Zusammenhang die Sprache *Prolog* zu behandeln, die mit Hilfe dieser Technik implementiert wird. Trotz grundlegender Unterschiede können sehr viele Prolog-Programme natürlich als Miranda-Funktionen interpretiert werden. Wir unterstützen diese Behauptung, indem wir ein Transformationsverfahren angeben, mit dem Prolog-Prädikate in Miranda-Funktionen überführt werden können. Das Verfahren basiert auf Ideen von [Reddy 86]. Gemeinsamkeiten und Unterschiede der beiden Sprachklassen werden in dem genannten Artikel ausführlich behandelt.

Leser, die nicht mit Prolog vertraut sind, können den Abschnitt überspringen, ohne den roten Faden zu verlieren.

Wir haben in Abschnitt 8.3 die „list of successes"-Technik kennengelernt. Diese Technik wollen wir im folgenden verwenden, um Prolog-Programme mechanisch in Miranda-Programme zu transformieren. Da Miranda eine getypte, funktionale Sprache ist, müssen die zu transformierenden Prolog-Programme zwei Bedingungen genügen. Zum einen müssen die Prädikate getypt sein und zum anderen müssen Ein- und Ausgabeargumente der Prädikate festgelegt werden. Somit werden insbesondere Programme nicht behandelt, die Gebrauch von unvollständigen Datenstrukturen, z. B. Differenzlisten, machen.

In jeder Programmiersprache gibt es bestimmte Beispiele, die zur Folklore der Sprache zählen. Was `map` und `foldr` für funktionale Sprachen sind, ist `append` für Prolog. Das dreistellige Prädikat `append` ist erfüllt, wenn das dritte Argument die Konkatenation der ersten beiden Argumente ist.

```
type append([*],[*],[*]).
mode append(-,-,+).
```

```
append([],X,X).
append([A|X],Y,[A|Z]) :-
        append(X,Y,Z)
```

Die Typen der Argumente geben wir in Miranda-Syntax an. Die Ein- und Ausgabeargumente werden mit sogenannten Modus-Deklarationen festgelegt. Das Zeichen + bedeutet, daß es sich um ein Eingabeargument handelt, mit - wird ein Ausgabeargument bezeichnet.

Das Prädikat **append** wird laut der Modus-Deklaration verwendet, um eine Liste in zwei Teillisten aufzuspalten. Da es $n+1$ Möglichkeiten gibt, eine n-elementige Liste aufzuspalten, ist das Prädikat **append** hochgradig nichtdeterministisch.

Gemäß der „list of successes"-Technik berechnet die zu **append** korrespondierende Miranda-Funktion eine Liste aller „Erfolge", d. h., die Funktion **append** gibt eine Liste aller möglichen Aufspaltungen ihres Arguments zurück.

```
append :: [*]->[([*],[*])]
append [] = [([],[])]
append (a:z) = [([],a:z)] ++ [(a:x,y) | (x,y)<-append z]
```

Wird das Prädikat **append** mit der leeren Liste als drittem Argument aufgerufen, so paßt nur die erste Klausel. Ist das Argument hingegen eine mindestens einelementige Liste ([A|Z]), so sind beide Klauseln anwendbar. Im Gegensatz zu Miranda, wo die erste passende Gleichung genommen wird, werden in Prolog falls nötig beide Klauseln ausprobiert. Dies ist z. B. der Fall, wenn alle Lösungen für eine Anfrage angefordert werden.

Aus diesem Grund ergibt sich die erste Gleichung aus der ersten Klausel, die zweite Gleichung wird hingegen aus beiden Klauseln kombiniert. Ein Prolog-Faktum wird in eine einelementige Liste überführt, eine Prolog-Regel in eine List-Comprehension, wobei die Rumpfliterale in Generatoren umgewandelt werden.

Typ- und Modusdeklarationen

In diesem Abschnitt wollen wir präzisieren, welche Klasse von Prolog-Programmen mit der Transformationstechnik behandelt werden kann.

Es muß zunächst möglich sein, die Programme zu typisieren. Zu diesem Zweck kann eine Variante des Typsystems von Miranda herangezogen werden, etwa im Stil von [Mycroft,O'Keefe]. Diese Einschränkung muß lediglich auf Grund der Tatsache, daß die Zielsprache eine getypte Sprache ist, gemacht werden und ist für das Verständnis des folgenden nicht wesentlich.

Darüber hinaus müssen für jedes Prädikat Eingabe- und Ausgabeargumente festgelegt werden. Dies geschieht mit Hilfe von Modus-Deklarationen. Es gibt zwei verschiedene Modi. Der Modus + bedeutet, daß bei jedem Aufruf des Prädikats an der entsprechenden Argumentposition ein Grundterm stehen muß. Der Modus − besagt, daß *nach* dem Aufruf des Prädikats an der entsprechenden Argumentposition ein Grundterm steht[4].

Wenn mehrere Modi für ein Prädikat benötigt werden, z. B. `append(+,+,-)` und `append(-,-,+)`, dann müssen die Prädikate entsprechend dupliziert und umbenannt werden. Logische Programmiersprachen sind in dieser Hinsicht funktionalen Sprachen überlegen, da ein Prädikat in Prolog in der Regel mehreren Funktionen in Miranda entspricht.

Man kann relativ einfach überprüfen, ob ein Programm in Bezug auf die vom Benutzer angegebenen Modus-Deklarationen zulässig ist. So muß für jede Klausel überprüft werden, ob die Variablen in den Eingabepositionen der Rumpfliterale vor Abarbeitung gemäß der Prolog-Berechnungsregel, d. h. von links nach rechts, an Grundterme gebunden sind und ob die Variablen der Ausgabeargumente nach Abarbeitung des Rumpfes an Grundterme gebunden sind. Wenn alle Klauseln diese Eigenschaft aufweisen, dann läßt sich mit Hilfe eines einfachen Induktionsbeweises zeigen, daß eine Anfrage korrekt abgearbeitet wird, wenn die Anfrage bezüglich der Modus-Deklarationen zulässig ist.

Für die Überprüfung der Zulässigkeit ist es hilfreich, wenn die Argumente des Klauselkopfes und der Rumpfliterale gemäß der Modus-Deklarationen in Ein- und Ausgabeargumente aufgeteilt werden.

$$p_0(I_0, O_0) :- p_1(I_1, O_1), \ldots, p_n(I_n, O_n)$$

Mit I_k bzw. O_k wird das Tupel der Eingabe- bzw. der Ausgabeargumente des Prädikats p_k bezeichnet. Die Notation var t verwenden wir im folgenden für die Menge aller in dem Term t auftretenden Variablen.

Wenn die Rumpfliterale von links nach rechts abgearbeitet werden, dann werden bei jedem Schritt die Variablen in den Ausgabeargumenten an Grundterme gebunden. Die Variablen, die nach dem Aufruf von p_{k-1} gebunden sind, lassen sich für $1 \leq k \leq n + 1$ wie folgt bestimmen.

$$B_k := \text{var } I_0 \cup \text{var } O_1 \cup \cdots \cup \text{var } O_{k-1}$$

Die obige Klausel ist zulässig, wenn die Variablen der Eingabeargumente vor jedem Aufruf, d. h. für $1 \leq k \leq n$, gebunden sind,

$$\text{var } I_k \subseteq B_k$$

und nach Abarbeitung der Rumpfliterale die Variablen der Ausgabeargumente von p_0 gebunden sind:

---

[4]Beachte: Es wird nicht verlangt, daß an der Ausgabeposition *vor* dem Aufruf eine ungebundene Variable steht.

$$\text{var } O_0 \subseteq B_{n+1}$$

Bei Fakten müssen somit die Ausgabevariablen eine Teilmenge der Eingabevariablen sein.

An den Datenfluß innerhalb eines Prolog-Programms müssen derartige Anforderungen gestellt werden, um die Verwendung von List-Comprehensions bei der Übersetzung der Rumpfliterale zu ermöglichen. Die Unifikation wird durch die Trennung in Ein- und Ausgabeargumente in zwei Pattern-Matching-Prozesse aufgeteilt. Die Eingabemuster (auf den linken Seiten der Gleichungen) werden beim Aufruf gegen die aktuellen Parameter gematcht und die Ausgabemuster (auf den linken Seiten der Generatoren) werden gegen die erzeugten Werte gematcht.

Der Typ der generierten Miranda-Funktion ergibt sich automatisch aus den Deklarationen für das Prädikat. Sind die Deklarationen

```
type p(t1,t2,t3,t4).
mode p(+,-,-,+).
```

gegeben, so lautet der Typ der Miranda-Funktion:

```
p :: (t1,t4)->[(t2,t3)]
```

Das Tupel der Eingabeargumente wird auf eine Liste von Ausgabetupeln abgebildet. Gibt es keine Ausgabeargumente bzw. nur ein Ausgabeargument, so wird der nullstellige Tupeltyp „()" bzw. der Argumenttyp selbst verwendet. Die Typen der zu den Prädikaten q, r, s und t mit

```
type q(t1,t2),   r(t3,t4),   s(t5),   t(t6).
mode q(+,+),     r(+,-),     s(+),    t(-).
```

korrespondierenden Funktionen lauten somit:

```
q :: (t1,t2)->[()];  r :: t3->[t4];  s :: t5->[()];  t :: ()->[t6]
```

Bestimmung der Gleichungsmuster

Die Eingabemuster der verschiedenen Klauseln eines Prädikates können nicht unmittelbar als Muster für die Gleichungen herangezogen werden. Betrachten wir das folgende Beispiel.

```
type p(num,num,num).
mode p(+,+,-).
```

```
p(1,Y,3).
p(2,Y,Y).
p(X,1,5).
p(X,Y,6).
```

Die Anfrage p(1,1,Z) hat drei Lösungen, die Anfrage p(1,2,Z) hingegen nur zwei. Da in Miranda bei der Vereinfachung eines Ausdrucks die *erste* passende Gleichung ausgewählt wird, reicht eine Gleichung mit dem Muster (1,y) nicht aus. Es muß zusätzlich eine Gleichung für die Werte generiert werden, die mit den Eingabemustern des ersten und des dritten Faktums unifizierbar sind (in diesem Fall für das Tupel (1,1)).

Die Muster der Gleichungen können systematisch bestimmt werden, indem alle möglichen Teilmengen von Eingabemustern miteinander unifiziert werden. Für das obige Beispiel erhalten wir die folgenden Ergebnisse.

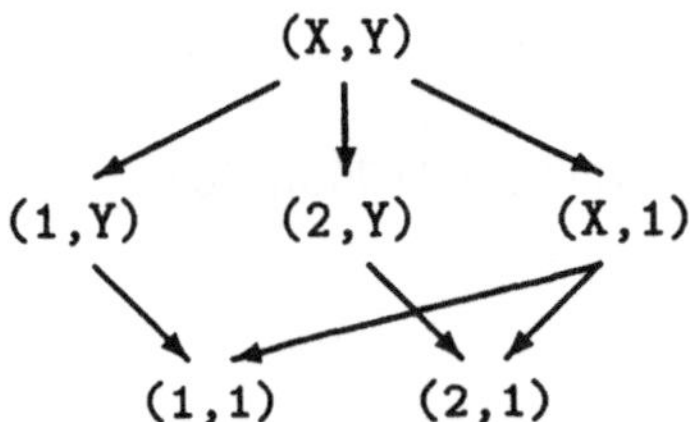

Zu den vier Eingabemustern sind durch Unifikation zwei Muster neu hinzugekommen. Die Muster sind in dem Diagramm so angeordnet, daß allgemeinere über spezifischeren stehen. Ein Muster ist allgemeiner als ein anderes Muster, wenn es mindestens alle Werte matcht, die auch das spezifischere Muster matcht[5]. Die auf diese Weise definierte Halbordnung legt die Reihenfolge fest, in der die Gleichungen der Funktionsdefinition aufgeführt werden müssen.

Die Halbordnung kann durch topologisches Sortieren in eine totale Ordnung eingebettet werden. Eine mögliche Reihenfolge für die obigen Muster wäre z. B.:

```
(1,1),  (1,Y),  (2,1),  (2,Y),  (X,1),  (X,Y)
```

Generierung der Gleichungen

Für jedes der oben erzeugten Muster muß eine Gleichung generiert werden. Die Liste auf der rechten Seite der Gleichung muß alle Ausgaben umfassen, die von

---

[5] Diese Halbordnung auf Mustern bzw. auf Termen wird Subsumptionsordnung genannt. Der speziellere Term s wird von dem allgemeineren Term t subsumiert, wenn es eine Substitution Θ mit $s = t\Theta$ gibt (vergleiche mit dem Begriff der Instanz in Abschnitt 4.2).

den Klauseln erzeugt werden, deren Eingabemuster gleich oder allgemeiner sind.
In dem obigen Diagramm sind dies alle Klauseln, deren Eingabemuster oberhalb
des betrachteten Musters liegen.

Da ein Faktum genau einmal beweisbar ist, wird es in eine einelementige Liste,
die das Ausgabetupel enthält, umgeformt. Die Beiträge von verschiedenen Klauseln werden konkateniert. Somit erhalten wir für das obige Beispiel die folgenden
Gleichungen.

```
p (1,1) = [3]++      [5]++[6]
p (1,y) = [3]++            [6]
p (2,1) =        [1]++[5]++[6]
p (2,y) =        [y]++     [6]
p (x,1) =            [5]++[6]
p (x,y) =                  [6]
```

Wie man an der dritten Gleichung sieht, muß auf die Klausel *vor* der Umformung
zunächst die das Gleichungsmuster mit dem Eingabemuster unifizierende Substitution angewendet werden.

Für die Überführung von Prolog-Regeln in Miranda-Ausdrücke werden die in
Kapitel 6 eingeführten List-Comprehensions verwendet. Die Regel

$$p_0(I_0, O_0) :- p_1(I_1, O_1), \ldots, p_n(I_n, O_n)$$

wird in die List-Comprehension

```
[O₀ | O₁<-p₁(I₁); ...; Oₙ<-pₙ(Iₙ)]
```

übersetzt[6].

Wenn in dem Tupel O_k eine bereits gebundene Variable auftritt, dann ist das
obige Übersetzungsschema nicht korrekt. Dies liegt daran, daß alle Variablen auf
der linken Seite eines Generators neu eingeführt werden.

```
... x<-p(a); (y,x)<-q(b) ...
```

Bei den beiden Vorkommen von **x** handelt es sich um zwei unterschiedliche Variablen. Das folgende Übersetzungsschema umgeht dieses Problem (**x'** ist eine
„frische", noch nicht verwendete Variable).

```
... x<-p(a); (y,x')<-q(b); x=x' ...
```

---

[6]Vergleiche dieses Schema mit dem Kombinator **then** aus Abschnitt 8.4.

Jede bereits gebundene Variable wird umbenannt und ein entsprechender Gleichheitstest eingefügt.

Wenn durch die Eingabemuster des Prädikats p nicht alle möglichen Fälle abgedeckt werden, dann muß die aus p generierte Funktionsdefinition mit der Gleichung

```
p a = []
```

abgeschlossen werden. Diese Gleichung repräsentiert den Fehlschlag, der zumindest in allen Fällen auftritt, in denen der Aufruf mit keiner der Klauseln unifiziert werden kann.

Das Übersetzungsschema wenden wir im folgenden auf einige, typische Prolog-Prädikate an. Die Beispiele dienen zusätzlich der Demonstration einfacher Optimierungstechniken.

```
type delete(*,[*],[*]).
mode delete(-,+,-).
delete(A,[A|X],X).
delete(A,[B|X],[B|Y]) :-
        delete(A,X,Y)
```

Das Prädikat `delete` streicht ein Element aus einer Liste. Da es nur ein einziges Eingabemuster ([A|X]) gibt, dieses Muster aber nicht erschöpfend ist, muß eine zusätzliche Gleichung, die die Fehlschläge repräsentiert, hinzugenommen werden.

```
delete :: [*]->[(*,[*])]
delete [] = []
delete (a:x) = [(a,x)] ++ [(b,a:y) | (b,y)<-delete x]
```

An dieser Stelle können die Typangaben bzw. das Wissen über die zulässigen Konstruktoren ausgenutzt werden, um eine spezifischere Gleichung (`delete [] = []` statt `delete x = []`) zu generieren. Eine ähnliche Optimierung ist auch im einleitenden Beispiel, append, vorgenommen worden.

Die mechanisch generierten Funktionen sind in der Regel nicht so effizient wie von Hand programmierte Funktionen. Die Effizienz kann allerdings mit Techniken der partiellen Auswertung[7] gesteigert werden.

---

[7]Wenn nicht alle Parameter einer Funktion gegeben sind oder wenn ein Ausdruck freie Variablen enthält, so ist eine vollständige Auswertung nicht möglich. Bei der partiellen Auswertung werden im Gegensatz zur „richtigen" Auswertung Ausdrücke bzw. Funktionsdefinitionen nur teilweise reduziert bzw. vereinfacht. Zu diesem Zweck werden Transformationsregeln eingesetzt, die z. B. algebraische Eigenschaften von Operatoren ausnutzen.

Formal gesehen überführt ein partieller Auswerter eine Funktion $f::(ta,tb)->tc$ und einen Wert $a::ta$ in eine Funktion $f_a::tb->tc$, so daß $f_a\ b = f\ a\ b$ gilt.

Partielle Auswerter werden z. B. zur Codeerzeugung oder zur Codeoptimierung eingesetzt.

```
type perms([*],[*]).
mode perms(+,-).
perms([],[]).
perms(X,[A|Z]) :-
        delete(A,X,Y),
        perms(X,Z).
```

Das Prädikat **perms** erzeugt alle möglichen Permutationen einer Liste. Die automatisch generierte Gleichung für das Muster [] lautet:

```
perms [] = [[]]++[a:z | (a,y)<-delete []; z<-perms y]
```

Da **delete** [] zur leeren Liste auswertet, ist das Ergebnis der List-Comprehension ebenfalls die leere Liste. Auf Grund der algebraischen Eigenschaften von **++** erhalten wir die folgende optimierte Funktionsdefinition.

```
perms :: [*]->[[*]]
perms [] = [[]]
perms x = [a:z | (a,y)<-delete x; z<-perms y]
```

Die vordefinierten Vergleichsprädikate **<, =<, >=** und **>** dienen in Prolog nur als Testprädikate, d. h., sie werden nur mit dem Modus (+,+) verwendet. Da sie zudem höchstens einmal erfolgreich sind, können diese Prädikate bei der Übertragung von Prolog-Klauseln direkt in Filter anstatt in Generatoren der Form ()<-... umgesetzt werden (vgl. auch Aufgabe 8.18). Das Prolog-Prädikat **slowsort** kann verwendet werden, um Listen zu sortieren.

```
type sorted([*]), slowsort([*],[*]).
mode sorted(+),   slowsort(+,-).

sorted([]).
sorted([A]).
sorted([A,B|X]) :-
        A=<B,
        sorted([B|X]).

slowsort(X,Y) :-
        perms(X,Y),
        sorted(Y).
```

Das Programm wird gemäß der obigen Ausführungen wie folgt umgesetzt.

```
sorted :: [*]->[()]
sorted [] = [()]
sorted [a] = [()]
sorted (a:b:x) = [() | a<=b; ()<-sorted (b:x)]

slowsort :: [*]->[[*]]
slowsort x = [y | y<-perms x; ()<-sorted y]
```

Es verbleibt zu zeigen, wie Prolog-Anfragen übersetzt werden können. Ist man an allen Lösungen einer Anfrage interessiert, so gibt man im Miranda-Interpreter einfach den korrespondierenden Funktionsaufruf, z. B. `perms [1..4]`, ein. Um gezielt auf bestimmte Lösungen einer Anfrage zugreifen zu können, verwendet man die Listenindizierung, z. B. `perms [1..4]!23` für die gespiegelte Liste oder `slowsort [2,4,1,3]!0` für die sortierte Liste. Mit Hilfe der Funktionen `lay` und `show` können die Anfrageergebnisse optisch ansprechend aufbereitet werden. Der Ausdruck

```
lay [show a | a<-perms [1..4]]
```

gibt alle Permutationen der Liste `[1..4]` zeilenweise aus. Die Abarbeitung der Generatoren in Miranda entspricht exakt der Abarbeitung der korrespondierenden Literale in Prolog. Unabdingbare Voraussetzung für diese Korrespondenz ist natürlich die Auswertung mittels LO-Reduktion.

Die obigen Ausführungen zeigen, daß eine bestimmte Klasse von Prolog-Programmen sehr einfach in Miranda-Funktionen überführt werden kann. Eine starke Einschränkung stellen allerdings die Modusdeklarationen dar. Prädikate, die logische Variablen verwenden (für unvollständige Datenstrukturen), entziehen sich somit dieser Methode. Wir werden allerdings in Abschnitt 8.7 ein Verfahren kennenlernen, daß in einigen Situationen zur Anwendung kommen kann, in denen in Prolog logische Variablen eingesetzt werden.

8.6 Unendliche Datenstrukturen

Zu den faszinierendsten Möglichkeiten, die die Auswertungsstrategie lazy evaluation offeriert, gehört sicherlich die Definition und Verarbeitung von potentiell unendlichen Datenstrukturen.

Die einfachste Gleichung, die eine unendliche Datenstruktur definiert, ist die folgende.

```
ones = 1:ones
```

Die Funktion **ones** berechnet eine unendliche Liste von Einsen. Wenn wir den Ausdruck **ones** im Miranda-Interpreter eingeben, so beginnt das System, eine Folge von Einsen auszugeben. Die Ausgabe kann jederzeit durch die Eingabe von Control-C unterbrochen werden.

```
ones  ▷  [1,1,1,1,1,1,1,...
```

Im allgemeinen ist man natürlich daran interessiert, daß die Auswertung eines Ausdrucks terminiert. Bei der Verarbeitung unendlicher Datenstrukturen setzt dies voraus, daß nur auf endliche Teile der Datenstruktur zugegriffen wird.

```
take 5 ones  ▷  [1,1,1,1,1]
ones!220691  ▷  1
```

Auf der anderen Seite sind nichtterminierende Berechnungen in einigen Bereichen sogar erwünscht, wenn man etwa an ein Betriebssystem denkt. Die Terminierung des Betriebssystems ist in der Regel ein sehr ärgerliches Ereignis. Im Kontext dieser sogenannten *reaktiven Systeme* werden andere Bedingungen an die Programme gestellt. So sollte innerhalb eines reaktiven Systems und in der Interaktion mit der Außenwelt stets ein Fortschritt erkennbar sein. Wir werden auf diesen Punkt noch zurückkommen.

In den vorangegangenen Kapiteln haben wir schon verschiedene Konstrukte, die unendliche Listen definieren, und Funktionen, die Gebrauch von unendlichen Listen machen, kennengelernt.

```
          [1..]  ▷  [1,2,3,4,5,6,...
       repeat 1  ▷  [1,1,1,1,1,1,1,...
   iterate (2*) 1  ▷  [1,2,4,8,16,32,64,128,...
[a | a<-1,2*a..]  ▷  [1,2,4,8,16,32,64,128,...
```

In Abschnitt 5.5.4 ist die Funktion **iterate** verwendet worden, um die Ziffern einer natürlichen Zahl zu berechnen (**digits**) bzw. um eine Liste in Segmente einer vorgegebenen Größe zu unterteilen (**group**). Im ersten Schritt werden bei beiden Funktionen unendliche Listen erzeugt, die im zweiten Schritt auf endliche Listen verkürzt werden. Der Iterationsprozeß wird somit jeweils von der Abfrage der „Abbruchbedingung" logisch getrennt. Diese Trennung ist in imperativen Sprachen nicht möglich: Bei den Schleifenkonstrukten (**while** oder **repeat**) ist die Abbruchbedingung fest eingebaut. Die logische Trennung ist insbesondere dann nützlich, wenn die Datenstrukturen komplexer sind und wenn man unterschiedliche Abbruchkriterien nebeneinander verwenden möchte. Ein unendlicher Spielbaum könnte z. B. unter Verwendung einer einfachen Tiefenschranke oder unter Verwendung von „semantischen Abbruchkriterien" durchlaufen werden.

Bei der Programmierung mit unendlichen Datenstrukturen sind einige Punkte zu beachten, die bei der Verarbeitung endlicher Strukturen keine oder nur eine untergeordnete Rolle spielen.

Wenn wir Mengen durch Listen ohne doppelte Elemente repräsentieren, dann dient die Funktion `mkset1` dazu, eine Liste in diese Mengendarstellung umzuwandeln.

```
mkset' :: [*]->[*]                                    || ~ mkset
mkset' x = mksetaux x []
mksetaux [] y = y
mksetaux (a:x) y = mksetaux x y,      if member y a
                 = mksetaux x (a:y),  otherwise
```

Die Hilfsfunktion `mksetaux` akkumuliert im zweiten Argument die Elemente der Liste ohne Duplikate. Wenn die Liste komplett abgearbeitet wurde, wird der Akkumulator als Funktionsergebnis zurückgegeben. Die Funktion arbeitet auf endlichen Listen einwandfrei, der Aufruf `mkset' [1..]` wird hingegen von einer langen Stille beantwortet. Da der Trivialfall bei einer unendlichen Liste nie eintritt, produziert die Hilfsfunktion `mksetaux` keine Ausgabe. Die folgende Variation der Hilfsfunktion umgeht dieses Problem.

```
mkset'' x = mksetaux' x []                            || = mkset
mksetaux' [] y = []
mksetaux' (a:x) y = mksetaux' x y,      if member y a
                  = a:mksetaux' x (a:y),  otherwise
```

Die Listenelemente, die nicht bereits vorher aufgetreten sind, werden unmittelbar ausgegeben: Der Aufruf `mkset [1..]` produziert die gewünschte Ausgabe. Das Beispiel zeigt, daß bei der Programmierung mit unendlichen Datenstrukturen darauf geachtet werden muß, daß die Funktionen in irgendeinem Sinne produktiv sind[8]. Beachte: In einigen Fällen ist das Funktionsergebnis von `mkset` eine partielle Liste.

```
mkset ones  ▷  1:⊥
```

Moral: Wunder dauern etwas länger.

Wir haben in Abschnitt 8.1 gesehen, daß Ausdrücke durch Graphen repräsentiert werden. Insbesondere werden Funktionen auf diese Weise dargestellt[9]. Wenn

---

[8] „Produktiv" kann in diesem Kontext so verstanden werden, daß jeder Funktionsaufruf eine Kopf-Normalform besitzt.

[9] Für die Repräsentation von funktionalen Werten können λ-Ausdrücke verwendet werden (siehe [Peyton Jones 87]).

eine Funktion rekursiv definiert wird, enthält der korrespondierende Graph einen
Zyklus. Für den Fall von nullstelligen Funktionen bzw. Konstanten ergeben sich
besonders einfache Graphen, die eine sehr angenehme Eigenschaft besitzen. Der
Funktion **ones** entspricht der folgende Graph:

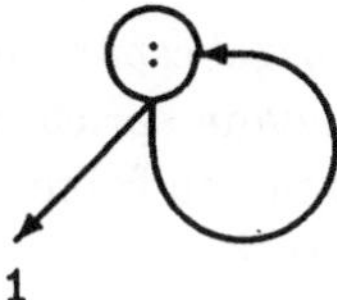

Die unendliche Liste wird mittels des zyklischen Graphen in *konstantem Speicherplatz* untergebracht. Bei der Definition derartiger regulärer Strukturen[10] sollte
immer darauf geachtet werden, daß zyklische Graphen erzeugt werden. Das folgende Beispiel verdeutlicht, was dabei beachtet werden muß.

Die vordefinierte Funktion **repeat** berechnet eine unendliche Liste, deren Elemente gleich dem übergebenen Argument sind. Eine naive Definition dieser Funktion lautet:

```
repeat’ :: *->[*]
repeat’ a = a:repeat’ a                          || ~ repeat
```

Der Aufruf **repeat’** 1 erzeugt keine zyklische Struktur. Bewirkt ein Verbraucher
eine Abarbeitung der Liste, dann wird der Teilausdruck **repeat’** 1 wiederholt
durch die rechte Seite der Gleichung ersetzt. Auf diese Weise entsteht eine immer
größere Liste.

Die folgende Definition umgeht dieses Problem mittels der geschickten Verwendung einer Hilfsdefinition.

```
repeat’’ a = x where x = a:x                      || = repeat
```

Der Aufruf **repeat’’** 1 erzeugt die oben dargestellte zyklische Struktur. Der
Trick bei der Definition von **repeat** besteht in der Verwendung einer nullstelligen
Hilfsfunktion, da nur nullstellige Funktionen zu zyklischen Graphen auswerten, *die
im Laufe einer Berechnung nicht verändert werden.*

---

[10]Ein Baum heißt regulär, wenn er nur endlich viele verschiedene Teilbäume besitzt. Der Baum
allnats mit

```
allnats = from 1 where from n = Node (from (2*n)) n (from (2*n+1))
```

ist ein Beispiel für einen nicht regulären Baum. Reguläre Bäume haben die angenehme Eigenschaft, daß
sie durch endliche, zyklische Graphen repräsentiert werden können.

8.6.1   Simulation von synchronen Schaltwerken

In diesem Abschnitt zeigen wir, wie logische Gatter mit Hilfe von listenwertigen Funktionen simuliert werden können. Ein logisches Gatter implementiert in einer digitalen Rechenanlage eine logische, d. h. boolesche Funktion.

Hängt die Ausgabe bzw. die Ausgabespannung eines Gatters nur von den anliegenden Eingangsspannungen ab, dann spricht man von einem *kombinatorischen Schaltwerk*. Ist die Ausgabe hingegen von früheren Eingaben abhängig, so handelt es sich um ein *sequentielles Schaltwerk*.

Bei logischen Gattern spielen zeitliche Aspekte eine besondere Rolle, d. h., wenn an den Eingangsleitungen eine bestimmte Spannung anliegt, dann kann die entsprechende Ausgangsspannung erst mit einer zeitlichen Verzögerung abgelesen werden. Wir wollen im folgenden insbesondere diese zeitlichen Aspekte modellieren. Der Zeitbegriff, den wir dabei zugrundelegen, ist sehr einfach: Die „Zeit" ist eine diskrete Folge von Zeitpunkten. Zu jedem Zeitpunkt tritt ein bestimmtes Signal auf. Alternativ kann man sich vorstellen, daß die Gatter mittels eines *globalen Systemtaktes synchronisiert* werden. Eine Folge von Signalen,

$$s_1, s_2, s_3, \ldots$$

wobei s_i das Signal zum Zeitpunkt i bezeichnet, repräsentieren wir in Miranda durch eine möglicherweise unendliche Liste von Signalen.

```
stream == [signal]
```

Ein Signal ist entweder logisch 0 (F), logisch 1 (T) oder undefiniert (U). Der Wert U wird verwendet, um ein undefiniertes oder instabiles Ein- oder Ausgabesignal zu repräsentieren.

```
signal ::= U | F | T
```

Die Schaltwerke werden aus einfachen Grundbausteinen, die die logischen Verknüpfungen ¬ (**not**), $\overline{\wedge}$ (**nand**) und $\overline{\vee}$ (**nor**) realisieren, zusammengesetzt. Die logischen Verknüpfungen arbeiten auf der definierten dreiwertigen Logik. (Wie können die Wertetabellen interpretiert werden, wenn man U mit der nichtterminierenden Berechnung identifiziert?)

	¬
U	U
F	T
T	F

$\overline{\wedge}$	U	F	T
U	U	T	U
F	T	T	T
T	U	T	F

$\overline{\vee}$	U	F	T
U	U	U	F
F	U	T	F
T	F	F	F

Aus den Wertetabellen können die korrespondierenden Miranda-Funktionen einfach abgeleitet werden.

```
not :: signal->signal
not b = nor b b
nand,nor :: signal->signal->signal
nand b b' = not (nor (not b) (not b'))
nor T b = F
nor b T = F
nor U b = U
nor b U = U
nor F F = T
```

Kombinatorische Schaltwerke

Die Funktion `gate1` bzw. `gate2` überführt eine einstellige bzw. zweistellige, logische Verknüpfung in ein entsprechendes Gatter.

```
gate1 :: (signal->signal)->stream->stream
gate1 f s = delay 1 (map f s)


gate2 :: (signal->signal->signal)->stream->stream->stream
gate2 f s s' = delay 1 (map2 f s s')
```

Alle auf diese Weise definierten Gatter weisen eine zeitliche Verzögerung von einer Zeiteinheit auf. Eine Verzögerung wird durch Voranstellung einer Folge undefinierter Werte implementiert.

```
delay :: num->stream->stream
delay n s = rep n U ++ s
```

Bei der Definition von einfachen Schaltwerken muß darauf geachtet werden, daß die Signale jeweils richtig synchronisiert an den Eingängen liegen. Dem in Abbildung 8.6 dargestellten Schaltbild eines Halbaddierers kann man entnehmen, daß die Eingangssignale für die (oberen) NAND-Gatter z. T. direkt anliegen und z. T. erst durch ein NOT-Gatter geführt werden. Um eine korrekte Synchronisation der Signale zu gewährleisten, müssen die Signale, die direkt anliegen, um eine Zeiteinheit verzögert werden.

```
or_gate,and_gate :: stream->stream->stream
or_gate s s'  = gate1 not (gate2 nor s s')
and_gate s s' = gate1 not (gate2 nand s s')
```

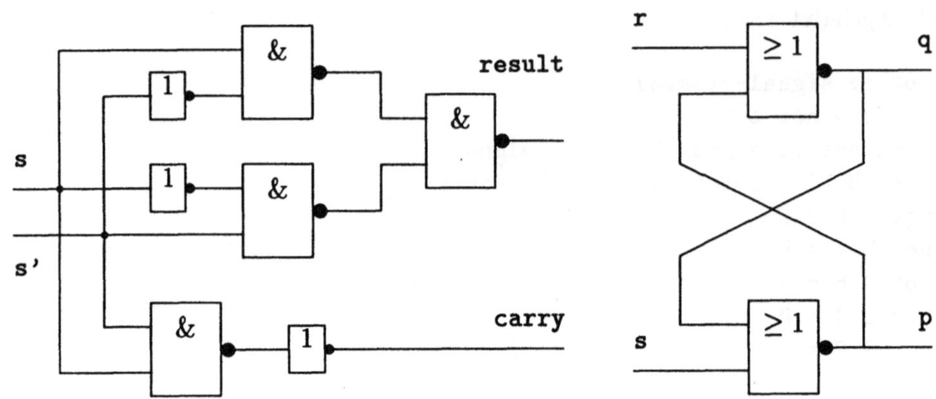

Abbildung 8.6: Halbaddierer und RS-Flipflop

```
halfadder :: stream->stream->(stream,stream)
halfadder s s'
    = (result,carry)
      where
      result = gate2 nand (gate2 nand (delay 1 s) (gate1 not s'))
                          (gate2 nand (gate1 not s) (delay 1 s'))
      carry  = delay 1 (and_gate s s')
```

Anstatt explizite Verzögerungsbausteine einzubauen, ist es natürlich auch möglich, die unterschiedlichen Gatterlaufzeiten durch Anlegen eines *externen Beobachtungstaktes*, der ein Vielfaches des Systemtaktes ist, abzugleichen. Diesen Weg beschreiten wir bei der Realisierung sequentieller Schaltwerke.

Mit Hilfe der Funktion **showstreams** kann eine Liste von Strömen zeilenweise angezeigt werden.

```
showstreams :: [stream]->[char]
showstreams
    = lay.map (sep.map show).transpose
      where
      sep = foldr1 op where a $op x = a++" | "++x
```

Die Funktion **showstreams** kann insbesondere verwendet werden, um die Ergebnisse einer Simulation auszugeben.

```
s1 = [F,F,T,T]++repeat U
```

s1	s2	or	and	r	c
F	F	U	U	U	U
F	T	U	U	U	U
T	F	F	F	U	U
T	T	T	F	F	F
U	U	T	F	T	F
U	U	T	T	T	F
U	U	U	U	F	T
U	U	U	U	U	U
⋮	⋮	⋮	⋮	⋮	⋮

Abbildung 8.7: Simulation verschiedener Schaltwerke

```
s2 = [F,T,F,T]++repeat U
simulate1 = showstreams [s1,s2,or_gate s1 s2,and_gate s1 s2,r,c]
            where (r,c) = halfadder s1 s2
```

An den Eingängen der oben definierten Gatter werden jeweils alle möglichen Wertekombinationen angelegt. Das Resultat der Simulation ist in Abbildung 8.7 angegeben. An den Signalen der Ausgabeleitungen läßt sich sehr schön die Verzögerungs-
zeit der Gatter ablesen. Das OR- und das AND-Gatter weisen eine Verzögerung
von zwei und der Halbaddierer eine Verzögerung von drei Zeiteinheiten auf.

Sequentielle Schaltwerke

Sequentielle Schaltwerke zeichnen sich gegenüber kombinatorischen Schaltwerken
dadurch aus, daß Ausgangsleitungen auf Eingangsleitungen zurückgeführt werden.
Wir modellieren sequentielle Schaltwerke durch rekursive Funktionen. Ein sehr
einfaches rekursives Gatter läßt sich wie folgt definieren.

```
rec_gate :: stream->stream
rec_gate s = c where c = gate2 nor s c
```

Da auf dem zweiten Eingang des NOR-Gatters das am Anfang undefinierte Ausgangssignal liegt, muß zu Beginn auf den ersten Eingang der Wert T gelegt werden,
um das Gatter in einen definierten Zustand zu setzen (vgl. Wertetabelle von $\overline{V}$).
Wenn wir an das Gatter die folgenden Signale anlegen,

```
s3 = T:repeat F
simulate2 = showstreams [s3,rec_gate s3]
```

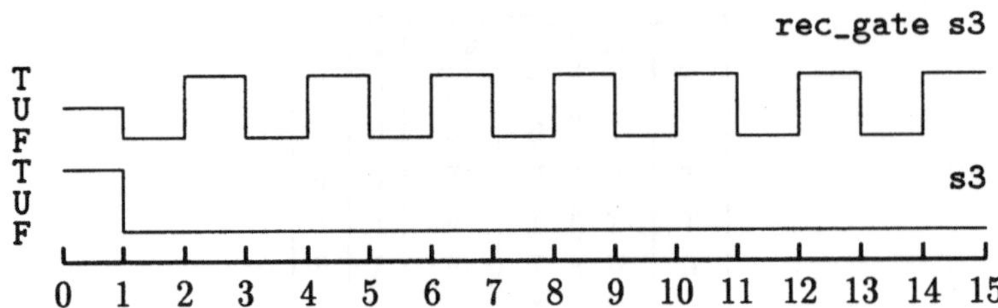

Abbildung 8.8: Zeitsignaldiagramm eines Rechteckgenerators

dann erhalten wir das in Abbildung 8.8 dargestellte Zeitsignaldiagramm. Das Ausgangssignal ist trotz eines konstanten Eingabesignals nicht stabil. Das Verhalten ist mit der mangelnden Synchronisation der Eingabesignale des NOR-Gatters zu erklären. Das zurückgeführte Signal liegt jeweils erst mit einer Verzögerung von einer Zeiteinheit an.

Um ein stabiles Ausgangssignal zu erhalten, muß das „von außen herangeführte" Signal doppelt so lange anliegen. Entsprechend darf das Ausgangssignal nur zu jedem zweiten Zeitpunkt beobachtet werden. An ein Schaltwerk wird auf diese Weise ein externer Beobachtungstakt angelegt, der im Einzelfall so gewählt werden muß, daß unterschiedliche Gatterlaufzeiten ignoriert werden. Die folgenden Funktionen implementieren die nötigen Synchronisationsoperationen für beliebige Beobachtungstakte.

```
speedup,slowdown :: num->stream->stream
speedup n [] = []
speedup n (a:x) = rep n a++speedup n x
slowdown n [] = []
slowdown n (a:x)
    = a:slowdown n (drop (n-1) x),  if and [a=b | b<-take (n-1) x]
    = U:slowdown n (drop (n-1) x),  otherwise

sync1 :: num->(stream->stream)->(stream->stream)
sync1 n g s = slowdown n (g (speedup n s))
sync2 :: num->(stream->stream->stream)->(stream->stream->stream)
sync2 n g s s' = slowdown n (g (speedup n s) (speedup n s'))
```

Mit Hilfe von **sync1 n g** bzw. **sync2 n g** wird die „innere Uhr" des einstelligen bzw. zweistelligen Gatters g auf n Zeiteinheiten beschleunigt. Das Ausgangssignal eines synchronisierten Gatters ist undefiniert, wenn sich das Signal innerhalb eines Zeittaktes ändert.

Sequentielle Schaltwerke können verwendet werden, um Speicherelemente zu konstruieren. Ein sehr einfaches Speicherelement, ein sogenanntes RS-Flipflop, ist in Abbildung 8.6 dargestellt. Ein RS-Flipflop ist in der Lage, ein Bit zu speichern. Das Bit wird durch Anlegen des Signals T auf den Eingang s gesetzt und durch Anlegen des Signals T auf den Eingang r zurückgesetzt. Das gespeicherte Bit liegt am Ausgang q an. Die Ausgänge der NOR-Gatter werden über Kreuz auf die Eingänge zurückgeführt.

Die Miranda-Funktion läßt sich unmittelbar aus dem angegebenen Schaltbild des RS-Flipflops ableiten.

```
flipflop :: stream->stream->stream
flipflop r s
    = q
      where
      p = gate2 nor q s
      q = gate2 nor r p
```

Die Funktion `flipflop` kann in einer strikten Sprache nicht definiert werden, da diese Sprachen bedingt durch die Auswertungsstrategie keine rekursiv definierten Listen zulassen.

Für die Simulation des RS-Flipflops wird die oben definierte Funktion `sync2` verwendet.

```
s4 = [T,F,F,F,F,F,T,F,F,F,F,F,T]++repeat F
s5 = [F,F,F,T,F,F,F,F,F,T,F,F,T]++repeat F
simulate3 = showstreams [s4,s5,sync2 2 flipflop s4 s5]
```

Das Zeitsignaldiagramm des RS-Flipflops ist in Abbildung 8.9 angegeben. Das Flipflop muß wie das oben definierte rekursive Gatter zunächst durch Anlegen des Wertes T in einen definierten Zustand gebracht werden. Das RS-Flipflop besitzt eine Reihe von Nachteilen, die aus dem Diagramm abgelesen werden können: die Änderung des Ausgangssignals erfolgt spontan, beim Rücksetzen des Bits ist der Ausgang eine Zeiteinheit undefiniert. Wenn beide Eingänge gesetzt werden, ist der Ausgang ebenfalls undefiniert. Diese Nachteile werden beim JK-Flipflop vermieden (vgl. Aufgabe 8.25). .

8.6.2 Netzwerke kommunizierender Prozesse

Bestimmte Probleme wie z. B. das Hamming-Problem (siehe unten) können sehr elegant mit Hilfe von Netzwerken kommunizierender Prozesse gelöst werden. Ein derartiges Netzwerk besteht aus mehreren, parallel arbeitenden Prozessoren, die

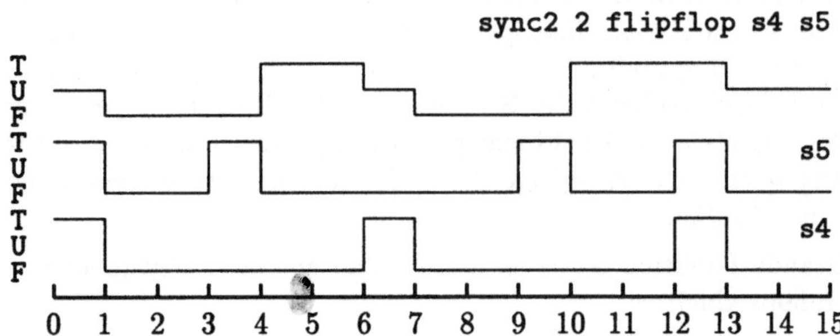

Abbildung 8.9: Zeitsignaldiagramm des RS-Flipflops

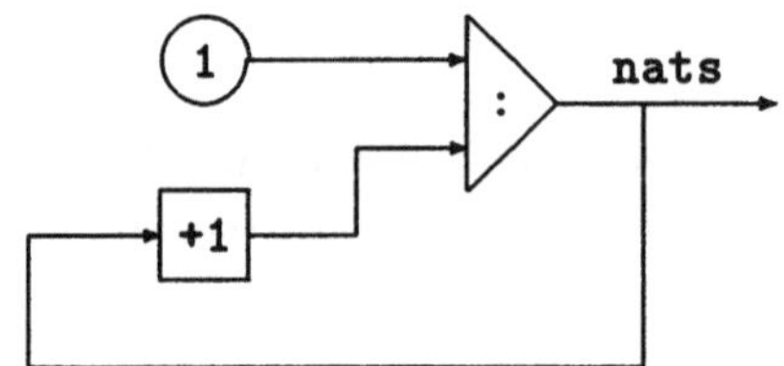

Abbildung 8.10: Netzwerk zur Generierung der natürlichen Zahlen

über Kommunikationskanäle miteinander verbunden sind. Ein Prozeß liest jeweils
Werte von den Eingabekanälen und gibt Werte auf den Ausgabekanälen aus.

Wenn wir ein logisches Gatter als einen Prozeß auffassen, dann sind die Schaltwerke, die wir im letzten Abschnitt definiert haben, Beispiele für Netzwerke kommunizierender Prozesse.

Die Netzwerke, die wir in diesem Abschnitt definieren, haben die Eigenschaft,
daß jeweils bestimmte Zahlenfolgen als Ausgabe des Netzwerkes erzeugt werden. In
Abbildung 8.10 ist ein Netzwerk dargestellt, das die natürlichen Zahlen generiert.
Die graphischen Symbole bezeichnen verschiedene Prozesse; die Pfeile beschreiben,
wie die Prozesse untereinander verknüpft sind.

Der Kreis stellt einen Prozeß dar, der die Zahl 1 auf seinen Ausgabekanal
schreibt. Das Dreieck symbolisiert einen Schalter: Zunächst wird ein Wert, der
auf dem oberen Eingang anliegt, auf den Ausgang geschrieben, danach wird der
untere Eingang auf den Ausgang durchgeschaltet. Das Rechteck bezeichnet einen
einfachen Transformator: Ein Eingabewert wird um eins erhöht auf den Ausgang
geschrieben.

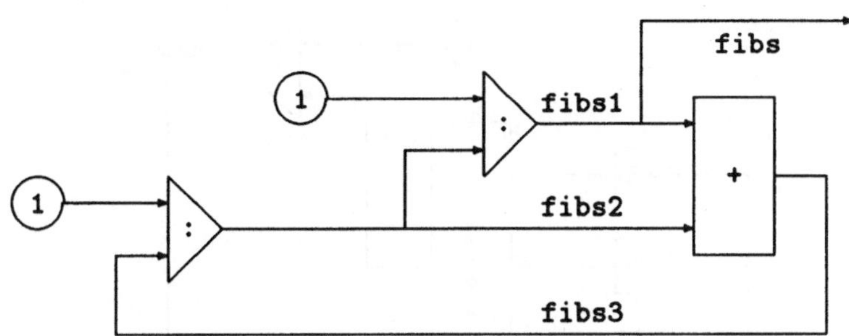

Abbildung 8.11: Netzwerk zur Generierung der Fibonacci-Zahlen

Aus der Abbildung kann die korrespondierende Miranda-Funktion leicht abgeleitet werden:

```
nats  = 1 : map (+1) nats
```

Die Gleichung läßt sich auch deklarativ als Eigenschaft der natürlichen Zahlen deuten.

> Wenn die Folge der natürlichen Zahlen um eine Spalte nach rechts verschoben wird, jede Spalte um eins erhöht wird und die Zahl 1 in die erste Spalte geschrieben wird, dann erhält man wieder die Folge der natürlichen Zahlen.

Beachte: Durch die Funktion **nats** wird eine zyklische Struktur erzeugt (siehe Aufgabe 8.26).

Ein Netzwerk, das die Folge aller Fibonacci-Zahlen erzeugt, ist etwas schwerer anzugeben (vgl. Abbildung 8.11). Die korrespondierenden Gleichungen können allerdings systematisch abgeleitet werden. Zunächst werden die Kanäle im Netzwerk benannt. Auf jedem Zyklus, der im Netzwerk enthalten ist, muß mindestens ein benannter Kanal liegen. Wenn die benannten Kanäle aufgetrennt werden, erhält man gerichtete, azyklische Graphen, die einfache, listenverarbeitende Funktionen repräsentieren. Mit Hilfe dieser Funktionen und der Kanalnamen lassen sich die entsprechenden Gleichungen leicht aufstellen.

```
fibs = fibs1
       where
       fibs1 = 1 : fibs2
       fibs2 = 1 : fibs3
       fibs3 = map2 (+) fibs1 fibs2
```

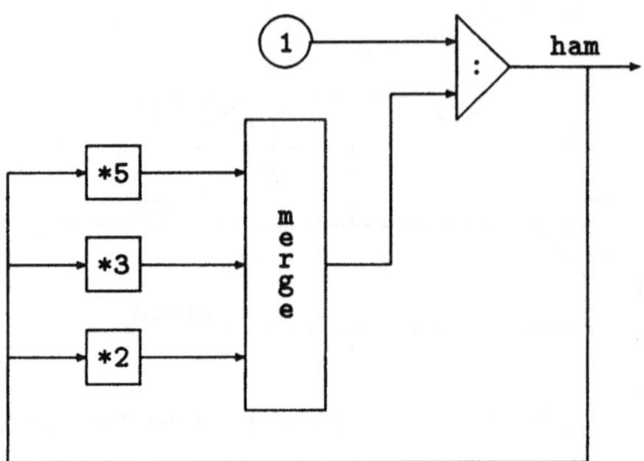

Abbildung 8.12: Netzwerk zur Lösung des Hamming-Problems

Unabhängig von den obigen Ausführungen besitzt die Funktion `fibs` auch eine
deklarative Lesart:

> Man erhält die Fibonacci-Zahlen ab eins bzw. zwei, wenn man vor die
> Folge der Fibonacci-Zahlen ab zwei bzw. drei die Zahl 1 schreibt.

> Wenn man die Fibonacci-Zahlen ab eins und die Fibonacci-Zahlen ab
> zwei untereinander schreibt und aufaddiert, ergibt sich die Folge der
> Fibonacci-Zahlen ab drei.

Hamming-Problem

Das Hamming-Problem kann wie bereits erwähnt sehr elegant mit der Methode
der kommunizierenden Prozesse gelöst werden. Das Problem ist wie folgt definiert:
Gebe in aufsteigender Reihenfolge alle Zahlen der Form

$$2^a * 3^b * 5^c \quad \text{mit } a, b, c \geq 0$$

aus. In Abbildung 8.12 ist ein Netzwerk angegeben, das das Hamming-Problem
löst. Die Prozesse in den Quadraten multiplizieren die Eingangswerte jeweils um
den angegebenen Betrag. Der Prozeß `merge` transferiert das kleinste Element, das
an den Eingängen anliegt, zum Ausgang; doppelt oder dreifach anliegende Werte
werden gelöscht.

Die Zahl 1 ist die kleinste Zahl der oben angegebenen Form. Mit Hilfe der
Multiplikatoren werden im Laufe der Zeit alle anderen Zahlen der angegebenen

Form erzeugt. Der **merge**-Prozeß sorgt dafür, daß die Zahlen in der richtigen Reihenfolge zum Ausgang geführt werden.

```
ham = 1 : foldr1 merge2 [map (2*) ham,map (3*) ham,map (5*) ham]
merge2 (a:x) (b:y) = a:merge2 x (b:y),   if a<b
                   = a:merge2 x y,       if a=b
                   = b:merge2 (a:x) y,   if a>b
```

Beachte: Wenn das Prozessornetzwerk wirklich durch über Kanäle kommunizierende Prozesse realisiert wird, dann müssen die Eingabekanäle des **merge**-Prozesses gepuffert werden, da mit jedem verbrauchten Wert drei neue Werte erzeugt werden. Darüber hinaus dürfen die Eingabepuffer bezüglich ihrer Größe nicht beschränkt sein, da die Warteschlangen beliebig lang werden.

8.6.3 Primzahlen

In diesem Abschnitt wollen wir verschiedene Möglichkeiten betrachten, wie eine Liste definiert werden kann, die alle Primzahlen in aufsteigender Reihenfolge enthält.

Die einfachste Definition stützt sich auf die Funktion **prime** ab, die wir in Abschnitt 5.5.2 eingeführt haben.

```
primes1 = [a | a<-[2..]; prime a]
```

In der Einleitung haben wir für die Primzahlenberechnung das von dem griechischen Philosophen Eratosthenes entwickelte Verfahren verwendet. Umgangssprachlich läßt sich das Verfahren wie folgt beschreiben.

1. Schreibe die natürlichen Zahlen ab 2 auf.

2. Die kleinste noch nicht gestrichene Zahl ist eine Primzahl. Streiche alle Vielfachen dieser Zahl.

3. Wiederhole Schritt 2.

Das beschriebene Verfahren ist sicherlich nicht effektiv durchführbar, da jeder Schritt unendlich viel Zeit in Anspruch nimmt. Das Verfahren wird allerdings effektiv, wenn jeder Schritt erst „auf Verlangen" durchgeführt wird. Da der Auswertungsmechanismus von Miranda gerade eine derartige, ausgabegetriebene Auswertung (demand-driven evaluation) realisiert, können wir die korrespondierende Miranda-Funktion unmittelbar angeben, wenn wir „streichen" mit „aus der Liste entfernen" gleichsetzen[11].

---

[11] Man kann diese Definition auch als Netzwerk von Prozessen interpretieren: Jede Primzahl startet einen Prozeß, der Vielfache der Primzahl streicht (siehe [Henderson 80]).

```
primes2 = sieve [2..]
sieve (a:x) = a : sieve [b | b<-x; b mod a ~= 0]
```

Bevor eine Primzahl als solche erkannt wird, wird sie auf Teilbarkeit mit allen
kleineren Primzahlen getestet. Dies stellt bereits eine erhebliche Verbesserung
gegenüber dem ersten Verfahren dar, bei dem die Teilbarkeit mit allen kleineren
Zahlen getestet wird.

Eine weitere Verbesserung kann erreicht werden, wenn nur die Primzahlen bis
zur Wurzel der zu testenden Zahl herangezogen werden. Die dritte Version des
Primzahlprogramms implementiert diese Idee.

```
primes3 = 2 : [a | a<-[3..]; primewrt primes3 a]
primewrt (j:x) i = True,          if j*j>i
                 = False,         if i mod j =0
                 = primewrt x i,  otherwise
```

Die von **primes3** generierten Primzahlen werden gleichzeitig für den Test auf Teilbarkeit verwendet. Es werden immer mehr Zahlen generiert als konsumiert, da
$\sqrt{p_{n+1}} < p_n$ gilt, wenn p_i die i-te Primzahl ist.

Die experimentellen Resultate in Abbildung 8.13 dokumentieren den erhebli-
chen Laufzeitgewinn von **primes3** gegenüber den beiden anderen beiden Versionen.

8.6.4 Memotabellen

Viele Funktionen können besonders elegant rekursiv *definiert* werden. Eine rekursive *Implementierung* ist hingegen oft ineffizient, besonders wenn sehr häufig die
gleichen Funktionswerte berechnet werden. Die Fibonacci-Funktion ist ein typischer Vertreter dieser Klasse von Funktionen.

```
fib 0 = 0
fib 1 = 1
fib (n+2) = fib (n+1) + fib n
```

Um den Wert von **fib** 11 zu bestimmen, wird der Wert von **fib** 2 fünfundzwan-
zigmal berechnet.

Die exponentielle Laufzeit kann drastisch verbessert werden, wenn die Werte
der rekursiven Aufrufe in einer Tabelle nachgeschlagen werden (table lookup).
Die Einträge der Tabelle werden — allerdings nur einmal — durch entsprechende
Funktionsaufrufe berechnet.

Aufruf	Reduktionen	Speicherplatz	GC's	Zeit in s
`take 100 primes1`	109921	190033	0	3.20
`take 500 primes1`	3403995	5942100	6	98.93
`take 1000 primes1`	14989119	26198262	27	402.82
`take 5000 primes1`	459916755	909461007	1113	15280.83
`take 100 primes2`	29636	42363	0	0.78
`take 500 primes2`	662241	932400	0	17.68
`take 1000 primes2`	2590926	3638607	3	71.30
`take 5000 primes2`	63215091	97433199	118	2070.82
`take 10000 primes2`	251732436	555139743	853	11586.77
`take 100 primes3`	33122	56776	0	0.62
`take 500 primes3`	296878	509610	0	5.48
`take 1000 primes3`	765826	1315518	1	14.62
`take 5000 primes3`	6883678	11870651	12	134.37
`take 10000 primes3`	17817096	30977044	37	372.47

Abbildung 8.13: Laufzeiten der Programme zur Primzahlenberechnung

```
fib' 0 = 0
fib' 1 = 1
fib' (n+2) = fiblist!(n+1) + fiblist!n
            where
            fiblist = map fib' [0..]
```

Wenn der Zugriff auf ein Listenelement in konstanter Zeit durchgeführt wird, dann berechnet `fib'` den Funktionswert in linearer Zeit. Benötigt ein Listenzugriff lineare Zeit, dann ergibt sich für `fib'` quadratische Laufzeit.

Der Trick bei der Definition von `fiblist` besteht in der Verwendung einer unendlichen Memostruktur. Da `fiblist` nicht von dem Parameter n abhängig ist, wird die Memostruktur von allen rekursiven Aufrufen gemeinsam benutzt. Nur auf Grund dieser Tatsache ist die Laufzeit linear. Wäre `fiblist` von n abhängig, z. B. `fiblist = map fib' [0..n+1]`, dann ergäbe sich eine exponentielle Laufzeit, da in diesem Fall `fiblist` bei jedem Aufruf neu berechnet würde.

Optimale Suchbäume

In Kapitel 7 haben wir uns intensiv mit verschiedenen Formen von Suchbäumen beschäftigt. Wir sind dabei jeweils implizit von der Annahme ausgegangen, daß auf alle Elemente des Suchbaums mit der gleichen Wahrscheinlichkeit zugegriffen wird.

Unter dieser Voraussetzung sind ausgeglichene Bäume optimale Suchbäume. Sind
die Zugriffshäufigkeiten hingegen ungleich verteilt, so wird ein optimaler Suchbaum
auch entsprechend unausgeglichen sein.

Der Begriff „optimaler Suchbaum" läßt sich wie folgt präzisieren. Wenn n
verschiedene, der Größe nach geordnete Elemente $K_1, \ldots, K_n$ gegeben sind, dann
bezeichnet a_i für $1 \leq i \leq n$ die Zugriffshäufigkeit auf das Element K_i und b_i für
$0 \leq i \leq n$ die Häufigkeit, mit der (vergeblich) nach einem Element, das zwischen
K_i und K_{i+1} liegt, gesucht wird. Ein Maß für die Güte eines Suchbaums ist die
kumulierte, gewichtete Weglänge.

$$\sum_{i=1}^{n} a_i h_i + \sum_{i=0}^{n} b_i h_i'$$

Mit h_i bzw. h_i' wird die Anzahl der Vergleiche bezeichnet, die notwendig sind, um
festzustellen, ob ein Element im Baum enthalten ist oder nicht. Ein Suchbaum ist
optimal, wenn die kumulierte, gewichtete Weglänge minimal ist. Wir wollen im
folgenden eine Miranda-Funktion definieren, die zu gegebenen Häufigkeiten $a(i)$
und $b(i)$ die minimale Weglänge bestimmt. Die Konstruktion des eigentlichen
Suchbaums wird in Aufgabe 8.30 behandelt.

Die Zahl der Suchbäume wächst exponentiell mit n. Somit scheidet ein „brute
force"-Ansatz aus. Da die Teilbäume eines optimalen Suchbaums ebenfalls optimal
sind, läßt sich jedoch relativ einfach ein rekursives Berechnungsschema angeben.
Der optimale Suchbaum wird Bottom-Up aus kleineren optimalen Bäumen zusammengesetzt. Die Funktion c realisiert diese Idee; der Aufruf c(i,j) berechnet die
minimale Weglänge des Suchbaums, der die Elemente $K_{i+1}, K_{i+2}, \ldots, K_j$ enthält.

```
c(i,i) = b(i)
c(i,j) = w(i,j) + min [c(i,k-1)+c(k,j) | k<-[i+1..j]]
```

In der List-Comprehension werden alle Möglichkeiten durchgespielt, die Elemente
auf den linken und rechten Teilbaum zu verteilen. Nimmt die Variable k den
Wert l an, so ist K_l in der Wurzel des Suchbaums enthalten und alle kleineren
bzw. größeren Elemente befinden sich im linken bzw. im rechten Teilbaum. Da
die Länge der Suchpfade für jeden Knoten um eins zunimmt, muß zur Weglänge
des linken und des rechten Teilbaums die Zugriffshäufigkeit auf jeden im Baum
enthaltenen Knoten addiert werden: Der Aufruf w(i,j) berechnet die Summe der
Werte $a_{i+1}, a_{i+2}, \ldots, a_j, b_i, b_{i+1}, \ldots, b_j$.

```
w(i,i) = b(i)
w(i,j) = w(i,j-1) + a(j) + b(j)
```

Die Funktionen c und w sind wie auch die Funktion fib sehr ineffizient, da gleiche Aufrufe wiederholt berechnet werden. Die folgende effizientere Version dieser Funktionen ersetzt die rekursiven Aufrufe durch „look-ups" in einer Memotabelle. Da beide Funktionen zwei Parameter besitzen, sind die Memotabellen zweidimensionale Listen.

```
c'(i,i) = w'(i,i)
c'(i,j) = w'(i,j) + min [cs!i!(k-1)+cs!k!j | k<-[i+1..j]]
          where
          cs = [[c'(i,j) | j<-[0..]] | i<-[0..]]

w'(i,i) = b(i)
w'(i,j) = ws!i!(j-1) + a(j) + b(j)
          where
          ws = [[w'(i,j) | j<-[0..]] | i<-[0..]]
```

Eine imperative Version dieses Programms würde an Stelle der zweidimensionalen Listen zweidimensionale Felder verwenden und diese Felder schrittweise mit Werten füllen — diese Technik ist unter dem Stichwort „dynamische Programmierung" bekannt. Der Programmierer muß sich dabei im Unterschied zum obigen Programm Gedanken über die Reihenfolge machen, in der die Feldelemente berechnet werden. Diese Reihenfolge ist im funktionalen Programm implizit durch die Aufrufstruktur festgelegt und braucht nicht gesondert angegeben zu werden.

Optimale Matrizenmultiplikation

Da die Matrizenmultiplikation assoziativ ist, kann die Reihenfolge, in der ein Produkt von mehreren Matrizen ausgerechnet wird, frei gewählt werden. Setzt man die Kosten einer Multiplikation von einer $i \times j$-Matrix mit einer $j \times k$-Matrix mit ijk an, so ist im folgenden Beispiel die zweite Alternative günstiger:

$$\big((M_1(3 \times 1) * M_2(1 \times 4)\big) * M_3(4 \times 2) \quad \longrightarrow \quad 3*1*4 + 3*4*2 = 36$$

$$M_1(3 \times 1) * \big(M_2(1 \times 4) * M_3(4 \times 2)\big) \quad \longrightarrow \quad 3*1*2 + 1*4*2 = 14$$

Eine Funktion, die die minimalen Kosten für die Multiplikation einer Folge von Matrizen berechnet, kann leicht rekursiv definiert werden. Als Eingabe erhält die Funktion eine Dimensionsliste

$$d_0, d_1, d_2, \ldots, d_{n-1}, d_n$$

von n Matrizen der Dimensionen $d_0 \times d_1$, $d_1 \times d_2$, $\ldots$, $d_{n-1} \times d_n$. Das Rekursionsschema ähnelt dem bei der Funktion c verwendeten Schema.

```
cost :: [num]->num
cost d
   = 0,  if m<2
   = min [cost (take (i+1) d) + d!0*d!i*d!m + cost (drop i d) |
          i<-[1..m-1]], otherwise
     where
     m = #d-1
```

Da wir an verschiedenen Stellen bereits ähnliche Probleme betrachtet haben (siehe Aufgabe 7.11 und die Bestimmung des optimalen Suchbaums), wollen wir an dieser Stelle exemplarisch eine genauere Laufzeitanalyse durchführen.

Die Funktion cost probiert systematisch alle Möglichkeiten aus, ein Produkt von n Matrizen zu klammern, d. h., die Laufzeit entspricht der Anzahl der korrekten Klammerungen. Stellt man einen geklammerten Ausdruck als abstrakten Syntaxbaum dar, so sieht man schnell, daß ein geklammerter Ausdruck mit n Matrizen zu einem Binärbaum mit $n-1$ Knoten korrespondiert[12]. Die Anzahl aller strukturell verschiedenen Binärbäume mit n Knoten kann mit Hilfe der folgenden Rekurrenzgleichungen bestimmt werden.

$$\begin{aligned} b_0 &= 1 \\ b_{n+1} &= \sum_{k=0}^{n} b_k b_{n-k} \end{aligned}$$

Die zweite Gleichung beschreibt die Summe aller Möglichkeiten, $n+1$ Knoten zwischen den linken Teilbaum (k) und den rechten Teilbaum ($n-k$) aufzuteilen. Die Übereinstimmung zwischen der zweiten Gleichung von cost und der Rekurrenzgleichung ist nicht zufällig, sondern ein Indiz dafür, daß wir uns auf dem richtigen Weg befinden. Die Definition von b_n kann in die folgende geschlossene Form gebracht werden (Catalanische Zahlen).

$$b_n = \frac{1}{n+1}\binom{2n}{n}$$

Schätzen wir die Catalanischen Zahlen (grob) nach oben ab, erhalten wir $O(4^n)$ als Laufzeit von cost.

Während einer Berechnung sind aber nur höchstens $O(n^2)$ verschiedene rekursive Aufrufe von cost möglich, da es nur $O(n^2)$ verschiedene zusammenhängende Teillisten gibt. Wenn eine Memotabelle verwendet wird, kann die Laufzeit auf $O(n^4)$ gedrückt werden.

---

[12] Ein geklammerter Ausdruck von binären Operatoren entspricht einem *vollen* Binärbaum. In einem vollen Binärbaum besitzt jeder innere Knoten genau zwei Söhne. Betrachtet man nur die inneren Knoten, so ergibt sich zwischen den vollen Binärbäumen mit n Blättern und den Binärbäumen mit $n-1$ Blättern eine „eins zu eins"-Korrespondenz.

Die Memotabelle, die in der folgenden Optimierung verwendet wird, hat allerdings eine komplexere Struktur, da nicht skalare Werte, sondern Listen von natürlichen Zahlen memoriert werden müssen. Eine solche Liste kann als Pfad in einem Baum interpretiert werden. Diese Beobachtung legt die Verwendung des Datentyps **nattree** * nahe, den wir in Abschnitt 7.1.3 definiert haben. In einem Knoten wird eine Liste bzw. der korrespondierende Funktionswert von **cost** abgespeichert, der n-te Sohn enthält die um die Zahl n erweiterte Liste. Die Memotabelle wird somit durch einen unendlich tiefen Baum mit unendlichem Verzweigungsgrad realisiert.

```
cost' d
    = 0,  if m<2
    = min [lookup(take (i+1) d) + d!0*d!i*d!m + lookup(drop i d) |
          i<-[1..m-1]], otherwise
      where
      m = #d-1
      lookup a = access a (costgraph [])

costgraph :: [num]->nattree num
costgraph a = Natnode (cost' a) [costgraph (i:a) | i<-[1..]]

access :: [num]->nattree *->*
access [] (Natnode c y) = c
access (a:x) (Natnode c y) = access x (y!(a-1))
```

Die Funktion **costgraph** baut die Memotabelle auf; die Funktion **access** greift auf einen in dieser Tabelle memorierten Wert zu. Zum Verständnis der Funktionsweise von **access** ist es nützlich, wenn man die übergebene Liste als Pfad in dem Baum interpretiert.

Die Laufzeit von **cost'** ergibt sich als Summe der Kosten, die aufgewendet werden müssen, um alle relevanten Tabelleneinträge zu berechnen. Der Aufwand, um einen Eintrag zu berechnen, wächst quadratisch zur Länge der Liste, da die Funktion **access** eine zur Listenlänge proportionale Laufzeit benötigt. Es gibt $n + 1 - k$ Listen der Länge k. Somit ergeben sich als Gesamtkosten:

$$\sum_{k=1}^{n}(n + 1 - k)k^2$$

Wir erhalten als Laufzeit von **cost'** wie oben angegeben $O(n^4)$. Die experimentellen Resultate, die in Abbildung 8.14 angegeben sind, bestätigen die Ergebnisse.

Aufruf	Reduktionen	Speicherplatz	GC's	Zeit in s
cost [1..6]	2735	3693	0	0.5
cost [1..8]	24733	33340	0	0.42
cost [1..10]	222772	300155	0	3.92
cost [1..12]	2005479	2701482	1	36.90
cost [1..14]	18052257	24313417	16	329.92
cost [1..16]	162489223	218820824	146	2980.77
cost' [1..6]	5361	8008	0	0.8
cost' [1..8]	18311	27542	0	0.33
cost' [1..10]	45336	68826	0	0.78
cost' [1..12]	93461	143020	0	1.73
cost' [1..14]	171022	263428	0	3.15
cost' [1..16]	287666	445498	0	5.47
cost' [1..24]	1383959	2175847	1	28.62
cost' [1..32]	4218551	6693632	4	92.78
cost' [1..40]	10038673	16018565	11	234.72
cost' [1..48]	20427428	32724368	23	505.27
cost' [1..56]	37303793	59932766	44	977.47
cost' [1..64]	62922617	101313255	80	1755.75

Abbildung 8.14: Laufzeiten der Programme zur optimalen Matrizenmultiplikation

8.7 Programmierung mit Unbekannten

Programmierung mit Unbekannten (computing with unknowns) wird eine Technik genannt, bei der während einer Berechnung von Werten Gebrauch gemacht wird, die erst am Ende der Berechnung bekannt sind.

Was das bedeutet, läßt sich am besten anhand eines Beispiels erklären. Wir wollen eine Funktion definieren, die jedes Element einer Liste von Strings rechtsbündig auf die Breite des längsten Strings ausrichtet. Eine naive Lösung unterteilt sich in zwei Schritte: Zunächst wird die maximale Länge bestimmt, dann werden die Strings auf diese Länge ausgerichtet.

```
ralign :: [[char]]->[[char]]
ralign xs = [rjustify m x | x<-xs]
            where
            m = max [#x | x<-xs]
```

Die naive Lösung hat den Nachteil, daß die Liste zweimal durchlaufen wird. Unter Zuhilfenahme einer rekursiven Hilfsdefinition und unter Ausnutzung des Auswertungsmechanismus kann die gleiche Aufgabe in einem Durchlauf erledigt werden.

```
ralign' xs = ys
            where
            (ys,m) = pass xs
            pass [] = ([],0)
            pass (x:xs) = (rjustify m x:zs,max2 (#x) n)
                          where
                          (zs,n) = pass xs
```

Die Hilfsfunktion **pass** berechnet in einem Durchlauf sowohl die maximale Länge als auch die entsprechend formatierte Liste. Die maximale Länge wird bereits während des Durchlaufs für die rechtsbündige Ausrichtung des Strings verwendet. Die Definition von **ralign'** ist korrekt, da auf Grund des Auswertungsmechanismus ein Wert erst berechnet wird, wenn er benötigt wird. Im obigen Fall wird **m** erst berechnet, wenn z. B. auf das erste Listenelement zugegriffen wird.

Obwohl die Stringliste nur einmal durchlaufen wird, ist das Laufzeitverhalten von **ralign'** enttäuschend: Die Zeitersparnis wird durch den erhöhten Implementierungsaufwand mehr als aufgebraucht.

Die Verwendung dieser Technik lohnt sich nur, wenn ein Listendurchlauf mit zusätzlichem Aufwand für die Analyse der einzelnen Listenelemente verbunden ist (wie im folgenden Beispiel).

In Assemblerprogrammen können als Sprungadressen bzw. als Adressen von Speicherzellen symbolische Bezeichner verwendet werden. Da es insbesondere erlaubt ist, Marken vor ihrer Definition zu verwenden, benötigt ein typischer Übersetzer zwei Durchläufe[13]: Im ersten Durchlauf werden die zu den Marken korrespondierenden Adressen bestimmt, im zweiten Durchlauf werden die Marken durch die Adressen ersetzt.

Um das Prinzip zu veranschaulichen, verwenden wir die folgenden abstrakten Instruktionen.

```
instruction * ::= Define * | Use *
```

Die Instruktion **Use** steht stellvertretend für alle Instruktionen, die symbolische Marken verwenden. Ein Assembler übersetzt eine Liste von Instruktionen der obigen Form in eine Liste von **Use**-Instruktionen, wobei die symbolische Marke durch

---

[13]Professionelle Assembler verwenden das sogenannte *Backpatching*, um mit einem Durchlauf auszukommen. Dabei wird eine Liste mit Verweisen auf Vorkommen von Vorwärtsreferenzen mitgeführt. Wenn eine Marke definiert wird, werden alle vorher auftretenden Vorkommen durch die Adresse ersetzt (back patch). Die unten definierte Funktion **assembler'** realisiert im Prinzip diese Technik.

eine entsprechende numerische Adresse ersetzt wird. Eine naive Implementierung
läßt sich wiederum sehr einfach angeben.

```
assembler :: [instruction *]->[instruction num]
assembler x = pass2 x (pass1 x 0)

pass1 [] n = []
pass1 (Define label:x) n = store n label (pass1 x n)
pass1 (Use label:x) n = pass1 x (n+1)

pass2 [] st = []
pass2 (Define label:x) st = pass2 x st
pass2 (Use label:x) st = Use (load st label):pass2 x st
```

Für die Verwaltung der Marken wird eine Assoziationsliste verwendet, auf die mit
Hilfe der in Abschnitt 5.3 definierten Funktionen **store** und **load** zugegriffen wird.

Die beiden Durchläufe **pass1** und **pass2** können ähnlich wie im ersten Beispiel
zu einem Durchlauf zusammengefaßt werden.

```
assembler' x
    = y
      where
      (y,st) = pass x 0
      pass [] n = ([],[])
      pass (Define label:x) n = (z,store n label st')
                                where
                                (z,st') = pass x n
      pass (Use label:x) n = (Use (load st label):z,st')
                                where
                                (z,st') = pass x (n+1)
```

Die Hilfsfunktion **pass** berechnet in einem Durchlauf sowohl die Assoziationsliste
als auch den übersetzten Code. Die Assoziationsliste wird während des Durchlaufs
bereits verwendet, um die Adressen von Marken nachzuschlagen.

Experimentelle Untersuchungen zeigen, daß die zweite Version des Assemblers
um mehr als 50% schneller ist als die erste Version. Dies liegt im wesentlichen
daran, daß die Listenelemente nur einmal analysiert werden müssen.

In der Praxis sollte man sich in jedem einzelnen Fall gut überlegen, ob der
zusätzliche Programmieraufwand, der auch die Lesbarkeit der Programme herab-
setzt, durch den Laufzeitgewinn gerechtfertigt wird.

8.8   Steuerung der Auswertung

Wir haben in Abschnitt 8.1 gezeigt, daß die LO-Graphreduktion bezüglich der Anzahl der Reduktionsschritte der LI-Reduktion überlegen ist. Allerdings benötigt,
wie wir im folgenden Beispiel sehen, LO-Graphreduktion in einigen Fällen mehr
Speicherplatz. Für das Beispiel verwenden wir die Funktion `foldl'`, die in Abschnitt 5.5.3 definiert worden ist.

```
foldl' (+) 0 [1..100]
 ▷  foldl' (+) (0+1) [2..100]
 ▷  foldl' (+) ((0+1)+2) [3..100]
 ▷  ...
 ▷  foldl' (+) (···((0+1)+2)···+100) []
 ▷  (···((0+1)+2)···+100)
 ▷  5050
```

Aus der Reduktionsfolge läßt sich ablesen, daß `foldl'` `(+)` `0` einen Speicherbedarf
hat, der linear mit der Länge der angegebenen Liste wächst. Das Problem ist, daß
die erzeugten Terme unausgewertet dem rekursiven Aufruf übergeben werden.

An dieser Stelle wäre es nützlich, wenn die Reihenfolge der Auswertung beeinflußt werden könnte. Miranda stellt zu diesem Zweck zwei primitive Funktionen
`seq` und `force` mit

```
seq   :: *->**->**
force :: *->*
```

zur Verfügung. Die Funktion `seq` gibt den zweiten Parameter zurück, stellt aber
sicher, daß der erste Parameter nicht undefiniert ist, indem dieser bis zur Kopf-
Normalform reduziert wird. Somit terminiert `seq` $(\bot{:}\bot)$ `1`, nicht aber `seq` $\bot$ `1`.
Mit Hilfe von `seq` kann die Funktion `strict` definiert werden,

```
strict :: (*->**)->*->**
strict f x = seq x (f x)
```

die die übergebene Funktion strikt (im ersten Argument) macht. Ist die Funktion
bereits strikt, so gilt `strict f = f`, d. h., die Semantik der Funktion ändert sich
nicht. Gleichwohl ändert sich aber die Reihenfolge, in der ein Ausdruck ausgewertet wird: Bei der Auswertung von `strict f a` wird zunächst das Argument
a reduziert und dann der Funktionsrumpf von `f` (call by value). Reduziert a zu
einem skalaren Wert, z. B. einer Zahl, so wird bei der Auswertung weniger Speicherplatz verbraucht, als bei der Reduktion von `f a`, wo das Argument a — unter

Umständen ein großer Term — unausgewertet in den Rumpf von **f** substituiert wird[14].

Die Funktion **force** reduziert ihr Argument bis zur Normalform, d. h., **force** angewendet auf eine Datenstruktur überprüft, ob alle Teile der Datenstruktur definiert sind. Somit verhält sich **force** bezüglich des Terminierungsverhaltens wie der Miranda-Interpreter.

Für Laufzeituntersuchungen kann die Funktion **eval** mit

```
eval expr output = seq (force expr) output
```

verwendet werden. Die Benchmarks in diesem Kapitel wurden auf die folgende Art und Weise durchgeführt. Für jede Sammlung zu testender Funktionen wurde ein here-Dokument mit Einträgen der Form

```
eval (queens1 8) "queens1 8"
```

angelegt. Durch diesen Trick erscheint in der Ausgabe vor jeder Laufzeitstatistik der auszuwertende Ausdruck. Ein weiterer Vorteil ist, daß der Ausdruck wie im Miranda-Interpreter bis zur Normalform reduziert wird, allerdings *ohne* daß der Aufwand für die Ausgabe des Ergebnisses in die Statistik einfließt.

Die Primitive **seq** und **force** sollten nur *sehr* zurückhaltend verwendet werden. Wir benutzen **seq** in Form von **strict** lediglich für die Definition einer effizienten Version von **foldl** (siehe unten) und für die Synchronisation von Ein- und Ausgabe (siehe Abschnitt 10.5). Die Funktion **force** wird mit der obigen Ausnahme in diesem Buch überhaupt nicht benötigt.

Wenn der Operator, der **foldl** übergeben wird, im ersten Argument strikt ist, dann ist **foldl** strikt im zweiten Argument. Da die meisten Operatoren diese Eigenschaft besitzen, läßt sich die folgende, in diesem Fall äquivalente Definition von **foldl** rechtfertigen.

```
foldl'' op r [] = r                                    || = foldl
foldl'' op r (a:x) = strict (foldl'' op) (op r a) x
```

Der rekursive Aufruf von **foldl** wird strikt im zweiten Argument gemacht[15]. Auf diese Weise wird der Teilterm **op r a** beim rekursiven Aufruf sofort ausgewertet. Für das einleitende Beispiel ergibt sich die Reduktionsfolge:

---

[14] Bei der sogenannten *Striktheitsanalyse* werden Funktionsaufrufe in einem Programm identifiziert, die *ohne* Änderung der Semantik call by value abgearbeitet werden können. Da das Problem i. allg. unentscheidbar ist, werden für die Herleitung dieser Informationen Techniken der *abstrakten Interpretation* eingesetzt.

[15] Der Aufruf **strict (f a b) c d** macht die vierstellige Funktion **f** strikt im dritten Argument. Da **strict** den gleichen Typ wie die Identität des Funktionenraums besitzt, kann **strict** auf beliebige funktionale Argumente angewendet werden.

```
foldl (+) 0 [1..100]
 ▷  strict (foldl (+)) (0+1) [2..100]
 ▷  foldl (+) 1 [2..100]
 ▷  strict (foldl (+)) (1+2) [3..100]
 ▷  foldl (+) 3 [3..100]
 ▷  ...
 ▷  foldl (+) 5050 []
 ▷  5050
```

Der Speicherbedarf ist im Gegensatz zum ersten Beispiel konstant, d. h., in diesem
Fall ist `foldl` der alten Variante und `foldr` vorzuziehen.

Es sollte beachtet werden, daß die beiden Dualitätsgesetze (siehe Abschnitt
5.5.3) ungültig werden, wenn die betrachteten Operatoren nicht strikt im ersten
Argument sind.

$$\text{foldl (converse (\&)) True} \ \neq\ \text{foldr (converse (\&)) True}$$

Für die Liste `[True,⊥,False]` erhalten wir zwei unterschiedliche Ergebnisse:

```
foldl (converse (&)) True [True,⊥,False]  ▷  ⊥
foldr (converse (&)) True [True,⊥,False]  ▷  False
```

Diese Tatsache zeigt, daß Funktionen wie **seq** und **force** nur sehr sparsam verwendet werden sollten.

8.9 Literaturhinweise

Weitere Beispiele und Hinweise zu Auswertungsstrategien und zum Thema „Verarbeitung unendlicher Datenstrukturen" findet man in einer Vielzahl von Büchern:
[Henderson 80], [Bird 88a], [Field 88], [Reade 89] und [MacLennan 90]. Den theoretischen Hintergrund behandelt [Barendregt 84] ausführlich.

Die verschiedenen Backtracking-Strategien, die wir in Abschnitt 8.3 eingeführt
haben, werden in [Van Hentenryck 89] besprochen, allerdings im Kontext der logischen Programmierung.

Unsere Darstellung des Kombinator-Parsing lehnt sich wie bereits erwähnt
stark an den Artikel von [Hutton 89] an. Erste Ideen zu diesem Ansatz findet
man in [Wadler 85] aber auch bereits in [Henderson 80].

Eine gute Einführung in die logische Programmierung bieten [Hanus 86] und
[Sterling 86]. Mit dem Verhältnis von funktionalen und logischen Programmiersprachen setzen sich [Bellia 86] und [Reddy 86] auseinander. Auf dem letztgenannten Artikel basiert die in Abschnitt 8.5 angegebene Übersetzung von Prolog-
Programmen in Miranda-Funktionen.

Die Idee, Funktionen zur Beschreibung von Netzwerken kommunizierender Prozesse zu verwenden, geht auf [Henderson 80] zurück.

Die Funktionen `primes3` und `cost2` basieren auf entsprechenden Beispielen aus [O'Donnell 85] und [Hoffmann 83]. Die in Abschnitt 8.7 beschriebene Technik wird von [Field 88] und [Reade 89] behandelt und basiert auf [Bird 84b].

Mit dem Thema Speicherplatzeffizienz beschäftigt sich [Bird 88a] intensiver, insbesondere mit den Vor- und Nachteilen von `foldl` und `foldr`.

Aufgaben

Aufgabe 8.1 Ein Ausdruck, der die linke Seite einer Gleichung matcht, ist ein Beispiel für einen Redex. Gibt es in Miranda noch andere Arten von Redexen?

Aufgabe 8.2 Die folgenden Gleichungen seien gegeben:

```
once f = f
twice f = f $dot f
(f $dot g) a = f (g a)
```

Bestimme die Redexe der unten aufgeführten Ausdrücke und reduziere sie mittels LI- und LO-Reduktion bzw. LO-Graphreduktion auf ihre Normalform.

```
once twice once twice
once twice (once twice)
once (twice (once twice))
```

Beachte, daß die Ausdrücke und damit ihre Normalformen einen funktionalen Typ besitzen.

Aufgabe 8.3 Wenn die Typen `tx`, `ty` und `tz` mit

```
tx ::= X num num
ty ::= Y tz tx
tz ::= Z
```

gegeben sind, welche der folgenden Muster sind unwiderlegbar?

```
X m m          X 2 n            X m n
Y a b          Y a (X m n)      Y Z (X m n)
(Z,X m n)      (a,Y b z)        (X m n,Y a (X n m))
```

Aufgabe 8.4* Die Semantik von Funktionen, die mit Hilfe von Mustern definiert werden, ist nicht immer leicht zu verstehen. Wer diese Aufgabe bewältigt, kann sich zu den Experten auf diesem Gebiet zählen. Welche der folgenden Funktionsdefinitionen sind äquivalent?

```
plus (m,n) = m+n
plus' x = fst x+snd x
ignore (m,n) = 1
ignore' x = 1
weird (m,m) True  = 0
weird x      False = 1
weird' x True  = 0, if fst x=snd x
weird' x False = 1
strange (m,m) y = True
strange' x y = fst x=snd x
```

Falls die Definitionen nicht äquivalent sind, worin bestehen die Unterschiede?

Aufgabe 8.5** Für die in Aufgabe 8.2 aufgeführten Ausdrücke soll ein spezieller Interpreter entwickelt werden.

1. Definiere einen geeigneten, algebraischen Datentyp, um die Ausdrücke zu repräsentieren.

2. Programmiere zwei Funktionen, um mittels LO-Reduktion einen Ausdruck auf Kopf-Normalform bzw. auf Normalform zu bringen.

3. Kann die Reduktionsstrategie einfach auf LI-Reduktion umgestellt werden? Wie kann LO-Graphreduktion realisiert werden?

Aufgabe 8.6 Gib zu den folgenden und zu den in Aufgabe 8.4 aufgeführten Funktionen jeweils an, in welchen Argumenten die Funktionen strikt sind.

```
const  (+)  snd  (.)  loop
```

Die Funktion loop ist wie folgt definiert.

```
loop a b c = u where u=u
```

Aufgabe 8.7 Analysiert man die Lösungen für das n-Damen-Problem genauer, so sieht man, daß die in der 1. Spalte befindliche Dame wesentlich öfter in der Mitte plaziert wird als am Rand des Spielfeldes. Um möglichst schnell die ersten Lösungen zu erhalten, erscheint es sinnvoll, die Belegungen in der folgenden Reihenfolge auszuprobieren:

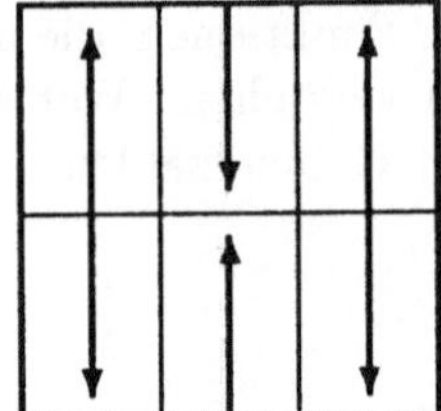

Die Positionen werden im ersten Drittel von der Mitte zu den Rändern vergeben
usw. Implementiere diese sogenannte *Belegungsheuristik*.

Aufgabe 8.8* Das Problem der *stabilen Schülerfreundschaft* ist folgendermaßen
definiert: Gegeben seien zwei gleich große Klassen von Mädchen und Jungen. Jedes
Mädchen und jeder Junge hat eine Liste aufgestellt, aus der ersichtlich ist, welche
Partner des anderen Geschlechts in welcher Reihenfolge bevorzugt werden. Eine
Lösung des Problems der stabilen Schülerfreundschaft besteht nun darin, Paare so
zu bilden, daß es kein Mädchen und keinen Jungen gibt, die sich gegenseitig vor
ihren Partnern bevorzugen.

Implementiere einen Algorithmus zur Lösung des Problems unter Verwendung
der in Abschnitt 8.3 eingeführten Backtracking-Technik.

Aufgabe 8.9* Gegeben sei der Parser `fail`:

```
fail inp = []
```

Zeige, daß die Kombinatoren **then** und **alt** die folgenden algebraischen Eigenschaften erfüllen.

```
        fail $alt p  =  p $alt fail
                     =  p
  p $alt (q $alt r)  =  (p $alt q) $alt r
  succeed a $xthen p =  p
  p $thenx succeed a =  p
```

Der Parser `fail` ist neutrales Element von **alt**, **alt** ist assoziativ und **succeed a**
ist linksneutral für **xthen** und rechtsneutral für **thenx**.

Aufgabe 8.10 Definiere Parserkombinatoren für die folgenden Konstrukte der
EBN-Form. Mit $\{\,p\,\}_m$ wird die mindestens m-malige Wiederholung von p bezeichnet, mit $\{\,p\,\}^n$ die höchstens n-malige und mit $\{\,p\,\}_m^n$ die mindestens m-
malige und höchstens n-malige Wiederholung.

Aufgabe 8.11 Gib mindestens zwei Parser für die nachfolgende Grammatik an
(„dangling else"-Problem):

```
<command>  ⟶   skip
           |   if <expr> then <command>
           |   if <expr> then <command> else <command>
<expr>     ⟶   true
```

Welche Probleme treten bei der Realisierung auf?

Aufgabe 8.12* Schreibe einen Parser, um aussagenlogische Ausdrücke, die durch die folgende Grammatik gegeben sind, zu analysieren.

```
<propexpr>  ⟶   <propexpr> and <propexpr>
            |   <propexpr> or <propexpr>
            |   not <propexpr>
            |   true | false
```

Konstruiere aus dieser Grammatik zunächst eine *eindeutige* Grammatik unter der Annahme, daß der Operator **and** stärker bindet als **or** und daß beide Operatoren assoziativ sind.

Aufgabe 8.13***   1. Formalisiere die Notation, die wir für die Beschreibung von Grammatiken verwendet haben (EBN-Form), mit Hilfe einer kontextfreien Grammatik.

2. Schreibe aufbauend auf dieser Formalisierung einen Parser, der eine Grammatik in EBN-Form akzeptiert. Stelle die Grammatik durch einen geeigneten abstrakten Syntaxbaum dar.

3. Definiere geeignete semantische Aktionen, so daß das Ergebnis der Analyse nicht ein abstrakter Syntaxbaum ist, sondern ein Parser, der die von der Grammatik erzeugte Sprache akzeptiert!!

Aufgabe 8.14** Für praktische Anwendungen von Kombinator-Parsern ist es notwendig, daß im Fall von Syntaxfehlern zumindest eine einfache Fehlerbehandlung durchgeführt wird. Erweitere den Ansatz so, daß ein Syntaxfehler möglichst schnell erkannt wird und eine entsprechende Fehlermeldung mit Angabe der Zeilennummer ausgegeben wird.

Aufgabe 8.15 Bestimme alle zulässigen Modi von **append** und überführe das Prädikat jeweils mit dem in Abschnitt 8.5 beschriebenen Verfahren in eine entsprechende Miranda-Funktion.

Aufgabe 8.16* Das Prädikat **path** ist erfüllt, wenn die beiden Argumente in dem durch das Prädikat **edge** beschriebenen, azyklischen Graphen verbunden sind.

```
edge(a,c).        edge(a,d).        edge(b,d).
edge(c,e).        edge(d,e).        edge(e,f).


path(A,A).
path(A,C) :-
        edge(A,B),
        path(B,C).
```

Definiere einen geeigneten Typ für die Knoten und transformiere die beiden Prädikate für alle zulässigen Modi in Miranda-Funktionen.

Aufgabe 8.17* Die Prolog-Prädikate `member` und `sublist` sind wie folgt definiert.

```
member(A,[A|X]).
member(B,[A|X]) :-
        member(B,X).


sublist([],Y).
sublist([A|X],Y) :-
        delete(A,Y,Z),
        sublist(X,Z)
```

Bestimme jeweils alle zulässigen Modi und setze die Prädikate entsprechend um. Welche Optimierungen können durchgeführt werden?

Aufgabe 8.18* Vordefinierte Vergleichsprädikate werden bei der in Abschnitt 8.5 beschriebenen Methode in Filter und nicht in Generatoren der Form ()<-... übersetzt. Wie muß das Verfahren modifiziert werden, um auch benutzerdefinierte Testprädikate, d. h. Prädikate ohne Ausgabeargumente, auf diese Art und Weise übersetzen zu können.

Aufgabe 8.19* Wie kann die „negation as failure"-Regel integriert werden? Die Erweiterung des Verfahrens sollte insbesondere Definitionen der Form

```
disjoint(X,Y) :-
        not(member(A,X),member(A,Y)).
```

handhaben können.

Aufgabe 8.20*** Das vordefinierte Prädikat „!", der Cut, kann in Prolog verwendet werden, um das operationale Verhalten von Prädikaten zu beeinflussen. Überlege, wie dieses Prädikat umgesetzt werden kann.

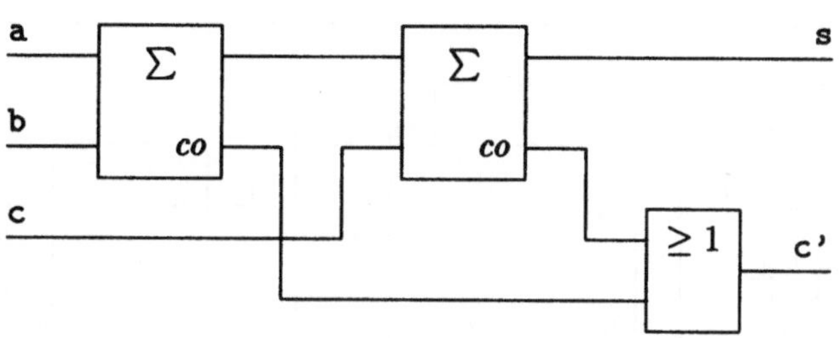

Abbildung 8.15: Volladdierer (Aufgabe 8.24)

Aufgabe 8.21* Wenn n Klauseln gegeben sind, wie viele Gleichungen werden mit der in Abschnitt 8.5 beschriebenen Methode im schlechtesten Fall generiert?

Aufgabe 8.22**   1. Wir stellen Mengen durch Listen ohne doppelte Elemente dar. Programmiere den Durchschnitt und die Vereinigung von Mengen. Die Funktionen sollen auch auf unendlichen Mengen vernünftig arbeiten.

2. Formuliere effizientere Versionen dieser Funktionen unter der Voraussetzung, daß die Listen zusätzlich sortiert sind.

Aufgabe 8.23 Worin besteht der Unterschied zwischen der in Abschnitt 8.6.1 definierten Funktion `and_gate` und `and_gate'`?

```
and_gate' s s' = gate2 and s s'
                 where
                 and b b' = not (nand b b')
```

Aufgabe 8.24*   1. Überführe das in Abbildung 8.15 dargestellte kombinatorische Schaltwerk eines Volladdierers in eine entsprechende Funktion auf Signalströmen. Das Schaltzeichen mit der Inschrift $\sum$ stellt den Halbaddierer aus Abbildung 8.6 dar; das Symbol *co* kennzeichnet den Übertragsausgang (carry output).

2. Verwende den Volladdierer, um ein Paralleladdierwerk zur Addition zweier n-stelliger Binärzahlen zu realisieren.

Aufgabe 8.25**   1. Das JK-Flipflop vermeidet die Nachteile des RS-Flipflops durch die Verwendung einer Taktsteuerung und durch die Hintereinanderschaltung zweier RS-Flipflops (Master-Slave-Prinzip). Simuliere das in Abbildung 8.16 angegebene JK-Flipflop mit der in Abschnitt 8.6.1 vorgestellten Technik.

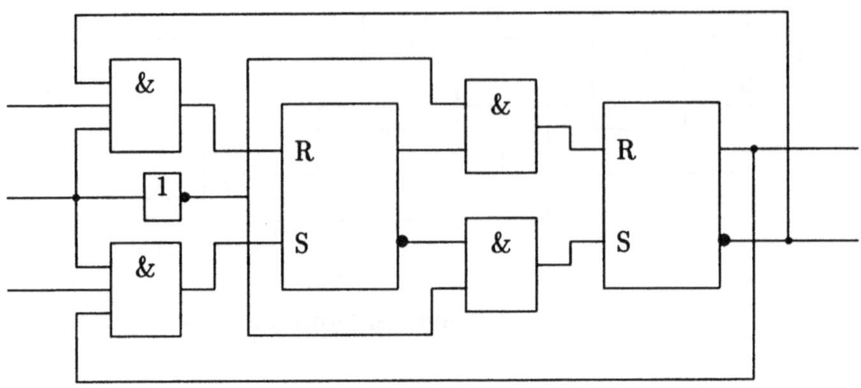

Abbildung 8.16: JK-Flipflop (Aufgabe 8.25)

2. Verwende das JK-Flipflop, um einen Zähler und ein Schieberegister zu realisieren.

Aufgabe 8.26 Betrachte die folgende, alternative Definition von `nats`:

```
nats' = from 1 where from n = n : map (+1) (from n)
```

Ist diese Definition besonders geschickt?

Aufgabe 8.27 Löse das auf n Zahlen verallgemeinerte Hamming-Problem. Gegeben sind die natürlichen Zahlen $k_1, \ldots, k_n$. Gebe die Zahlen der Form

$$k_1^{a_1} * k_2^{a_2} * \cdots * k_n^{a_n} \quad \text{mit } a_1, \ldots, a_n \geq 0$$

in aufsteigender Reihenfolge an. Achte darauf, daß das Programm eine zyklische Struktur erzeugt. Warum ist der letzte Punkt bedeutsam?

Aufgabe 8.28 Warum arbeitet die folgende, kompaktere Version von `primes3` nicht?

```
primes3' = [a | a<-[2..]; primewrt primes3' a]
```

Aufgabe 8.29 Schreibe ein Programm, um die sogenannten Glückszahlen zu berechnen. Die Glückszahlen sind wie folgt definiert.

1. Schreibe die natürlichen Zahlen ab 2 auf.

2. Sei n die kleinste noch nicht gestrichene Zahl; n ist eine Glückszahl. Streiche jede n-te Zahl aus der Folge der noch nicht gestrichenen Zahlen.

3. Wiederhole Schritt 2.

Aufgabe 8.30* 1. Erweitere den Algorithmus zur Bestimmung der minimalen gewichteten Weglänge, so daß zusätzlich der optimale Suchbaum zurückgegeben wird.

2. Definiere einen geeigneten Datentyp, um Produkte von Matrizen zu repräsentieren. Erweitere entsprechend Teilaufgabe 1 den Algorithmus zur Bestimmung der Kosten der optimalen Matrizenmultiplikation, so daß zusätzlich das optimale Produkt bestimmt wird.

Aufgabe 8.31** Da die Funktion `cost'` immer nur mit zusammenhängenden Teillisten einer gegebenen Dimensionsliste aufgerufen wird, ist es möglich, wie bei den Funktionen `c` und `w`, mit einer zweidimensionalen Memotabelle auszukommen. Entwickle eine entsprechend optimierte Version der Kostenfunktion.

9 Programmierung im Großen

Der Entwurf von großen und damit komplexen Software-Systemen ist in der Regel mit ebenso großen organisatorischen Problemen verbunden. Viele neuere Sprachen wie auch Miranda stellen spezielle Sprachkonstrukte (Module, Pakete oder Cluster) zur Verfügung, um diesen Problemen zu begegnen. Bei der *Programmierung im Großen* — so wird die Arbeit auf dieser Ebene oft genannt — kommen ähnliche Prinzipien zur Anwendung wie bei der *Programmierung im Kleinen*, die sich mit dem detaillierten Entwurf von Datenstrukturen und Algorithmen befaßt.

Ein Modulkonzept dient in erster Linie dazu, ein Software-System in kleine, gut handhabbare Einheiten zu unterteilen. Durch diese Aufteilung in Einheiten wird die *Lesbarkeit* und die *Wartbarkeit* des Software-Systems erhöht. Zudem kann im Falle geringfügiger Änderungen das System auch effizienter übersetzt werden.

In Miranda stellt ein Skript, d. h. eine Datei mit Werte- und Typdefinitionen, eine derartige Einheit dar. Um verschiedene Einheiten zu einem Programm zusammenzufügen, gibt es mehrere Sprachkonstrukte, mit denen wir uns in Abschnitt 9.1 beschäftigen.

Erfolgt die Aufteilung eines Programms nach logischen Gesichtspunkten, so ist die Wahrscheinlichkeit groß, daß Teile eines Programms für andere Zwecke wiederverwendet werden können. Die *Wiederverwendbarkeit* eines Skripts kann noch gesteigert werden, wenn es die Möglichkeit gibt, von bestimmten Werten oder auch Typen zu abstrahieren. In Abschnitt 5.3 haben wir eine Sortierfunktion mit der zugrundeliegenden Ordnungsrelation parametrisiert und auf diese Weise eine universell einsetzbare Sortierfunktion gewonnen. Wir werden in Abschnitt 9.2 sehen, wie ein Skript parametrisiert werden kann und wie auf diese Weise die Wiederverwendbarkeit des Skripts verbessert werden kann.

Da wir uns in diesem Kapitel mit einer Ausnahme weniger mit algorithmischen als vielmehr mit softwaretechnologischen Problemen und Prinzipien auseinandersetzen, nutzen wir die Gelegenheit und geben in Abschnitt 9.3 einen kurzen Überblick über das Gebiet des Software-Engineering (mit Miranda). Wir zeigen insbesondere, wie Funktionen spezifiziert werden können und wie aus einer Spezifikation ein Programm abgeleitet werden kann.

Abgeschlossen wird das Kapitel in Abschnitt 9.4 mit einigen Hinweisen für guten Programmierstil in Miranda.

9.1   %include- und %export-Direktive

9.1.1   %include-Direktive

Wir nehmen in diesem Abschnitt an, daß eine Datei `tree.m` existiert, in der die
folgenden Operationen auf Binärbäumen definiert werden: `search`, `insert` und
`delete`. Die Funktion `delete` stützt sich auf die Funktionen `join` und `rightmost`
ab.

Um die Bezeichner eines anderen Skripts im aktuellen Skript sichtbar zu machen, wird eine `%include`-Direktive verwendet. Nach dem Schlüsselwort `%include`
wird der Name der Datei, in Anführungszeichen eingeschlossen, angegeben. Mit
der Direktive

```
%include "tree"
```

werden alle Bezeichner, die in der Datei `tree.m` definiert sind, sichtbar gemacht.
Die Direktive darf an einer beliebigen Stelle aufgeführt werden, sollte aber aus
Gründen der Lesbarkeit am Anfang des Skripts stehen.

Wenn die obige Zeile in der Datei `usetree.m` enthalten ist, so sagt man „die
Datei `usetree.m` importiert die Datei `tree.m`" oder „die Datei `tree.m` ist relevant
für die Datei `usetree.m`". `%include`-Direktiven können beliebig tief geschachtelt
werden, die Abhängigkeitsrelation darf allerdings nicht reflexiv sein: Stellt man
die Abhängigkeiten als Graph dar — jeder Knoten ist eine Datei, zwei Knoten
respektive Dateien sind durch eine gerichtete Kante verbunden, wenn die erste
Datei relevant für die zweite ist — so darf der Graph keine Zyklen enthalten.

Wenn ein Bezeichner sichtbar gemacht wird, der bereits in dem aktuellen Skript
definiert wird oder durch eine andere `%include`-Direktive importiert wird, kommt
es zu einem *Namenskonflikt*. Der Konflikt kann durch Umbenennung der importierten Bezeichner umgangen werden (aliasing). Sind die Bezeichner `insert` und
`delete` bereits für entsprechende listenverarbeitende Funktionen verwendet worden, so macht die Direktive

```
%include "tree" inserttree/insert deletetree/delete
```

die in der Datei `tree.m` definierten Funktionen unter den Namen `inserttree` und
`deletetree` bekannt. Das Konstrukt `neu/alt` kann sowohl für Funktionen und
Konstruktoren als auch für Typen verwendet werden.

Wenn ein Namenskonflikt auftritt, man aber an der den Konflikt auslösenden
Funktion nicht interessiert ist, kann der Import der Funktion auch unterbunden
werden. Mit der folgenden Direktive werden alle in der Datei `tree.m` definierten Bezeichner mit Ausnahme der Hilfsfunktionen `join` und `rightmost` sichtbar
gemacht.

```
%include "tree" -join -rightmost
```

Das Konstrukt -<identifier> kann *nicht* verwendet werden, um die Sichtbarkeit eines Typs oder eines Konstruktors einzuschränken.

%insert-Direktive

Soll eine Datei textuell eingefügt werden, muß die %insert-Direktive verwendet werden. Der Übersetzer interpretiert die Direktive

```
%insert "misc"
```

so, als ob an Stelle der Direktive der Inhalt der Datei "misc" stehen würde. Mit Hilfe von %insert-Direktiven kann ein großes Skript textuell aufgeteilt werden. Beachte: die eingefügte Datei muß kein gültiges Skript enthalten (siehe Abschnitt 9.1.2) und der Dateiname muß nicht die Endung „.m" besitzen.

Miranda-System

Der Miranda-Interpreter stellt verschiedene Kommandos zur Verfügung, um den Benutzer bei der Suche nach Bezeichnern zu unterstützen. Mit Hilfe des Kommandos ? <identifier> erhält man verschiedene Informationen über einen Bezeichner: Seinen Typ, in welcher Datei er definiert wird und ob er umbenannt wurde. Das Kommando /find <identifier> stellt die gleichen Informationen bereit, berücksichtigt aber zusätzlich Umbenennungen. Die Anweisung /find insert gibt somit sowohl Informationen über die listenverarbeitende Funktion insert als auch über die Funktion insert aus, die in inserttree umbenannt wurde. Mit Hilfe des Befehls ?? <identifier> kann die Definition eines Bezeichners gezielt verbessert werden: Die Datei, in der der Bezeichner definiert ist, wird in den Texteditor geladen. Der Cursor wird automatisch auf die erste Zeile der Definition plaziert. Ist der Bezeichner umbenannt worden, so erscheint ein entsprechender Hinweis.

Ruft man den Miranda-Interpreter mit der Option -sources auf,

```
mira -sources usetree
```

so werden alle für das angegebene Skript relevanten Dateien ausgegeben. Auf diese Weise können Modulabhängigkeiten leicht bestimmt werden.

Bibliotheken

Wird nach der %insert-Direktive ein Dateiname in Anführungszeichen angegeben, so muß diese Datei im aktuellen Verzeichnis vorhanden sein. Skripte, die von allgemeinem Interesse sind, sollten in einem besonderen Verzeichnis[1] gesammelt werden. Eine in diesem Verzeichnis befindliche Datei kann importiert werden, indem der Dateiname in spitze Klammern eingeschlossen wird. Die Direktive

```
%include <parsing/priopars>
```

importiert die in dem Unterverzeichnis `parsing` befindliche Datei `priopars`[2]. Eine Bibliothek, die automatisch in jedes Skript eingebunden wird, ist die Standardumgebung `stdenv.m`. In der Standardumgebung sind alle vordefinierten Funktionen aufgeführt. Jedes Skript enthält somit implizit die Zeile:

```
%include <stdenv>
```

9.1.2 %export-Direktive

Wird eine Datei mit Hilfe einer `%include`-Direktive importiert, so werden automatisch alle Top-Level-Bezeichner der Datei exportiert. Enthält diese Datei ihrerseits `%include`-Direktiven, so werden die auf diese Weise importierten Bezeichner *nicht* reexportiert. Die Menge der exportierten Bezeichner ist somit nicht gleich der Menge der sichtbaren Bezeichner.

Die Direktive `%export` wird verwendet, um von dieser Voreinstellung abzuweichen. Eine `%export`-Direktive hat keine Wirkung, wenn die Datei die aktuelle Arbeitsdatei ist: Im Miranda-Interpreter sind stets alle Bezeichner sichtbar, die auch in der Arbeitsdatei sichtbar sind.

Ein Skript darf nur eine `%export`-Direktive enthalten. Diese wird i. allg. verwendet, um die Sichtbarkeit von Bezeichnern einzuschränken, die für den Benutzer eines Skripts irrelevant sind. Aus softwaretechnologischen Gründen ist es vorzuziehen, daß der Programmierer eines Skripts den Export von Hilfsfunktionen einschränkt als daß — wie im letzten Abschnitt geschehen — diese Aufgabe dem Benutzer überantwortet wird. Die Argumente sind die gleichen, die auch die Verwendung abstrakter Datentypen empfehlen: Je weniger einem Außenstehenden von den Interna einer Implementierung bekanntgegeben wird, desto leichter ist es später für den Programmierer, die Interna zu ändern.

Die Datei `tree.m`, die im vorherigen Abschnitt verwendet wurde, kann wie folgt definiert werden (die Datei `rawtree` ist in Abbildung 9.1 aufgeführt):

---

[1] Diesem Zweck dient in der Regel das Verzeichnis /usr/lib/miralib. Soll ein anderes Verzeichnis verwendet werden, so kann dies dem Miranda-System durch die Option -lib <pathname> oder durch Setzen der Environment-Variablen MIRALIB bekannt gemacht werden.

[2] Das Zeichen / ist Bestandteil eines UNIX-Dateinamens und trennt verschiedene Verzeichnisse bzw. Dateinamen voneinander.

```
%export tree search insert delete

label == num
ls = <

tree ::= Empty | Node tree label tree

%insert "rawtree"
```

Die Position der `%export`-Direktive ist wie üblich unerheblich, sie sollte aber der Übersichtlichkeit halber am Anfang eines Skripts aufgeführt werden. Die obige `%export`-Direktive bewirkt, daß nur die nach dem Schlüsselwort angegebenen Bezeichner exportiert werden.

Es ist möglich, den gleichen Effekt auch auf die folgende Weise zu erzeugen (komplementäre Vorgehensweise).

```
%export + -join -rightmost
```

Das Zeichen + zeigt an, daß alle Top-Level-Bezeichner, die im Skript definiert sind, exportiert werden. Der Export eines bestimmten Bezeichners wird mit Hilfe der Angabe - <identifier> unterbunden.

Um die mittels einer `%include`-Direktive importierten Bezeichner zu reexportieren, wird die folgende Syntax zur Verfügung gestellt.

```
%export "tree"
```

Die Angabe `"tree"` steht stellvertretend für alle von der Datei `tree.m` importierten Bezeichner.

Der Export eines algebraischen Datentyps bewirkt automatisch den Export aller Konstruktoren dieses Datentyps. Der Export kann *nicht* mit - <Identifier> unterbunden werden. Soll dem Benutzer der Zugriff auf die Konstruktoren verwehrt werden, so ist eine abstrakte Datentypdefinition zu verwenden.

Um eine Liste aller von einem Skript exportierten Bezeichner zu erhalten, wird der Miranda-Interpreter mit der Option `-exports` aufgerufen.

```
mira -exports usetree
```

Automatische Übersetzung

Das Miranda-System übersetzt ein Skript in Code für eine abstrakte Maschine. Dieser Code wird in einer Binärdatei mit gleichem Präfix und der Endung „`.x`"

```
> || rawtree

Grundlegende Funktionen auf Binaerbaeumen:

> search a Empty = False
> search a (Node l b r)
>      = search a l,  if a $ls b
>      = search a r,  if b $ls a
>      = True,        otherwise

> insert a Empty = Node Empty a Empty
> insert a (Node l b r)
>      = Node (insert  a l) b r,  if a $ls b
>      = Node l b (insert  a r),  if b $ls a
>      = Node l a r,              otherwise

> delete a Empty = Empty
> delete a (Node l b r)
>      = Node (delete a l) b r,  if a $ls b
>      = Node l b (delete a r),  if b $ls a
>      = join l r,              otherwise

Hilfsfunktionen, die von der Funktion 'delete' verwendet werden:

> join l r = r,               if l=Empty
>          = Node l' a r,  otherwise
>            where
>            (a,l') = rightmost l

> rightmost (Node l a r)
>      = (a,l),           if r=Empty
>      = (b,Node l a r'),  otherwise
>        where
>        (b,r') = rightmost r
```

Abbildung 9.1: Datei **rawtree**

abgespeichert, d. h., der Objekt-Code der Datei `usetree.m` befindet sich in der Datei `usetree.x`. Die „`.x`"-Dateien sind für den Benutzer nicht von Interesse und dienen lediglich dazu, wiederholte Übersetzungen eines Quelltextes zu vermeiden.

Das Miranda-System hält die Objekt-Code-Dateien automatisch auf dem neuesten Stand: Wählt der Benutzer beim Aufruf des Systems oder im Miranda-Interpreter eine Arbeitsdatei aus, deren „`.x`"-Datei ein jüngeres Datum besitzt, so wird an Stelle einer erneuten Übersetzung die Objekt-Code-Datei geladen. Ist keine Objekt-Code-Datei vorhanden oder ist *irgendeine* für die Arbeitsdatei relevante Datei geändert worden, so werden die veränderte Datei und alle von ihr abhängigen Dateien inklusive der Arbeitsdatei neu übersetzt. Dieser Übersetzungsprozeß wird natürlich auch angestoßen, wenn der Benutzer während einer Sitzung eine relevante Datei editiert.

Wenn man den Interpreter mit der Option `-make` aufruft,

```
mira -make usetree
```

wird überprüft, ob die zu dem angegebenen Skript korrespondierende Objekt-Datei auf dem aktuellsten Stand ist. Sollte dies nicht der Fall sein, so wird sie aktualisiert. Der Aufruf

```
mira -make *.m
```

aktualisiert *alle* Miranda-Skripte im aktuellen Verzeichnis.

Waisen und Typkonflikte

Um mit dem im Abschnitt 4.2 beschriebenen Verfahren den Typ einer Funktion herleiten zu können, muß jeder benötigte Typ auf *eindeutige* Weise bezeichnet werden können.

Enthält das Skript `bintree.m` die folgenden Zeilen,

```
%include "tree"
%export search
```

und wird dieses Skript von der Datei `usebintree.m` importiert, dann gibt der Compiler bei der Übersetzung von `usebintree.m` die Fehlermeldung

```
MISSING TYPENAME
the following type is needed but has no name in this scope:
'tree' of file "tree", needed by: search;
typecheck cannot proceed - compilation abandoned
```

aus. Der Typ `tree` wird benötigt, um den Typ von `search` angeben zu können; der Typ ist aber in der Datei `usebintree.m` nicht sichtbar — `search` ist ein sogenannter Waise. Um den Fehler zu beheben, genügt es, den Bezeichner `tree` auf beliebige Art und Weise zu importieren.

Da die Gleichheit auf Typen der syntaktischen Gleichheit von Typtermen entspricht, darf jeder Typ höchstens einen Namen besitzen. Somit führt die Übersetzung der Zeilen

```
%include "tree"
%include "tree" conifer/tree Blank/Empty Knot/Node
                -search -insert -delete
```

zu der Fehlermeldung

```
TYPECLASH - the following type is multiply named:
'tree' of file "tree.m", as: tree,conifer;
typecheck cannot proceed - compilation abandoned
```

Der Typ **tree** wäre zusätzlich unter dem Namen **conifer** sichtbar, was nicht zulässig ist.

9.2   Parametrisierte Module

Wir haben in den einleitenden Worten zu diesem Kapitel bereits angesprochen, daß
auf der Ebene der Module ähnliche Prinzipien zum Tragen kommen wie auf der
Ebene der Werte. Ein wichtiges Prinzip bei der Programmierung ist das *Abstraktionsprinzip*. Dieses Prinzip läßt sich am besten anhand eines kleinen Beispiels
erklären.

Eine Funktion, die das Volumen einer Kugel zu einem speziellen Radius berechnet, ist von geringem Nutzen.

```
r = 5
volume_of_r = 3/4*pi*r^3
```

Wird von einem speziellen Radius abstrahiert, indem die Funktion mit dem Radius
parametrisiert wird, so erhält man eine flexiblere Definition.

```
volume r = 3/4*pi*r^3
volume_of_r' = volume r
```

Analog zur Parametrisierung einer Wertedefinition kann in Miranda ein gesamtes Skript parametrisiert werden. Es ist möglich, sowohl von speziellen Werten
als auch von speziellen Typen zu abstrahieren. Mit den sich daraus ergebenden
Möglichkeiten beschäftigen wir uns in diesem und in den nächsten zwei Abschnitten.

Einführendes Beispiel

Ein Skript darf von Informationen abhängen, die erst bei Verwendung des Skripts
bereitgestellt werden. In diesem Fall spricht man von parametrisierten bzw. generischen Modulen oder Skripten. Diese Informationen, die Parameter des Skripts,
werden durch eine Direktive der Form

    %free { <sig> }

angegeben, wobei die Signatur aus einer Folge von Werte- und Typspezifikationen
besteht.

Im folgenden Beispiel definieren wir das parametrisierte Skript `lexord.m`, das
eine Ordnungsrelation über einem gegebenen Typ auf Listen über diesem Typ fort-
setzt. Die resultierende Ordnung heißt *lexikographische Ordnung* und entspricht
der Anordnung von Wörtern in einem Lexikon, wenn man ein Wort als Liste von
Zeichen auffaßt.

```
%free { t :: type; leq :: t->t->bool; }
%export t' leq'

t' == [t]
leq' :: t'->t'->bool
leq' [] x = True
leq' (a:x) [] = False
leq' (a:x) (b:y)
    = leq a b & leq' x y,  if leq b a
    = leq a b,                otherwise
```

Die **%free**-Direktive drückt aus, daß der Typ `t` und die Funktion `leq` Parameter
des Skripts sind. Die Bezeichner dürfen entsprechend der Spezifikation überall im
Skript verwendet werden. Insbesondere darf ein Typparameter für die Spezifikation eines Werteparameters herangezogen werden. Diese Kombination von Typ-
und Werteparametern tritt, wie wir im folgenden noch sehen, sehr häufig auf.

Erst wenn ein parametrisiertes Skript mit einer **%include**-Direktive eingebunden wird, müssen Bindungen für die Parameter angegeben werden.

```
%include "lexord" { t == char; leq = <=; }
```

Die Bindung eines Typparameters entspricht syntaktisch der Definition eines Typ-
synonyms. Werteparameter werden mittels einer Gleichung der Form

    <var> = <exp> (;)

an Ausdrücke gebunden.

Die importierte Funktion `leq'` realisiert die normale Ordnung auf Zeichenketten.

```
"Meier, A." $leq' "Meyer"   ▷  True
    "Joachim" $leq' "Jo"    ▷  False
```

Ein parametrisiertes Skript darf auch mehrfach eingebunden werden. Insbesondere dürfen die bei der ersten Einbindung importierten Bezeichner verwendet werden, um die Parameter zu belegen.

```
%include "lexord" { t == t'; leq = leq'; } t''/t' leq''/leq'
```

Da die Bezeichner ein zweites Mal importiert werden, ist eine Umbenennung erforderlich. Die Funktion `leq''` realisiert die vordefinierte Ordnung auf Listen von Zeichenketten.

```
["a","bc","def"] $leq'' ["a","bc","df"]  ▷ True
     ["a","bc","def"] $leq'' ["a","b"]  ▷ False
```

9.2.1 Verwaltung von Binärbäumen

Parametrisierte Module bieten in Verbindung mit polymorphen Typen vielfältige Möglichkeiten. In diesem Abschnitt wollen wir verschiedene Varianten des in Abschnitt 9.1.2 eingeführten Skripts zur Verwaltung von Binärbäumen durchspielen und die jeweiligen Vor- und Nachteile der Varianten diskutieren.

Im ersten Schritt abstrahieren wir von einem bestimmten Grundtyp und einer bestimmten Vergleichsoperation, indem wir das Skript mit den Bezeichnern `label` und `ls` parametrisieren.

```
%export tree search insert delete

%free { label :: type
        ls    :: label->label->bool
      }

tree ::= Empty | Node tree label tree

%insert "rawtree"
```

Um das ursprüngliche Skript zu erhalten, müssen die Parameter beim Einbinden mit dem entsprechenden Typ bzw. Wert instantiiert werden.

```
%include "tree2" { label == num;  ls = <; }
```

Auf Grund der Parametrisierung kann das Skript auch mehrfach mit unterschiedlichen Belegungen der freien Bezeichner importiert werden. Allerdings darf der Typ `label` nur an einen *monomorphen* Typ, d. h. einen Typ ohne Typvariablen, gebunden werden. Die `%include`-Direktive mit der Bindung `label == [*]` führt zu einem Fehler, da die Typvariable * nicht auf der linken Seite der Gleichung auftritt.

Um dieses „Problem" zu umgehen, parametrisieren wir das Skript mit einem polymorphen Typ.

```
%export tree search insert delete

%free { label * :: type
        ls :: label *->label *->bool
      }

tree * ::= Empty | Node (tree *) (label *) (tree *)

%insert "rawtree"
```

Das Skript kann nunmehr auch verwendet werden, um Binärbäume über einem beliebigen Grundtyp zu verwalten.

```
%include "tree3" { label * == *;  ls = <; }
```

Die Typvariable * darf in dem Typausdruck auf der rechten Seite der Bindungsgleichung verwendet werden; die Verwendung ist aber nicht zwingend. Die %include-Direktive mit der Bindung `label * == [*]` beschränkt den Grundtyp der Binärbäume auf beliebige Listentypen. Es ist natürlich auch möglich, sich auf numerische Knotenmarkierungen festzulegen: `label * == num`.

Aus den Beispielen ist ersichtlich, daß das obige Skript sehr flexibel benutzt werden kann. Der Benutzer kann zudem die Verwendung sehr präzise steuern.

Es stellt sich die Frage, ob die gleiche Flexibilität nicht auch erreicht werden kann, wenn der Typparameter ausgelassen wird und die „normale", polymorphe Definition des Typs tree verwendet wird.

```
%export tree search insert delete

%free { ls :: *->*->bool; }

tree * ::= Empty | Node (tree *) * (tree *)

%insert "rawtree"
```

Dieses Skript kann wie folgt verwendet werden.

```
%include "tree4" { ls = <; }
```

Da die zu übergebende boolesche Funktion den in der `%free`-Direktive spezifizierten oder einen allgemeineren Typ besitzen muß, ist die Bindung `ls = lsnum` mit
`lsnum a b = b-a>=0` *nicht* zulässig. Somit können nur polymorphe Binärbäume
verarbeitet werden; bei den Vergleichsfunktionen ist man auf die vordefinierten
Vergleichsoperationen `<=`, `>=` usw. festgelegt, da sinnvolle Funktionen des Typs
`*->*->bool` nicht selbst definiert werden können.

Um formal klären zu können, wann eine Bindung von freien Bezeichnern kor-
rekt ist, muß der Begriff des allgemeineren Typs genau definiert werden[3]: Ein
Typausdruck `t` ist allgemeiner als ein Typausdruck `s`, wenn es eine Substitution Θ mit `s = t`Θ gibt. Der Typ `*->*->bool` ist somit allgemeiner als der
Typ `num->num->bool`, da `num->num->bool = *->*->bool [*/num]` gilt. Diese
Halbordnung auf Typtermen wird Subsumptionsordnung genannt. Eine Bindung
ist zulässig, wenn nach der Ersetzung der Typbindungen die Werteparameter an
Ausdrücke gebunden werden, die einen gleichen oder einen allgemeineren Typ be-
sitzen.

Neben prinzipiellen Gemeinsamkeiten von parametrisierten Funktionen und
parametrisierten Skripten gibt es auch eine Reihe von Unterschieden. Während
ein Typparameter in einem Skript explizit angegeben wird, besitzt eine polymorphe Funktion nur implizit einen Typparameter[4]. Die Argumente einer polymorphen Funktion können sowohl einen allgemeineren als auch einen spezielleren Typ
besitzen. Im letzten Fall wird der Typ der aufgerufenen Funktion automatisch
angepaßt. Bei einem parametrisierten Skript wird eine derartige Anpassung nicht
vorgenommen.

Bei der Entscheidung, welche Form der Parametrisierung in welchem Kontext
vorzuziehen ist, hilft die folgende Daumenregel.

> Wird ein Bezeichner, von dem abstrahiert werden soll, von mehreren
> Funktionen verwendet oder soll von vielen Bezeichnern abstrahiert wer-
> den, so empfiehlt es sich, das gesamte Skript zu parametrisieren.

> Wird ein Bezeichner nur von wenigen Funktionen benutzt oder soll
> von vielen verschiedenen Anwendungen abstrahiert werden, ist eine
> Parametrisierung auf Werteebene anzuraten.

Aus diesem Grund haben wir die in Abschnitt 5.3 definierte generische Sortierfunktion direkt mit der Ordnungsrelation parametrisiert; die Funktionen zur Verwaltung von Binärbäumen hingegen auf Modulebene.

Wird ein parametrisiertes Skript mehrfach eingebunden und sind in dem Skript algebraische
oder abstrakte Typen definiert, dann werden mit jeder Instanz des Skripts neue Typen erzeugt.

---

[3]Vgl. auch Abschnitt 4.2 und 8.5.

[4]Man kann sich vorstellen, daß bei der Verwendung einer polymorphen Funktion die Instantiierung
der Typvariablen implizit als Parameter übergeben wird.

```
%include "tree2" { label == num;  ls = <; }
%include "tree2" { label == char;  ls = <; }
        conifer/tree Blank/Empty Knot/Node
        lookup/search ins/insert del/delete flatten/inorder
```

Die Typen `tree` und `conifer` sind zwei verschiedene, nicht zueinander in Beziehung stehende Typen, d. h., Ausdrücke vom Typ `tree` dürfen nicht mit Ausdrücken vom Typ `conifer` vermischt werden. Diese Konvention ist sinnvoll, da der algebraische Typ `tree` von dem Typparameter `label` abhängig ist[5].

9.2.2 Prioritäts-Parser

In diesem Abschnitt geben wir ein größeres Beispiel für die Definition und Verwendung von parametrisierten Modulen an. Gleichzeitig führen wir die in Abschnitt 8.4 begonnene Erörterung von Syntaxanalysetechniken fort.

Arithmetische Ausdrücke können mit Hilfe einfacher kontextfreier Grammatiken auf Grund zusätzlicher Vereinbarungen über Assoziativität und Präzedenz sehr schlecht beschrieben werden. Ein geeignetes Beschreibungsmittel für derartige Ausdrücke stellen sogenannte *Prioritätsgrammatiken* dar.

In einer Prioritätsgrammatik wird zu jedem Nichtterminalzeichen, das in den Produktionen aufgeführt wird, eine Priorität angegeben. Das Nichtterminalzeichen $\langle expr\rangle_p$ — der Index gibt die Priorität an — darf nur durch die rechte Seite der Produktion $\langle expr\rangle_q \longrightarrow \alpha$ ersetzt werden, wenn $q \geq p$ gilt. Prioritätsgrammatiken sind allerdings nicht mächtiger als kontextfreie Grammatiken: sie generieren die gleiche Sprachklasse. Das folgende Beispiel zeigt, wie man einfache Ausdrücke spezifizieren kann.

$$
\begin{array}{lll}
\langle expr\rangle_9 \longrightarrow & \langle nat\rangle & \textit{Numeral} \\
\quad\mid & (\ \langle expr\rangle_0\ ) & \textit{geklammerter Ausdruck} \\
\langle expr\rangle_6 \longrightarrow & \langle expr\rangle_6\ ! & \textit{Fakultät} \\
\langle expr\rangle_5 \longrightarrow & \langle expr\rangle_6\ \hat{}\ \langle expr\rangle_5 & \textit{Exponentiation} \\
\langle expr\rangle_4 \longrightarrow & \langle expr\rangle_4 * \langle expr\rangle_5 & \textit{Multiplikation} \\
\quad\mid & \langle expr\rangle_4\ /\ \langle expr\rangle_5 & \textit{Division} \\
\langle expr\rangle_3 \longrightarrow & -\ \langle expr\rangle_3 & \textit{Vorzeichen} \\
\langle expr\rangle_2 \longrightarrow & \langle expr\rangle_2 + \langle expr\rangle_3 & \textit{Addition} \\
\quad\mid & \langle expr\rangle_2 - \langle expr\rangle_3 & \textit{Subtraktion} \\
\langle expr\rangle_1 \longrightarrow & \langle expr\rangle_2 = \langle expr\rangle_2 & \textit{Gleichheit}
\end{array}
$$

Ein linksassoziativer Operator (+ oder *) korrespondiert zu einer Produktion der Form $\langle expr\rangle_n \longrightarrow \langle expr\rangle_n\ \langle op\rangle\ \langle expr\rangle_{n+1}$. Durch diese Produktion wird

---

[5] Unabhängig davon, ob ein algebraischer oder abstrakter Typ sich wirklich auf einen Typparameter abstützt, werden bei parametrisierten Skripten stets „neue Typen" erzeugt.

gewährleistet, daß der Operator im rechten Operanden nicht unmittelbar wieder auftritt. Ein rechtsassoziativer Operator (^) korrespondiert entsprechend zu einer Produktion der Form $\langle expr\rangle_n \longrightarrow \langle expr\rangle_{n+1} \langle op\rangle \langle expr\rangle_n$. Durch die geschickte Festlegung der Prioritäten erhält man eine eindeutige Grammatik, d. h., zu jedem Wort existiert höchstens ein Syntaxbaum.

Wir beschreiben im folgenden einen Prioritäts-Parser, der Sprachen erkennt, die mit Hilfe einer vereinfachten Variante von Prioritätsgrammatiken spezifiziert werden. Die Prioritätsgrammatik muß folgenden Bedingungen genügen.

1. Es gibt nur ein Nichtterminalzeichen, im folgenden mit $\langle expr\rangle$ bezeichnet.

2. Es sind nur Produktionen der folgenden Form

$$\begin{aligned}
\langle expr\rangle_k &\longrightarrow \langle prefix\rangle \langle expr\rangle_m & &\textit{Präfix-Operator} \\
\langle expr\rangle_k &\longrightarrow \langle expr\rangle_m \langle infix\rangle \langle expr\rangle_n & &\textit{Infix-Operator} \\
\langle expr\rangle_k &\longrightarrow \langle expr\rangle_m \langle postfix\rangle & &\textit{Postfix-Operator}
\end{aligned}$$

zulässig.

Um den Prioritäts-Parser in Verbindung mit den in Abschnitt 8.4 vorgestellten Parserkombinatoren verwenden zu können, wird dieser mit einem Parser parametrisiert, der einfache, atomare Ausdrücke erkennt. Dieser Parser realisiert im Prinzip die Produktion,

$$\langle expr\rangle_m \longrightarrow \langle simple\rangle \qquad \textit{einfache Ausdrücke}$$

wobei m die maximale Priorität bezeichnet.

Die Prioritätsgrammatik wird mit Hilfe der Funktionen **prefix**, **infix** und **pstfix** repräsentiert. Diese Funktionen bestimmen zu einem Terminalzeichen die Prioritäten aller Produktionen der jeweiligen Kategorie. Die Prioritäten werden in der Reihenfolge k, m und ggf. n angegeben. Ein Terminalzeichen bzw. ein Operator darf in mehreren Kategorien auftreten; der Operator - ist ein typisches Beispiel für diesen Fall.

Die Datei `priopars.m`, in der der Prioritäts-Parser definiert wird, enthält die folgenden Direktiven.

```
%free { token    :: type
        absyntax :: type
        prefix   :: token->[(num,num)]
        infix    :: token->[(num,num,num)]
        pstfix   :: token->[(num,num)]
        simple   :: parser token absyntax
```

```
    unop      :: token->absyntax->absyntax
    binop     :: token->absyntax->absyntax->absyntax
}
```

%export maxprio priopars

Mittels der **%free**-Direktive wird von einer speziellen Grammatik und von einem speziellen Parser für atomare Ausdrücke abstrahiert. Die maximal zulässige Priorität und der Prioritäts-Parser werden exportiert.

Sowohl der Parser `priopars` als auch der Parser `simple` überführen eine Tokenliste vom Typ `token` in einen Ausdruck vom Typ `absyntax`. Das Skript wird mit beiden Typen parametrisiert. Die Funktionen `unop` und `binop` dienen dazu, aus den erkannten Teilen eines Ausdrucks einen abstrakten Syntaxbaum aufzubauen.

Wir legen fest, daß die Prioritäten in dem Intervall von 0 bis 99 liegen müssen.

```
maxprio = 99

priopars :: parser token absyntax
priopars = expr 0
```

Der eigentliche Parser wird durch die Funktion `expr` implementiert. Der Parser `expr n` erkennt alle Wörter, die ausgehend von dem Nichtterminalzeichen $<expr>_n$ erzeugt werden können.

Wie auch beim Kombinator-Parsing — ein Prioritätsparser ist eine fortgeschrittene Version eines Kombinator-Parsers — müssen zunächst linksrekursive Regeln eliminiert werden. Die oben aufgeführten Produktionen können unter Vernachlässigung der Prioritäten in die folgenden Produktionen überführt werden.

$$
\begin{aligned}
<expr> \;\longrightarrow\; & <prefix> \; <expr> \; <rest> \\
\mid\; & <simple> \; <rest> \\
<rest> \;\longrightarrow\; & <infix> \; <expr> \; <rest> \\
\mid\; & <postfix> \; <rest> \\
\mid\; & \varepsilon
\end{aligned}
$$

Aus den Produktionen ist ersichtlich, daß die Tokenliste entweder mit einem Präfix-Operator oder einem einfachen Ausdruck beginnt. Diese beiden Fälle werden von der Funktion `expr` behandelt. Die Erkennung des „Restausdrucks", Infix-Operator mit rechtem Argument oder Postfix-Operator, übernimmt die Funktion `rest`. Diese Funktion erhält neben der minimalen Priorität des gesamten Ausdrucks den bereits geparsten linken Teilausdruck und dessen Priorität.

```
expr :: num->parser token absyntax
expr p (op:x)
   = [r | (q,pr)<-prefix op; q>=p;
           (arg,y)<-expr pr x; r<-rest p q (unop op arg) y] ++
      [r | (arg,y)<-simple (op:x); r<-rest p maxprio arg y]
expr p []
   = []
```

Die Filter in den List-Comprehensions stellen sicher, daß die Produktionen nur
entsprechend den angegebenen Prioritäten angewendet werden. Die Verarbeitung
der Tokenliste erfolgt analog zur Vorgehensweise des Kombinators **then** (vgl. Abschnitt 8.4).

```
rest :: num->num->absyntax->parser token absyntax
rest p pe e (op:x)
   = [r | (q,pl,pr)<-infix op; q>=p; pe>=pl;
           (arg,y)<-expr pr x; r<-rest p q (binop op e arg) y] ++
      [r | (q,pl)<-pstfix op; q>=p; pe>=pl;
           r<-rest p q (unop op e) x] ++
      [(e,op:x)]
rest p pe e []
   = [(e,[])]
```

Ist der übergebene Parser **simple** deterministisch und die Prioritätsgrammatik
eindeutig, dann ist auch der resultierende Parser deterministisch, d. h., jede Tokenliste wird in höchstens einen Syntaxbaum überführt. Wird hingegen z. B. der
Operator + als assoziativ deklariert,

$$\langle expr \rangle_2 \;\longrightarrow\; \langle expr \rangle_2 + \langle expr \rangle_2$$

dann kann der Prioritäts-Parser den Ausdruck a+b+c auf zwei verschiedene Arten
parsen (Wieviele Möglichkeiten gibt es, einen Ausdruck mit n Summanden zu
parsen?). Diese beiden Möglichkeiten werden als Ergebnis zurückgeliefert.

Als Anwendung realisieren wir einen Parser für die am Anfang angegebene
Prioritätsgrammatik. Der Prioritäts-Parser wird wie folgt eingebunden.

```
%include "priopars"
         { token    == char
           absyntax == term char
           prefix   = find prefix
           infix    = find infix
           pstfix   = find pstfix
```

```
        simple   = simple
        unop     = Unop
        binop    = Binop
} expr/priopars
```

Beachte, daß eine Angabe der Form `simple = simple` nicht redundant ist, da die
Bezeichner jeweils unterschiedliche Geltungsbereiche besitzen. Der Bezeichner auf
der linken Seite ist im importierten Skript sichtbar, der Bezeichner auf der rechten
Seite im importierenden.

Die Bindungen für die Parameter werden auf die folgende Art und Weise implementiert (`term` ist wie in Abschnitt 7.1.3 definiert).

```
prefix = [ ('-', (3,3)) ]
infix  = [ ('*', (4,4,5)),    ('+', (2,2,3)),    ('-', (2,2,3)),
           ('/', (4,4,5)),    ('=', (1,2,2)),    ('^', (5,6,5))  ]
pstfix = [ ('!', (6,6)) ]

find x a = [b | (a',b)<-x; a'=a]

simple = (some (satisfy digit) $using (Value.Num.numval)) $alt
         (literal '(' $xthen expr $thenx literal ')')
```

Ein einfacher Ausdruck besteht entweder aus einer Zahl oder einem in Klammern
eingeschlossenen Ausdruck. Die Parser `expr` und `simple` stützen sich somit über
Modulgrenzen hinweg aufeinander ab.

Man sieht, daß sich der Implementierungsaufwand für eine konkrete Prioritätsgrammatik darauf beschränkt, einen geeigneten Datentyp für die Repräsentation
von Termen und eine geeignete Darstellung für die Prioritätsgrammatik zu finden.

Die abstrakten Terme können sehr einfach wieder in eine kanonische String-
repräsentation überführt werden. Ein Teilterm wird nur dann geklammert ausgegeben, wenn dies auf Grund der Priorität notwendig ist.

```
showprio :: term char->[string]
showprio (Value (Num n)) = [show n]
showprio (Unop op e)
    = [[op]++x | (q,p)<-find prefix op; x<-showprio' p e] ++
        [x++[op] | (q,p)<-find pstfix op; x<-showprio' p e]
showprio (Binop op e1 e2)
    = [x++[op]++y | (q,pl,pr)<-find infix op;
                    x<-showprio' pl e1; y<-showprio' pr e2]
```

```
showprio' :: num->term char->[string]
showprio' p e
    = [bracket q x | q<-prio e; x<-showprio e]
      where
      bracket q x = x,             if p<=q
                  = "("++x++")",   otherwise


prio :: term char->[num]
prio (Value v) = [maxprio]
prio (Unop op e) = [p | (p,q)<-find (prefix++pstfix) op]
prio (Binop op e1 e2) = [p | (p,pl,pr)<-find infix op]
```

Beide Ausgabefunktionen geben eine Liste aller Möglichkeiten zurück, einen Ausdruck gemäß der Prioritäten ohne redundante Klammern in einen String zu überführen. Die Funktionen sind allerdings „deterministisch", wenn es zu jedem Operator genau eine Angabe gibt (wie im obigen Fall), d. h., wenn die zugrundegelegte Grammatik eindeutig ist. Die Funktion **showprio'** umschließt einen Ausdruck mit Klammern, wenn die Priorität des Ausdrucks kleiner ist als die im 1. Argument übergebene maximal zulässige Priorität.

Wenn wir die Funktionen **expr** und **showprio** geschickt kombinieren, erhalten wir eine Funktion, die einen als String gegebenen Ausdruck in eine kanonische Form überführt, d. h. redundante Klammern entfernt.

```
canonic :: string->string
canonic = hd.showprio.fst.hd.expr
```

Zum Schluß des Abschnitts wollen wir noch zeigen, daß es nicht zwingend ist, einen String in einen abstrakten Syntaxbaum zu überführen. Wählt man die Funktionen **unop** und **binop** entsprechend, so kann ein arithmetischer Ausdruck auch unmittelbar ausgewertet werden.

```
%include
    "priopars"
    { token     == char
      absyntax  == num
      prefix    = find prefix
      infix     = find infix
      pstfix    = find pstfix
      simple    = (some (satisfy digit) $using numval) $alt
                  (literal '(' $xthen evaluate $thenx literal ')')
      unop      = lookup [('-',neg),('!',fac)]
```

```
    binop  =   lookup [('*',*),('+',+),('-',-),('/',/),('^',^)]
} evaluate/priopars -maxprio
```

```
calculate = fst.hd.evaluate
```

Eine Auswertung während der Syntaxanalyse ist natürlich nur möglich, wenn die
Ausdrücke unabhängig vom Kontext evaluiert werden können.

9.3   Software-Engineering

In diesem Abschnitt zeigen wir, wie Softwareentwicklung mit Miranda betrieben
werden kann.

Der Bereich des Software-Engineering setzt sich mit Methodiken und Techniken
zur Erstellung großer Software-Systeme auseinander. Dieser Zweig der Informatik
entstand als Antwort auf die in Kapitel 1 erwähnte Software-Krise und versucht
die Programmierung als Ingenieurs-Disziplin zu begreifen.

Ein heutiger Programmierer hat i. allg. wenig mit einem Ingenieur gemein.
Typischerweise wird nach einer informellen Spezifikation rasch mit der Implementierung eines Programms begonnen. Nach der Implementierung beginnt eine in-
tensive Phase des Testens und der Fehlersuche; Korrekturen werden durchgeführt;
erneut wird getestet, so lange, bis das Programm sich den Anforderungen entsprechend verhält. Man stelle sich einen Ingenieur vor, der die Aufgabe hat, eine
Brücke zu bauen, und auf die gleiche Art und Weise vorgeht: Nach groben Skizzen
wird zunächst eine erste Version der Brücke gebaut. Die Brücke wird einer Bela-
stungsprobe unterzogen und stürzt unmittelbar ein. Nachdem die Ursache für den
Zusammenbruch lokalisiert wurde, werden an den Skizzen einige Verbesserungen
vorgenommen und eine zweite Version wird errichtet ...

Der Vergleich zeigt, daß man vergleichsweise wenig Zeit für frühe Phasen der
Softwareentwicklung, der Problemanalyse und dem Entwurf, aufwendet. Im folgenden wollen wir uns insbesondere mit diesen frühen Phasen auseinandersetzen.
Im einzelnen besteht das Phasenmodell, das die Grundlage für Fragestellungen bei
der Softwareentwicklung darstellt, aus den folgenden (leicht vereinfachten) Stadien:

1. Problemanalyse

2. Entwurf und Spezifikation

3. Validierung der Spezifikation

4. Implementierung der Spezifikation

5. Testen der Implementierung

Auf die einzelnen Stadien gehen wir in den folgenden Abschnitten genauer ein.

Problemanalyse

Wenn ein Auftraggeber an einen Softwareproduzenten herantritt, dann ist das
zu lösende Problem i. allg. noch nicht scharf umrissen. Aus diesem Grund wird
während der Problemanalyse versucht, die Aufgabe und deren Rahmenbedingun-
gen möglichst exakt und vollständig zu erfassen. Zu diesem Prozeß gehört neben
einer Istanalyse und einem Sollkonzept auch eine Durchführbarkeitsstudie und eine
Projektplanung.

Soll z. B. in einem Betrieb die Buchhaltung auf Rechnerbetrieb umgestellt
werden, so wird in der *Istanalyse* zunächst untersucht, welche Teile der Buchhaltung durch den Einsatz einer Rechenanlage beeinflußt werden, welche Funktion
die einzelnen Teile haben und wie sie zusammenwirken.

In der *Sollanalyse* werden die Anforderungen, die an das zu erstellende Softwareprodukt gestellt werden, zusammengetragen. Darüber hinaus werden aber
auch Hinweise gegeben, wie die bestehende Buchhaltung umstrukturiert und das
Software-System integriert werden kann.

Die in der Sollanalyse entwickelten Vorstellungen sind unter Umständen prinzipiell nicht (unentscheidbar, NP-vollständig) oder nicht in einem ökonomisch ver-
tretbaren Rahmen realisierbar. Diese Punkte werden in der *Durchführbarkeitsstudie* untersucht. Das Ergebnis der Durchführbarkeitsstudie bestimmt, ob das
Projekt fortgeführt wird oder evtl. revidiert werden muß.

Die *Projektplanung* ist sowohl für den Auftraggeber als auch für den Softwareproduzenten relevant, da in dieser Phase die zeitliche Abfolge des Projekts festgelegt, die Projektorganisation geregelt und der Bedarf an Hilfsmitteln ermittelt
wird. Mit dem Bereich der Projektorganisation setzen wir uns in Abschnitt B.3
auseinander.

Die Ergebnisse der Problemanalyse werden in einem sogenannten Pflichtenheft
festgehalten. Das Pflichtenheft ist die Grundlage für die weiteren Phasen der
Softwareentwicklung und für beide Vertragspartner bindend.

Entwurf und Spezifikation

Das Pflichtenheft gibt Auskunft über die Anforderungen an ein Softwareprodukt.
Die Hauptaufgabe des *Entwurfs* besteht in einer Unterteilung des Softwareprodukts
in kleine, gut handhabbare Komponenten. Die Struktur der Komponenten sollte

in möglichst natürlicher Weise die inhärente Struktur des Problems widerspiegeln.
Eine gute Strukturierung des Projekts kann den Programmieraufwand drastisch
reduzieren.

Eine Strukturierung beinhaltet zum einen eine präzise Spezifikation der Schnittstellen und Abhängigkeiten zwischen verschiedenen Komponenten und zum anderen eine präzise Spezifikation der Funktionalität einer einzelnen Komponente. Eine
Spezifikation beschreibt die logische Seite eines Problems (*Was* ist das Problem?)
und sollte von der algorithmischen Seite (*Wie* wird das Problem gelöst?) strikt
getrennt werden.

Fassen wir eine Komponente als ein Modul auf, so können die Komponenten
und deren Schnittstellen mit den in diesem Kapitel besprochenen Techniken spezifiziert werden. Platzhaltertypen und Wertespezifikationen ermöglichen eine abstrakte Definition der in einem Modul zusammengefaßten Typen und Funktionen.
Ein Modul, das binäre Suchbäume und darauf arbeitende Funktionen bereitstellt,
kann demnach wie folgt definiert werden.

```
%export tree inserttree deletetree inorder


tree *      :: type
inserttree :: *->tree *->tree *
deletetree :: *->tree *->tree *
inorder    :: tree *->[*]
```

Der Entwurf im Großen kann wie der Entwurf im Kleinen gemäß der Top-Down-
Methode (schrittweise Verfeinerung, stepwise refinement) erfolgen. Der Top-Down-
Entwurf führt zu einer hierarchischen Schachtelung von Modulen. Module oberer
Schichten stützen sich auf Module unterer Schichten ab. Bei der Modularisierung
sollte darauf geachtet werden, daß sowohl die Anzahl der Module einer Ebene als
auch die Schachtelungstiefe überschaubar klein bleiben. Dieses Ziel kann leichter
erreicht werden, wenn die Abstraktionsmöglichkeiten (Funktionen höherer Ordnung, generische Datentypen und generische Module) der „Spezifikationssprache"
Miranda ausgenutzt werden.

Das Ergebnis der Modularisierung sollte möglichst übersichtlich dargestellt werden. Für die Repräsentation von Modulabhängigkeiten bietet sich eine graphische
Darstellung an. Ein (unvollständiges) Beispiel ist in Abbildung 9.2 angegeben.

Die Modularisierung des dort aufgeführten Übersetzers ist insofern besonders
einfach, als daß sich ein Übersetzungsvorgang sehr natürlich in mehrere Phasen unterteilen läßt (Scanner, Parser, Typechecker, Codeerzeuger). Diese Unterteilung
stellt die erste Verfeinerungsstufe dar. Da zwei aufeinanderfolgende Phasen die
gleichen Datenstrukturen verwenden (der Parser übernimmt die Tokenliste vom
Scanner, der Typechecker übernimmt den abstrakten Syntaxbaum vom Parser),

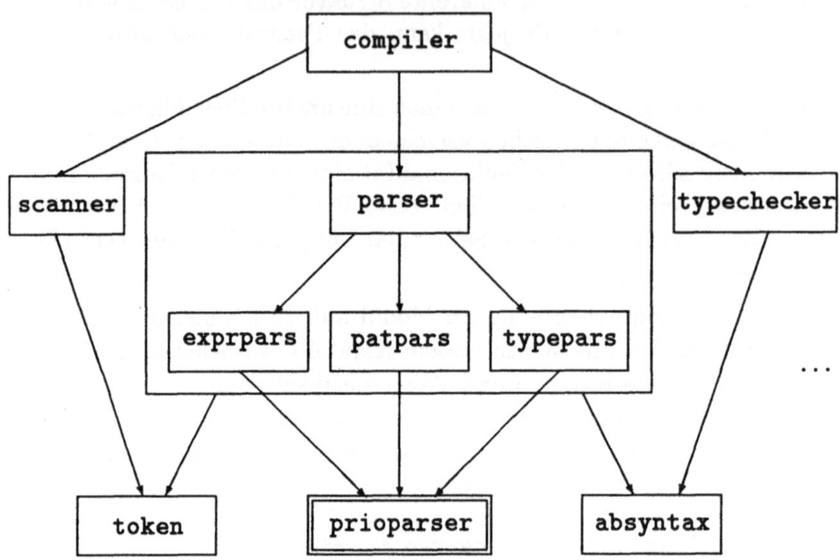

Abbildung 9.2: Graphische Darstellung von Modulabhängigkeiten

besitzen die korrespondierenden Module jeweils ein gemeinsames Untermodul, in dem die Datenstrukturen definiert sind. Diese Aufteilung stellt zwar keinen Verfeinerungsschritt dar, ist aber aus Gründen des *information hiding* bedeutsam, da auf diese Weise Informationen lokal gehalten werden. Der Parser stützt sich auf drei Untermodule ab, die wiederum das generische Modul `prioparser` verwenden. Generische Module werden durch einen doppelten Rahmen gekennzeichnet. Um die Darstellung übersichtlicher zu machen, können mehrere Module in einem Rahmen zusammengefaßt werden. Alle Abhängigkeiten zwischen dem Rahmen und anderen Modulen beziehen sich auf alle im Rahmen enthaltenen Komponenten. Somit importieren alle Parser das Modul `token` und das Modul `absyntax`.

Für die Spezifikation von Funktionen können spezielle Spezifikationssprachen verwendet werden (algebraische Spezifikationssprachen, Prädikatenlogik 1. Stufe). Da es in Miranda möglich ist, Probleme auf hohem Abstraktionsgrad zu formulieren, bietet sich zum anderen eine Spezifikation mit Ausdrucksmitteln der Sprache an. Eine derartige Spezifikation kann ausführbar oder nichtoperational sein. Wir haben schon an verschiedenen Stellen ausführbare Spezifikationen kennengelernt.

```
prime n = factors n = [1,n]
```

Eine nichtoperationale Spezifikation verwendet allgemeine Gleichungen zwischen Funktionen. Da Funktionen erstklassige Objekte sind, basiert dieser Ansatz auf der

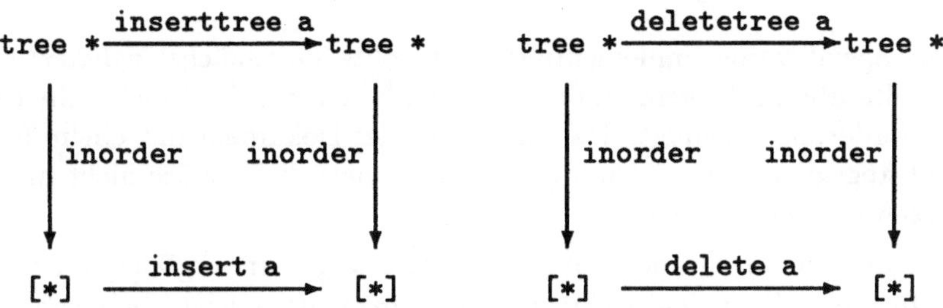

Abbildung 9.3: Spezifikation von `inserttree` und `deletetree`

Gleichungslogik höherer Stufe. Ein wesentlicher Vorteil dieser Herangehensweise besteht darin, daß aus einer Spezifikation systematisch ein ausführbares Programm abgeleitet werden kann.

Für die Spezifikation einer komplexen Funktion verwendet man i. allg. primitive oder bereits definierte Funktionen. Diese Funktionen werden entweder auf die gleiche Art und Weise spezifiziert oder sie sind so einfach, daß man unmittelbar eine ausführbare Spezifikation angeben kann. Um die Funktionen `inserttree` und `deletetree` zu beschreiben, verwenden wir die korrespondierenden Funktionen `insert` und `delete`,

```
insert :: *->[*]->[*]
delete :: *->[*]->[*]
```

die entsprechende Operationen auf sortierten Listen implementieren. Die folgenden Gleichungen spezifizieren die oben genannten Funktionen.

$$\text{inorder (inserttree a t)} = \text{insert a (inorder t)} \tag{9.1}$$

$$\text{inorder (deletetree a t)} = \text{delete a (inorder t)} \tag{9.2}$$

In den Gleichungen wird gerade der Zusammenhang zwischen den korrespondierenden Funktionen expliziert. Eine graphische Interpretation der Beziehungen ist in den kommutierenden Diagrammen in Abbildung 9.3 dargestellt. In einem kommutierenden Diagramm führen alle Möglichkeiten, den Pfeilen zu folgen, zu dem gleichen Ergebnis. Im übernächsten Abschnitt zeigen wir, wie die Funktion `deletetree` aus Gleichung 9.2 synthetisiert werden kann.

Diese Art der Spezifikation ist insbesondere für Funktionen, wie wir sie bisher definiert haben, angemessen. Um interaktive Programme (siehe Kapitel 10) zu spezifizieren, werden andere Spezifikationsmethoden (z. B. Temporallogik) verwendet.

Validierung der Spezifikation

Bevor eine Spezifikation implementiert wird, sollte sie zunächst *validiert* werden, d. h., es sollte überprüft werden, ob die Spezifikation den im Pflichtenheft formulierten Anforderungen genügt. Da ein informelles Dokument mit einem formalen Dokument abgeglichen wird, kann der Vorgang natürlicherweise nicht maschinell unterstützt werden.

Gerade aus diesem Grund sollte die Validierung sehr sorgfältig durchgeführt werden. In dieser Phase entdeckte Fehler können meist leicht behoben werden. Ein Fehler, der auftritt, wenn das System bereits im Einsatz ist, kann ungleich schwerer behoben werden und kann unter Umständen auch sehr teuer sein (fehlerhafte Rechnungen in der Buchhaltung, Absturz einer Rakete auf Grund eines Fehlers im Steuerungssystem).

Implementierung der Spezifikation

Die während des Entwurfs erarbeitete Modularisierung des Softwareproduktes dient als Grundlage für die Implementierung. Bei der Realisierung der in den Schnittstellenbeschreibungen aufgeführten Typen und Funktionen sollte wie auch schon beim Entwurf Gebrauch von den Abstraktionsmöglichkeiten, die Miranda bietet, gemacht werden.

In diesem Sinn sind bei der Inkarnation von Platzhaltertypen abstrakte Datentypen algebraischen Datentypen vorzuziehen, da erstere eine bessere Kapselung gewährleisten. Je besser ein Modul gekapselt ist, desto leichter kann dieses Modul erstellt, getestet und gewartet werden.

Die Spezifikation einer Funktion kann — sofern es sich nicht bereits um eine ausführbare Spezifikation handelt — als Ausgangspunkt für eine Implementierung dienen. Wir wollen im folgenden zeigen, wie die Funktion `deletetree` systematisch aus der Spezifikation, Gleichung 9.2, abgeleitet werden kann. Die folgende Herleitung ist aus [Bird 88a] entnommen.

Für die Ableitung benötigen wir die Definition von `delete`

$$\texttt{delete a []} \;=\; \texttt{[]} \tag{9.3}$$

$$\texttt{delete a (b:x)} \;=\; \texttt{b:x,} \qquad \underline{\texttt{if}}\ \texttt{a<b} \tag{9.4}$$

$$=\; \texttt{x,} \qquad \underline{\texttt{if}}\ \texttt{a=b} \tag{9.5}$$

$$=\; \texttt{b:delete a x,} \quad \underline{\texttt{if}}\ \texttt{a>b} \tag{9.6}$$

und die folgende Eigenschaft. Ist die Liste `x++[b]++y` aufsteigend sortiert, dann gilt:

$$\texttt{delete a (x++[b]++y)} \;=\; \texttt{delete a x++[b]++y,} \quad \underline{\texttt{if}}\ \texttt{a<b} \tag{9.7}$$

$$= \texttt{x++y,} \qquad\qquad \underline{\texttt{if}}\ \texttt{a=b} \qquad\qquad (9.8)$$

$$= \texttt{x++[b]++delete a y,}\quad \underline{\texttt{if}}\ \texttt{a>b} \qquad\qquad (9.9)$$

Weiterhin nehmen wir an, daß die Funktion `inorder` mit

$$\texttt{inorder Empty} = \texttt{[]} \qquad\qquad (9.10)$$

$$\texttt{inorder (Node l a r)} = \texttt{inorder l++[a]++inorder r} \qquad (9.11)$$

gegeben ist. Der Typ **tree** * sei wie in Abschnitt 7.1.3 definiert. Die Typdefinition legt nahe, eine Fallunterscheidung zwischen dem leeren Baum und einem Baum mit mindestens einem Knoten durchzuführen.

Fall Empty: Unter Verwendung der Spezifikation und der obigen Gleichungen erhalten wir die folgende Ableitung.

```
inorder (deletetree a Empty) =  delete a (inorder Empty) 9.2
                             =  delete a []              9.10
                             =  []                       9.3
                             =  inorder Empty            9.10
```

Somit können wir die erste Gleichung von **deletetree** definieren.

```
deletetree a Empty = Empty
```

Fall Node l b r: Entsprechend erhalten wir:

```
  inorder (deletetree a (Node l b r))
= delete a (inorder (Node l b r))                 9.2
= delete a (inorder l++[b]++inorder r)            9.11
```

An dieser Stelle müssen wir auf die Eigenschaften der Funktion **delete** zurückgreifen und unterscheiden demgemäß drei verschiedene Unterfälle.

Teilfall a<b: Die Argumentation läßt sich wie folgt fortsetzen.

```
  inorder (deletetree a (Node l b r))
= ...
= delete a (inorder l)++[b]++inorder r            9.7
= inorder (deletetree a l)++[b]++inorder r        9.2
= inorder (Node (deletetree a l) b r)             9.11
```

Somit erhalten wir die zweite Definitionsgleichung.

```
deletetree a (Node l b r) = Node (deletetree a l) b r,  if a<b
```

Teilfall a>b: Analog zum vorherigen Teilfall erhalten wir die Gleichung.

```
deletetree a (Node l b r) = Node l b (deletetree a r),  if a>b
```

Teilfall a=b: Es ergibt sich die folgende Argumentationskette.

```
    inorder (deletetree a (Node l b r))
=   ...
=   inorder l++inorder r                                        9.8
```

An dieser wenden wir einen kleinen Trick an: Wir nehmen an, daß wir bereits eine
Funktion `join` mit der Eigenschaft

```
    inorder (join t u)  =  inorder t++inorder u               (9.12)
```

definiert haben. Mit Hilfe dieser Funktion läßt sich die letzte Gleichung für
`deletetree` leicht angeben.

```
    deletetree a (Node l b r) = join l r,  if a=b
```

Es verbleibt, die Funktion `join` aus der Spezifikation abzuleiten. Da wir mittlerweile etwas Routine erlangt haben, führen wir eine Fallunterscheidung über dem
ersten Argument durch.

Fall Empty: Wir erhalten die folgende Ableitung.

```
    inorder (join Empty u)  =  inorder Empty++inorder u          9.12
                            =  []++inorder u                     9.10
                            =  inorder u
```

Aus der Ableitung läßt sich die erste Gleichung von `join` ablesen.

```
    join Empty u = u
```

Fall Node l b r: Analog erhalten wir:

```
        inorder (join (Node l b r) u)
=       inorder (Node l b r)++inorder u                          9.12
=       inorder l++[b]++inorder r++inorder u                     9.11
=       inorder l++[b]++inorder (join r u)                       9.12
=       inorder (Node l a (join r u))                            9.11
```

Somit können wir die Definition vervollständigen.

```
    join (Node l a r) u = Node l a (join r u)
```

Das Beispiel zeigt, wie einfach aus einer nichtoperationalen Spezifikation ein
ausführbares Programm gewonnen werden kann. Das synthetisierte Programm ist
allerdings nicht so gut, wie die in Abbildung 9.1 aufgeführte Variante (Warum?).
In [Bird 88a] wird gezeigt, wie die elegantere Version ebenfalls aus der Spezifikation
abgeleitet werden kann.

Testen der Implementierung

Ist ein Programm mit der im letzten Abschnitt beschriebenen Methode aus einer Spezifikation abgeleitet worden, so wird automatisch die Korrektheit des Programms relativ zu der Spezifikation garantiert. Ein zusätzlicher Verifikationsschritt erübrigt sich damit.

Trotzdem ist es wichtig, daß ein Programm *getestet* wird, da eine Spezifikation nie hundertprozentig validiert werden kann.

Während für die Entwurfsphase Top-Down-Strategien empfohlen werden, geht man beim Testen typischerweise Bottom-Up vor. Man überzeugt sich zunächst von der Korrektheit der grundlegenden Funktionen. Anschließend werden die Funktionen der nächsthöheren Stufe untersucht usw. Diese Vorgehensweise hat den Vorteil, daß Fehler einfacher lokalisiert werden können, da die Korrektheit der Funktionen unterer Stufen vorausgesetzt werden kann. In einem interaktiven System wie Miranda wird diese Technik besonders gut unterstützt.

Ein Test macht nur Sinn, wenn die Testbeispiele so gewählt werden, daß alle Teile einer Funktion überprüft werden. Die Beispiele sollten darüber hinaus nicht nur „typische" Eingaben umfassen, sondern auch ungewöhnliche oder falsche Eingaben. Man kann sich für weitere Testläufe viel Arbeit ersparen, wenn man die Testbeispiele in einer Datei abspeichert. Dazu können die in Abschnitt 2.7 eingeführten here-Dokumente verwendet werden.

Die ausführbare Datei `fac.example` enthält Testbeispiele für die Datei `fac.m`.

```
mira fac.m <<!
fac 0
fac 1
fac 45
fac (-2)
fac 2.4
```

Die Ergebnisse eines Testlaufs können mit dem UNIX-Kommando

```
fac.example > fac.example.out
```

gesichert werden. Wird die Datei `fac.m` geändert, so kann man mit Hilfe von

```
fac.example | cmp - fac.example.out
```

überprüfen, ob die neuen Testergebnisse mit den alten übereinstimmen.

Rapid-Prototyping

In einigen Fällen ist eine vollständige Spezifikation eines Softwaresystems nicht möglich (z. B. bei Systemen der künstlichen Intelligenz). In diesen Fällen ist es wünschenswert, einen Prototypen zur Verfügung zu haben, mit dem Erfahrungen gesammelt und an dem Ideen ausprobiert werden können. Diese Erfahrungen können dann für den Entwurf und die Spezifikation eines Systems verwendet werden.

Wenn man sich bei der Implementierung eines Prototypen auf die wichtigsten Funktionen des Systems beschränkt — Erfahrungen zeigen, daß rund 90% der Funktionen eines Systems von 10% des Programmcodes realisiert werden — und jeweils die einfachsten Implementierungstechniken wählt, dann kann ein Prototyp in der Regel mit vertretbarem Zeitaufwand erstellt werden. Notwendig für diese Vorgehensweise ist natürlich eine Sprache wie Miranda, die eine Formulierung von Problemen auf hohem Abstraktionsniveau gestattet.

Diese Technik der Softwareentwicklung wird *Rapid-Prototyping* oder explorative Programmierung genannt.

9.4 Programmierrichtlinien für Miranda

Wir wollen das Kapitel mit einigen Richtlinien für guten Programmierstil beschließen. Die Richtlinien dienen dem einzigen Zweck, die Lesbarkeit eines Programmtextes zu erhöhen. Die Bedeutung dieses Punktes wächst mit der Lebensdauer eines Programms und mit der Anzahl der Personen, die ein Programm bearbeiten.

Die folgende Aufstellung ist natürlich keineswegs erschöpfend, stellt aber einen guten Ausgangspunkt für eigene Überlegungen dar.

> **Regel 1**: Verwende aussagekräftige Namen als Bezeichner für Funktionen, Parameter und Typen.

Je größer der Geltungsbereich eines Namens ist, desto mehr Zeit sollte darauf verwendet werden, einen aussagekräftigen Namen zu finden. In diesem Sinn sind kurze Bezeichner für Funktionsparameter allerdings durchaus akzeptabel.

> **Regel 2**: Kommentiere Programmteile, deren Bedeutung nicht unmittelbar ersichtlich ist.

Ein Kommentar sollte zunächst die logische Komponente einer Definition beschreiben (*Was* macht die Funktion?). Wird für die Realisierung ein komplizierter Algorithmus verwendet, dann ist auch eine Beschreibung der operationalen Komponente (*Wie* arbeitet die Funktion?) nützlich.

Regel 3: Formatiere den Programmtext entsprechend der logischen Struktur. Verwende sicheres Layout.

Das Problem des sicheren Layouts ist in Abschnitt 3.1.1 behandelt worden.

Regel 4: Wenn eine Funktion durch mehrere Gleichungen definiert wird, achte darauf, daß die Reihenfolge der Gleichungen irrelevant ist.

Die definierten Funktionen sollten total sein. Ist dies nicht möglich, füge explizite Fehlerfälle zur Definition hinzu.

Ist die Reihenfolge irrelevant, in der die Gleichungen einer Funktion angegeben werden, so kann angenehmer mit und über die Funktionsdefinition argumentiert werden, da jede Gleichung unabhängig vom Kontext behandelt werden kann. Weitere Hinweise findet man in den Abschnitten 3.1.2 und 3.1.3.

Regel 5: Vermeide die unnötige Schachtelung von Definitionen.

Funktionen sollten nur lokal definiert werden, wenn dies logisch unabdingbar ist (vgl. auch Abschnitt 3.3). Um die Sichtbarkeit von Bezeichnern einzuschränken, sind **%export**-Direktiven lokalen Definitionen vorzuziehen.

Regel 6: Benenne konstante Ausdrücke und Typausdrücke.

Eine konstanter Ausdruck ist weniger informativ als ein Bezeichner. Wird der gleiche Ausdruck in unterschiedlichen Programmteilen verwendet, so muß bei einer Änderung jedes Vorkommen angepaßt werden. Wenn ein Bezeichner verwendet wird, ist nur eine Änderung notwendig. Die Einführung von Typsynonymen kann die Lesbarkeit des Programmtextes ebenfalls erhöhen (siehe Abschnitt 4.4).

Regel 7: Spezifiziere die Typen von Funktionen, deren Funktionalität nicht unmittelbar aus dem Programmtext ersichtlich ist.

Typangaben sind für den menschlichen Leser eines Programms eine wertvolle Hilfe. Sie können aber auch bei der Fehlersuche hilfreich sein, da der Compiler bei auftretenden Typfehlern i. allg. besser die Fehlerursache lokalisieren kann.

Regel 8: Vermeide rekursive Definitionen.

In der Regel sind Definitionen, die anstelle von „ad hoc"-Rekursion Funktionen aus der Standardumgebung oder List-Comprehensions verwenden, besser lesbar. Die Funktion `factors`, die die Teiler einer Zahl bestimmt, kann sehr viel einfacher und klarer mit Hilfe einer List-Comprehension definiert werden

```
factors n = [m | m<-[1..n]; n mod m = 0]
```

als durch Rekursion:

```
factors' n = factorsfrom 1 n
factorsfrom m n = [],                      if m>n
                = m:factorsfrom (m+1) n,   if n mod m=0
                = factorsfrom (m+1) n,     otherwise
```

Darüber hinaus ist die nichtrekursive Variante auch effizienter.

Regel 9: Versuche Informationen so lokal wie möglich zu halten (*information hiding*).

Exportbeschränkungen und abstrakte Datentypen sind geeignete Mittel, um Details einer Implementierung zu verbergen und Programme robust gegenüber Änderungen zu machen.

Regel 10: Fasse häufig verwendete Funktionen in Bibliotheken zusammen.

Auf diese Weise wird vermieden, daß jeder Programmierer das Rad ständig neu erfindet. Die Standardumgebung ist ein gutes Beispiel für eine Sammlung nützlicher Funktionen.

9.5   Literaturhinweise

Das Modulkonzept von Miranda ist im wesentlichen eine vereinfachte Version des Konzeptes von SML. Aus diesem Grund bieten sich [MacQueen 85], [Mitchell 88] und [Tofte 89] für einen tieferen Einstieg in das Gebiet an.

Eine gute Einführung in das Thema des Software-Engineering geben [Nagl 90] und [Sommerville 89]. Ansatzweise, unter besonderer Berücksichtigung funktionaler Sprachen wird das Thema auch von [Wikström 87] behandelt.

9.6 Syntax

Neben Wertedefinitionen, Typdefinitionen und Wertespezifikationen können auf
der obersten Ebene eines Skripts auch Modul-Direktiven angegeben werden.

```
<decl>  ⟶  ...
         |  <libdir>        Modul-Direktive
```

Modul-Direktive haben die folgende Form.

<libdir>	⟶	**%include** <env> (;)	*Import*
	|	**%export** <parts> (;)	*Export*
	|	**%free** { <sig> }	*freie Bezeichner*
<env>	⟶	<fileid> [<binder>] [<aliases>]	
<binder>	⟶	{ <binding> { <binding> } }	
<binding>	⟶	<var> = <exp> (;)	*Wertebindung*
	|	<tform> == <type> (;)	*Typbindung*
<aliases>	⟶	<alias> { <alias> }	*Umbenennung*
<alias>	⟶	<identifier> / <identifier>	*Neu für Alt*
	|	<Identifier> / <Identifier>	*dito*
	|	-<identifier>	*ohne <identifier>*
<parts>	⟶	<part> { <part> }	
<part>	⟶	<identifier>	*Bezeichner*
	|	<fileid>	*importierte Datei*
	|	+	*alle Bezeichner*
	|	-<identifier>	*ohne <identifier>*
<fileid>	⟶	"<pathname>"	*„normale" Datei*
	|	<<pathname>>	*Bibliothek*

Aufgaben

Aufgabe 9.1 Das Skript **x.m** exportiere die Bezeichner **f**, **g** und **h**. Wenn die
Skripten **y.m** und **z.m**, die in der oberen Hälfte der in Abbildung 9.4 aufgeführten Tabelle definiert sind, um jeweils eine der in der unteren Hälfte aufgeführten
%export- bzw. **%import**-Direktiven ergänzt werden, welche Bezeichner sind dann
in der jeweiligen Datei sichtbar und welche Bezeichner werden exportiert?

Aufgabe 9.2* Knobelaufgabe: Wir haben in Abschnitt 9.1.2 gesehen, daß der
zweifache Import eines Skripts zu einem Typkonflikt führt. Wie müssen die Skripten modifiziert werden, so daß ein Skript doppelt importiert werden kann.

<table>
<tr><td>Skript <code>y.m</code></td><td>Skript <code>z.m</code></td></tr>
<tr><td><code>%include "x"</code>
<code>i = 1; j = 1; k = 1</code></td><td><code>h = 1; k = 1; m = 1</code></td></tr>
<tr><td><code>%export f j</code></td><td><code>%include "y" -j g/f</code></td></tr>
<tr><td><code>%export + f</code></td><td><code>%include "y" -k g/f</code></td></tr>
<tr><td><code>%export "x"</code></td><td><code>%include "y" -h</code></td></tr>
<tr><td><code>%export + -h "x" -k</code></td><td><code>%include "y" f/i i/f</code></td></tr>
</table>

Abbildung 9.4: Sichtbarkeit von Bezeichnern (Aufgabe 9.1)

Aufgabe 9.3 Die Datei `free.m` enthält die freien Bezeichner `t` und `f`.

```
%free { t * :: type;   f :: *->t *->t *; }
```

Welche der folgenden Parameterbelegungen sind zulässig?

```
%include "free" { t * == *;     f = converse const; }
%include "free" { t * == [*];   f = :; }
%include "free" { t * == num;   f = +; }
%include "free" { t * == num;   f = converse const; }
```

Aufgabe 9.4 Stelle ein Modul zusammen, das grundlegende Operationen auf Listen anbietet.

Aufgabe 9.5** Verwende den in Abschnitt 9.2.2 vorgestellten Prioritäts-Parser, um Ausdrücke, Muster und Typausdrücke zu parsen, wie sie in Miranda verwendet werden.

Aufgabe 9.6** Implementiere ein Modul, das gängige Operationen auf Vektoren und Matrizen zur Verfügung stellt. Um die Verwendbarkeit des Moduls zu erhöhen, sollte es mit dem zugrundeliegenden Körper, über dem die Vektoren und Matrizen definiert sind, parametrisiert werden.

Aufgabe 9.7*** Realisiere den in Abschnitt 4.2 eingeführten Unifikationsalgorithmus. Wie kann von einer konkreten Termrepräsentation abstrahiert werden?

Aufgabe 9.8* In Abschnitt 5.3 haben wir die Funktionen `lookup` und `enter` definiert. Auf Grund der geschickten Parametrisierung der Funktion `enter` ließen sich eine Reihe nützlicher Funktionen ableiten. Übertrage die Parametrisierung von Wertebene auf Modulebene.

10 Interaktive Programme

Wir haben in der Einleitung das Konzept der „referential transparency" als ein wichtiges Element rein funktionaler Sprachen herausgestellt. Das Prinzip besagt, daß das Ergebnis eines Funktionsaufrufs nur von den Parametern der Funktion abhängig ist. Wird eine Funktion mehrfach mit den gleichen Argumenten aufgerufen, so ist das Ergebnis stets das gleiche.

Dieses Prinzip scheint man aufgeben zu müssen, wenn Ein- und Ausgabe ins Spiel kommen. Eine Funktion, die Zeichen von der Standardeingabe liest, ist nicht „referentially transparent", da das Funktionsergebnis i. allg. unterschiedlich sein wird. Wir zeigen in diesem Kapitel, wie Interaktion mit dem Benutzer modelliert werden kann, so daß diese grundlegende Eigenschaft funktionaler Sprachen erhalten bleibt.

Im folgenden geben wir zunächst einen Überblick über die verschiedenen Techniken, die für die Integration von Ein- und Ausgabe in den letzten Jahren entwickelt worden sind. Dieser Überblick erweist sich als nützlich für die Einordnung der Konzepte, die in Miranda für Ein- und Ausgabe verwendet werden. Bestehende Ansätze lassen sich in drei Kategorien einteilen:

1. Einbindung imperativer Funktionen,

2. strombasierte Ein- und Ausgabe und

3. fortsetzungsbasierte Ein- und Ausgabe.

Die *Einbindung imperativer Funktionen*, d. h. von Ein- und Ausgabefunktionen wie man sie in Pascal oder C findet, ist sicherlich der einfachste Ansatz, führt aber zum Verlust der „referential transparency". In Miranda werden Eingabefunktionen, d. h. Funktionen zur passiven Abfrage der „Umgebung", auf diese Art und Weise integriert (siehe Abschnitte 10.1 und 10.2).

Die grundlegende Idee der *strombasierten Ein- und Ausgabe* ist die folgende: Einer interaktiven Funktion wird die gesamte Benutzereingabe (als Liste von Zeichen) übergeben. Das Ergebnis der Funktion ist die gesamte Ausgabe. Eine interaktive Funktion besitzt demnach den Typ `input->output`. Dieser Ansatz kann nur in Sprachen realisiert werden, deren operationale Semantik auf LO-Reduktion basiert, da die Eingaben, die i. allg. von den Ausgaben abhängen, nur schrittweise angefordert werden dürfen (Frage-Antwort-Systeme). Damit ergibt sich das in Abbildung 10.1 dargestellte Modell eines interaktiven Programms. Der Benut-

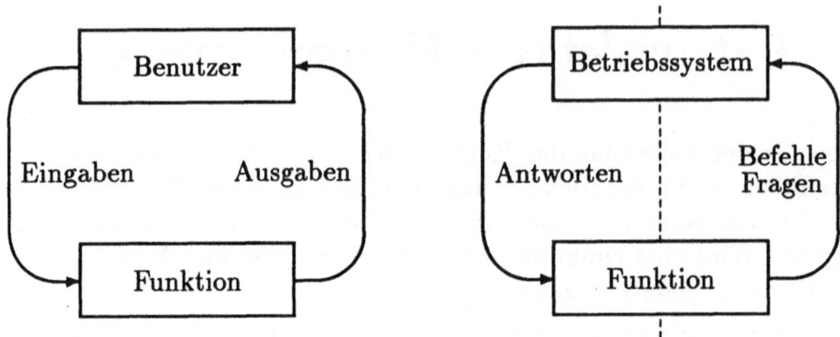

Abbildung 10.1: Strombasierte Ein- und Ausgabe

zer transformiert in diesem Modell die generierten Ausgaben in Eingaben für die
interaktive Funktion.

Ein Programm kommuniziert in der Regel mittels eines Betriebssystems mit
dem Benutzer. Somit erhalten wir das in der gleichen Abbildung dargestellte allgemeinere Modell. Die interaktive Funktion erteilt dem Betriebssystem Befehle
(Schreibe **s** in die Datei **x**!) bzw. richtet Anfragen (Was steht in der Datei **x**?)
an das Betriebssystem und erhält entsprechende Antworten. In Miranda werden
Ausgabefunktionen und Operationen auf dem Dateisystem auf diese Weise realisiert. Da nur Befehle und keine Anfragen an das Betriebssystem geschickt werden,
findet allerdings keine Rückkopplung statt (siehe Abschnitt 10.3).

Der Vorteil dieses Konzeptes ist im Erhalt der „referential transparency" zu
sehen; allerdings ist das Modell unzulänglich, wenn über die Reihenfolge von Ein-
und Ausgabe argumentiert wird. Eine Funktion, die zwei Eingaben auf zwei Ausgaben abbildet $[I_1, I_2] \mapsto [O_1, O_2]$, kann auf sechs unterschiedliche Arten implementiert werden, d. h., es gibt sechs Möglichkeiten, den Ein- und Ausgabestrom
zu verschränken. (Wieviele unterschiedliche Interaktionen, kann eine Funktion,
die m Eingaben auf n Ausgaben abbildet, realisieren?) Wir werden in Abschnitt
10.5 sehen, daß bei der Programmierung von interaktiven Funktionen Probleme
mit der Synchronisation von Ein- und Ausgabe auftreten, die auf dieses Defizit
zurückzuführen sind.

Synchronisationsprobleme treten nicht auf, wenn das *fortsetzungsbasierte Modell* verwendet wird. Das Ergebnis einer interaktiven Funktion besteht in diesem
Modell aus einem einzigen Befehl bzw. einer einzigen Anfrage und einer *Fortsetzungsfunktion*. Die Fortsetzungsfunktion gibt an, wie das Programm fortgeführt
wird, *nachdem* der Befehl bzw. die Anfrage abgearbeitet worden ist. Die Fortsetzungsfunktion wird mit dem Ergebnis der Anfrage aufgerufen und wertet ihrerseits

wieder zu einem Systemaufruf und einer anderen Fortsetzungsfunktion aus. Durch diese streng sequentielle Abfolge von Aufrufen werden Synchronisationsprobleme vermieden. Seiteneffekte treten wie beim strombasierten Ansatz nur auf Seite des Betriebssystems auf: Die Funktionen sind seiteneffektfrei und „referentially transparent".

Der fortsetzungsbasierte Ansatz hat den Vorteil, daß er auf den beiden anderen Konzepten aufgesetzt werden kann. Die Techniken vermitteln wir in Abschnitt 10.5. Mit Hilfe der in diesem Abschnitt beschriebenen Funktionen kann in Miranda fortsetzungsbasierte Ein- und Ausgabe betrieben werden, ohne daß dieses Konzept im Sprachumfang enthalten ist.

Darüberhinaus beschäftigen wir uns in Abschnitt 10.4 mit der Realisierung unter UNIX ausführbarer Miranda-Programme („stand alone"-Applikation).

10.1   Eingabe

Die Funktionen, die in diesem Abschnitt vorgestellt werden, dienen der *passiven* Abfrage des UNIX-Dateisystems bzw. der UNIX-Umgebung. Da diese Funktionen einen globalen Zustand abfragen, sind sie nicht „referentially transparent": gleiche Aufrufe zu verschiedenen Zeitpunkten liefern in der Regel unterschiedliche Ergebnisse. Aus diesem Grund sollten diese Funktionen auch nur sehr diszipliniert verwendet werden. Wie bereits erwähnt, beschreiben wir in Abschnitt 10.5 eine Methode, die den disziplinierten Gebrauch erleichtert.

Mit Hilfe der Funktion `read :: [char]->[char]` kann eine Datei eingelesen werden. Auf Grund der Auswertungsstrategie wird die Datei jeweils nur so weit eingelesen, wie auf die Zeichen der Ergebnisliste zugegriffen wird. Ist die angegebene Datei nicht vorhanden oder nicht lesbar, erfolgt ein Fehlerabbruch. Das Symbol `$-` bezeichnet die Liste der Zeichen, die von der Standardeingabe eingelesen werden. Die Funktion

```
accumulate = (sum.map numval.lines) $-
```

stellt somit ein einfaches, „interaktives" Programm dar, das zeilenweise von der Standardeingabe Zahlen liest und nach Beendigung der Eingabe (mit Control-D) deren Summe ausgibt.

Mit der Funktion `filemode :: [char]->[char]` können die Zugriffsrechte auf eine Datei ermittelt werden. Ist die angegebene Datei nicht vorhanden, wird ein leerer String zurückgegeben. Anderenfalls besteht der Rückgabewert aus einer Liste von vier Zeichen: Die Buchstaben `"drwx"` zeigen an, daß die betreffende Datei ein Verzeichnis (<u>d</u>irectory) ist, daß sie lesbar (<u>r</u>ead), schreibbar (<u>w</u>rite) und

ausführbar (execute) ist. Wenn ein Attribut nicht zutrifft, so wird der entsprechende Buchstabe durch einen Strich ersetzt, z. B. "-rw-". Die Funktion

```
okay = member (filemode "help.txt") 'r'
```

überprüft, ob die Datei `help.txt` lesbar ist. Mit Hilfe von `filemode` kann eine
„sichere" `read`-Funktion definiert werden.

```
readfile :: [char]->option [char]
readfile x = Succeed (read x),  if member (filemode x) 'r'
           = Fail,              otherwise
```

In der UNIX-Umgebung werden Voreinstellungen und Präferenzen häufig in sogenannten Environment-Variablen abgelegt. Der Zugriff auf die Belegung einer Variablen erfolgt mit der Funktion `getenv :: [char]->[char]`. Die Environment-
Variable `HOME` kann z. B. verwendet werden, um den absoluten Pfadnamen der
`.cshrc` Datei zu bestimmen.

```
cshrc = getenv "HOME"++"/.cshrc"
```

Die Funktion `system :: [char]->([char],[char],num)` realisiert eine all-
gemeine Schnittstelle zum UNIX-System. Mit dem Aufruf dieser Funktion wird
ein neuer Prozeß erzeugt, der den übergebenen String als Kommandozeile der
UNIX-Shell `/bin/sh` interpretiert. Die Standardausgabe, Fehlerausgabe und der
Exit-Status dieses Prozesses werden als Funktionsergebnis zurückgeliefert. Die
Funktion `system` ist allerdings *nicht* geeignet, interaktive Programme wie z. B. ei-
nen Editor auszuführen (siehe Abschnitt 10.3). Die Funktion `ls` bestimmt alle
Dateinamen im aktuellen Verzeichnis, die das übergebene Muster matchen.

```
ls :: string->[string]
ls pat = lines stdout,  if exit=0
       = [],            otherwise
         where
         (stdout,stderr,exit) = system ("ls "++pat)
```

Eine Übersicht der beschriebenen Eingabefunktionen findet man in Abbildung
10.2.

10.2 Interpretierte Eingabe

Mit Hilfe des Symbols `$-` kann zeichenweise auf die Standardeingabe zugegriffen
werden. Um *zeilenweise Werte* einzulesen, wird das Symbol `$+` verwendet. Das

Funktion	Typ	Bemerkung
`read`	`[char]->[char]`	Einlesen einer Datei
`filemode`	`[char]->[char]`	Abfrage von Zugriffsrechten
`getenv`	`[char]->[char]`	Abfrage einer Environment-Variablen
`system`	`[char]->` `([char],[char],num)`	allgemeine UNIX-Schnittstelle

Abbildung 10.2: Eingabefunktionen

System liest in diesem Fall die Benutzereingabe zeilenweise ein und wertet jede Zeile wie im Miranda-Interpreter relativ zur aktuellen Umgebung aus, d. h., der Benutzer darf auch komplexe Ausdrücke eingeben, die z. B. Aufrufe selbstdefinierter Funktionen beinhalten. Die Funktion `accumulate` läßt sich somit einfacher definieren.

```
accumulate' = sum $+
```

Ein einfacher Taschenrechner, der wiederholt Ausdrücke einliest und auswertet, wird durch die folgende Funktion realisiert.

```
calculator = lay [shownum n | n<-$+]
```

Um eine Datei interpretiert einzulesen, wird die Funktion <u>readvals</u> verwendet[1]. Die Funktion besitzt im Prinzip den Typ

```
readvals :: [char]->*
```

Konkrete Verwendungen dieser Funktion müssen allerdings der gleichen Bedingung genügen, die wir in Abschnitt 4.5 für die Funktion <u>show</u> aufgestellt haben: <u>readvals</u> darf nur monomorph verwendet werden. Wenn der Typ aus dem Kontext nicht eindeutig bestimmt werden kann, müssen ggf. zusätzliche Typinformationen bereitgestellt werden. Die gleiche Einschränkung gilt natürlich auch für die interpretierte Standardeingabe `$+`. Enthält die Datei `help.txt` Einträge der folgenden Form,

```
("abs","Der Absolutwert einer Zahl.")
("and","Die logische Konjunktion einer Liste von Wahrheitswerten.")
("arctan","Trigonometrische Funktion (Inverse von Tangens).")
("cjustify","Zentriert einen String auf die angegebene Breite.")
```

---

[1] Beachte: <u>readvals</u> ist ein Schlüsselwort und kein Bezeichner.

```
("concat","Konkanteniert eine Liste von Listen zu einer Liste.")
("code","Berechnet den ASCII-Code eines Zeichens.")
...
```

dann kann diese Datei wie folgt eingelesen werden[2].

```
dict :: [([char],[char])]
dict = readvals "help.txt"
```

Auch für die Funktion **readvals** gilt, daß die Datei jeweils nur soweit wie nötig
eingelesen wird. Tritt während der Eingabe ein Syntax- oder ein Typfehler auf, so
wird mit einer Fehlermeldung abgebrochen. Ein Fehlerabbruch erfolgt nicht bei
der interpretierten Standardeingabe (\$+), wo der Benutzer zur erneuten Eingabe
des Datums aufgefordert wird.

10.3   Ausgabe

Die Ausgabe von Daten bzw. allgemein die Erzeugung von Seiteneffekten wird in
Miranda gemäß der strombasierten Ein- und Ausgabe realisiert. Die grundlegende
Idee ist die folgende: Das Ergebnis einer Funktion, die Ausgaben erzeugen oder das
Dateisystem verändern möchte, besteht aus einer Liste von Nachrichten an das un-
terliegende Betriebssystem. Ein Seiteneffekt erfolgt erst, wenn das Betriebssystem
die Nachrichten interpretiert.

Eine Nachricht ist ein Element des algebraischen Datentyps `sys_message`. Eine
interaktive Funktion besitzt den Typ `[sys_message]`.

```
sys_message
    ::= Stdout [char] | Stderr [char] | Tofile [char] [char] |
        Closefile [char] | Appendfile [char] | System [char] |
        Exit num
```

Mit Hilfe von `Stdout` bzw. `Stderr` können Zeichenketten zur Standardausgabe
bzw. zur Fehlerausgabe geschickt werden.

Ausgaben auf eine Datei erfolgen durch `Tofile`-Nachrichten; der erste Parameter gibt den Dateinamen an, der zweite die zu schreibende Zeichenkette. Der

---

[2]Auch wenn die Funktion dict mehrfach aufgerufen wird, so wird die Datei nur *einmal* eingelesen. Dieses Phänomen wird durch die Auswertungsstrategie verursacht: Das Miranda-System wertet
Teilausdrücke im Funktionsrumpf, die nicht von den Funktionsparametern abhängen, nur einmal aus.
Während dieses Verhalten i. allg. erwünscht ist (vgl. Abschnitt 8.6.4), ergeben sich bei interaktiven Programmen einige Probleme. Wird etwa die Datei help.txt zwischen zwei Aufrufen von dict verändert,
so wird diese Veränderung nicht sichtbar.

erste `Tofile`-Aufruf öffnet automatisch die angegebene Datei. Ist eine Datei gleichen Namens bereits vorhanden, so wird der alte Inhalt gelöscht, anderenfalls wird
eine neue Datei angelegt. Nachfolgende `Tofile`-Aufrufe mit gleichem Ziel werden
an die Datei angehängt. Soll der alte Inhalt der Datei *nicht* gelöscht werden, so
muß vor der ersten `Tofile`-Nachricht ein `Appendfile`-Aufruf erfolgen. Offene Dateien werden automatisch geschlossen, wenn das Ende der Nachrichtenliste erreicht
ist. Um eine Datei explizit zu schließen, kann die Nachricht `Closefile` verwendet
werden.

Einen allgemeinen Zugriff auf das UNIX-System ermöglicht der Aufruf `System`.
Der Prozeß, der zur Abarbeitung der angegebenen Kommandozeile gestartet wird,
erbt vom Miranda-System die Standardeingabe, die Standardausgabe und die
Fehlerausgabe. Aus diesem Grund können auf diese Weise auch interaktive Programme gestartet werden (vgl. `system`). Ein Texteditor kann wie folgt aufgerufen
werden.

```
edit :: string->[sys_message]
edit x = [System ("jove "++x)]
```

Um den Exit-Status eines Miranda-Programms zu setzen, kann die Nachricht
`Exit` verwendet werden. Ein `Exit`-Aufruf beendet auch die Abarbeitung der Nachrichtenliste, d. h. nachfolgende Nachrichten werden ignoriert. Der Exit-Status ist
nur von Interesse, wenn Miranda-Programme als selbständige UNIX-Kommandos
eingesetzt werden (vgl. Abschnitt 10.4).

Die Funktion `help` verwendet die in den letzten beiden Abschnitten definierten
Funktionen `okay` und `dict` und realisiert ein einfaches Hilfesystem.

```
help :: string->[sys_message]
help k = [Stdout (info!0)],   if okay & info~=[]
       = [Stderr msg1],       if okay
       = [Stderr msg2],       otherwise
         where
         info = [i | (k',i)<-dict; k=k']
```

```
msg1 = "Ein Eintrag zu diesem Stichwort ist nicht vorhanden!\n"
msg2 = "Datei kann nicht geoeffnet werden!\n"
```

Wenn die Datei `help.txt` lesbar ist und ein Text zu dem angegebenen Stichwort
vorhanden ist, wird dieser Text zur Standardausgabe geschickt. Anderenfalls erfolgt eine entsprechende Fehlerausgabe.

Alle Ausdrücke, die im Miranda-Interpreter eingegeben werden, müssen im Prinzip den Typ
`[sys_message]` besitzen. Ist dies nicht der Fall, so wird auf den eingegebenen Ausdruck automatisch die Funktion `wrap` mit

```
wrap  x = [Stdout (show x)]
```

angewendet. Ist der Ausdruck bereits vom Typ [char], so entfällt die Anwendung der show-Funktion.

Mit Hilfe von readvals, show und Tofile kann eine einfache Form der sogenannten Daten-Persistenz erreicht werden, d. h., Werte können über Funktionsaufrufe hinaus gesichert werden bzw. zwischen zeitlich aufeinanderfolgenden Aufrufen des Miranda-Systems ausgetauscht werden. Die Funktionen savet und loadt mit

```
savet :: string->[t]->[sys_message]
loadt :: string->[t]
savet fid x = [Tofile fid [show a | a<-x],Closefile fid]
loadt = readvals
```

speichern bzw. laden eine Liste vom Grundtyp t. Beachte: Der Typ t muß monomorph sein.

10.4   Einbindung in UNIX

In diesem Abschnitt zeigen wir, wie Miranda-Skripte verwendet werden können, um ausführbare UNIX-Kommandos zu erzeugen.

Eine sehr einfache Methode, die sogenannten here-Dokumente, haben wir bereits in Abschnitt 2.7 kennengelernt. Dieses Verfahren hat allerdings den Nachteil, daß keine Interaktion mit dem Benutzer möglich ist, da das here-Dokument als Standardeingabe verwendet wird.

Die im folgenden beschriebene, alternative Methode behebt diesen Nachteil. Die Vorgehensweise läßt sich am besten anhand eines Beispiels illustrieren. Das UNIX-Skript echo mit

```
#! /usr/local/bin/mira -exp
echo (tl $*)

echo [] = []
echo (a:x) = format x,             if a="-n"
           = format (a:x)++"\n",  otherwise

format = foldr1 op where x $op y = x++" "++y
```

implementiert das gleichnamige Kommando, das seine Kommandozeilenargumente zur Standardausgabe transferiert. Die Option -n kann verwendet werden, um den abschließenden Zeilenvorschub zu unterdrücken.

Die erste Zeile des UNIX-Skripts enthält einen sogenannten „magic string". Dieser gibt an, unter welchem Pfad der Interpreter des nachfolgenden Skripts, in diesem Fall das Miranda-System, zu finden ist. In der zweiten Zeile befindet sich ein auszuwertender Ausdruck. Die restlichen Zeilen stellen ein normales Miranda-Skript dar, relativ zu dem der Ausdruck interpretiert wird. Diese Reihenfolge ist zwingend und muß stets beibehalten werden. Auf die Kommandozeilenargumente kann innerhalb des Skripts mit dem Symbol $* zugegriffen werden.

Nachdem die Datei mit dem UNIX-Kommando chmod +x echo ausführbar gemacht wurde, kann das Programm von einer Shell mit

```
./echo bla bla bla
```

gestartet werden. (Der Aufruf ./echo stellt sicher, daß nicht das vordefinierte UNIX-Kommando verwendet wird). Das erste Element einer Kommandozeile ist stets der Name des aufgerufenen Programms; somit wertet $* nach dem obigen Aufruf zu der Liste ["echo","bla","bla","bla"] aus.

10.5 Fortsetzungsbasierte Ein- und Ausgabe

Nachdem wir in den ersten drei Abschnitten alle vordefinierten Ein- und Ausgabefunktionen vorgestellt haben, wollen wir in diesem Abschnitt zeigen, wie aufbauend auf diesen Funktionen *systematisch* interaktive Programme entwickelt werden können. Bevor wir uns der fortsetzungsbasierten Ein- und Ausgabe zuwenden, gehen wir zunächst noch einmal auf das Problem der Synchronisation beim strombasierten Ansatz ein.

Auf Grund des Auswertungsmechanismus von Miranda kann ein interaktives Programm als Funktion des Typs interactive mit

```
interactive == input->output
input   == [string]
output == [string]
```

modelliert werden. Der interaktiven Funktion wird die gesamte Eingabe des Benutzers übergeben — die Auswertungsstrategie stellt sicher, daß eine Eingabe erst angefordert wird, wenn sie benötigt wird. Die gesamte Ausgabe wird als Ergebnis zurückgegeben.

Nehmen wir an, daß wir den folgenden Ausschnitt einer Benutzerinteraktion realisieren wollen (die Eingaben der Benutzerin sind unterstrichen):

```
Vorname:   Ulrike
Nachname:  von Greifenwald
Ulrike von Greifenwald
```

Die Benutzerin wird nach ihrem Vornamen und ihrem Nachnamen gefragt; der vollständige Name wird anschließend zur Kontrolle ausgegeben. Eine „ad hoc"-Lösung könnte wie folgt aussehen:

```
name          = 111 (lines $-)
111 inp       = "Vorname:  "++112 (hd inp) (tl inp)
112 s inp     = "Nachname: "++113 s (hd inp) (tl inp)
113 s t inp = s++" "++t
```

Nach der Ausgabe der entsprechenden Meldungen wird jeweils von der Benutzereingabe die nächste Zeile abgespalten (`hd inp`). Die Eingaben werden als Parameter an die nachfolgenden Funktionen weitergereicht. Die Beschreibung des Programms klingt einleuchtend, gleichwohl entspricht der Programmablauf nicht unseren Vorstellungen.

```
Vorname:  Nachname:  Ulrike
Ulrike von Greifenwald
von Greifenwald
```

Die Ein- und Ausgaben werden falsch synchronisiert , da die Eingaben erst zum spätmöglichsten Zeitpunkt nämlich zum Zeitpunkt der Kontrollausgabe angefordert werden. Das Problem der Synchronisation kann gelöst werden, indem die Funktion 112 bzw. 113 strikt im ersten bzw. im zweiten Argument gemacht wird: `strict 112` bzw. `strict (113 s)`. Alternativ können Muster eingesetzt werden, um die Eingabe zu erzwingen.

```
name'         = 121 (lines $-)
121 inp       = "Vorname:  "++122 inp
122 (s:inp)   = "Nachname: "++123 s inp
123 s (t:inp) = s++" "++t
```

Das Beispiel verdeutlicht, daß der strombasierte Ansatz Probleme bei der richtigen Synchronisation von Ein- und Ausgabe bereitet. Um diese Probleme zu umgehen, definieren wir im folgenden einen Satz von Funktionen, die die wichtigsten Ein- und Ausgabeoperationen realisieren. Die korrekte Synchronisation wird automatisch gewährleistet. Diese Funktionen bauen auf der strombasierten Ein- und Ausgabe auf, verwenden aber das Konzept der Fortsetzungsfunktionen[3].

---

[3]Fortsetzungen werden in der *denotationellen Semantik* verwendet, um diskontinuierliche Anweisungen wie etwa Sprünge zu modellieren.

Die zugrundeliegende Idee ist relativ einfach und läßt sich wie folgt beschreiben: Einem Systemaufruf wie z. B. `writeln` oder `readln` wird neben den eigentlichen Parametern zusätzlich eine Fortsetzungsfunktion übergeben. Diese Fortsetzungsfunktion beschreibt, wie die Interaktion fortgeführt wird, nachdem der Systemaufruf abgeschlossen ist. Produziert der Systemaufruf einen Wert (z. B. `readln` die eingelesene Zeile) vom Typ `t`, so besitzt die Fortsetzungsfunktion den Typ `t->interactive`, d. h., die Fortsetzungsfunktion wird mit dem produzierten Wert aufgerufen. Anderenfalls (z. B. `writeln`) ist der Typ einfach `interactive`.

Grundlegende Definitionen

Die in der Einleitung zu diesem Abschnitt gegebene Definition eines interaktiven Programms verallgemeinern wir leicht. Die Eingabe eines interaktiven Programms besteht neben dem Eingabestrom aus einem nicht näher spezifizierten Zustand. Diesen Zustand verwenden wir später, um „globale Variablen" zu simulieren.

```
interactive * == (input,*)->output
```

Der Eingabestrom besteht aus einer Folge von Zeilen, der Ausgabestrom aus einer Abfolge von Systemmeldungen.

```
input   == [string]
output  == [sys_message]
```

Die folgenden Gleichungen definieren Funktionen, mit deren Hilfe interaktive Programme gestartet und beendet werden können.

```
start :: interactive *->output
exit  :: num->interactive *
stop  :: interactive *
start f    = f (lines $-,undef)
exit n inp = [Exit n]
stop       = exit 0
```

Das einfachste „interaktive" Programm ist somit `start stop`.

Eine Eingabefunktion konsumiert einen Teil des Eingabestroms. Der konsumierte Teil und der Rest des Eingabestroms werden an die Fortsetzungsfunktion übergeben. Dieses Schema wird von der Hilfsfunktion `consume` implementiert. Der erste Parameter von `consume` realisiert die Aufspaltung des Eingabestroms.

```
consume :: (input->(*,input)) ->
           (*->interactive **)->interactive **
consume f cnt (x,i) = strict cnt a (x',i) where (a,x') = f x
```

Beachte, daß die Fortsetzungsfunktion strikt im ersten Argument gemacht wird,
um die entsprechende Eingabe zu erzwingen. Die grundlegenden Eingabeopera-
tionen lassen sich mit Hilfe von `consume` wie folgt definieren.

```
noteof :: (bool->interactive *)->interactive *
readln :: (string->interactive *)->interactive *
noteof = consume f where f x = (x~=[],x)
readln = consume f where f (a:x) = (a,x)
```

Die Funktion `noteof` überprüft, ob Eingaben verfügbar sind. Eine Zeile des Eingabestroms kann mit der Funktion `readln` eingelesen werden.

Eine Ausgabefunktion produziert jeweils ein Element des Ausgabestroms. Die
Fortsetzungsfunktion wird auf den unveränderten Eingabestrom angewendet. Dieses Schema wird von der Hilfsfunktion `produce` implementiert. Der erste Parameter von `produce` gibt die (einstellige) Nachricht an, die produziert werden soll, der
zweite Parameter spezifiziert das Argument dieser Nachricht.

```
produce :: (*->sys_message) ->
           *->interactive **->interactive **
produce f a cnt inp = f a:cnt inp
```

Die wichtigsten Ausgabefunktionen können unter Verwendung von `produce` leicht
realisiert werden.

```
writes,writeln,errmsg :: string->interactive *->interactive *
writes  = produce Stdout
writeln = writes.(++"\n")
errmsg  = produce Stderr
```

Die Funktion `writes` gibt einen String auf der Standardausgabe aus, `writeln`
beschließt die Ausgabe mit einem Zeilenvorschub. Mit Hilfe von `errmsg` können
Meldungen zur Fehlerausgabe geschickt werden.

Wir haben nunmehr alle „Zutaten" beisammen, um das Beispiel aus der Einleitung zu reimplementieren.

```
name      = start 111
111       = writes "Vorname:  " 112
112       = readln 113
113 s     = writes "Nachname: " (114 s)
114 s     = readln (115 s)
115 s t = writeln (s++" "++t) stop
```

Die Funktion 111 wird gestartet; diese übergibt die Kontrolle der Ausgabeoperation **writes**. Im Anschluß an die Ausgabe wird die Fortsetzungsfunktion von **writes**, die Funktion 112, aufgerufen. Entsprechend wird die Eingabeoperation **readln** abgearbeitet. Die von **readln** eingelesene Zeile wird an die Fortsetzungsfunktion 113 übergeben usw.

Interpretiert man die einzelnen Funktionsnamen als Sprungadressen, so erinnert die Definition ein wenig an ein Goto-Programm. Dies ist auch nicht weiter verwunderlich, wenn man daran denkt, daß Fortsetzungen in der denotationellen Semantik eingesetzt werden, um die Bedeutung von Sprüngen zu erklären. Im nächsten Abschnitt zeigen wir, wie Ein- und Ausgabeoperationen strukturiert verwendet werden können. Einstweilen begnügen wir uns mit einem weiteren Beispiel. Die Funktion **copy** kopiert Zeilen von der Standardeingabe zur Standardausgabe, solange Eingaben verfügbar sind.

```
copy        = start 121
121         = writeln "High!" 122
122         = noteof 123
123 True    = readln 124
123 False   = writeln "Bye." stop
124 s       = writeln s 122
```

Wenn Daten wie im vorletzten Beispiel (**name**) über Systemaufrufe hinweg ausgetauscht werden sollen, müssen die Fortsetzungsfunktionen um zusätzliche Parameter ergänzt werden. Erfolgt der Informationsaustausch über große Distanzen, so ist diese Vorgehensweise sehr aufwendig. Die folgenden Funktionen, die den Zustand einer Interaktion, das ist die zweite Komponente des Eingabearguments, manipulieren, bieten eine Alternative an.

```
get    :: (*->**)->(**->interactive *)->interactive *
change :: (*->**)->interactive **->interactive *
put    :: *->interactive *->interactive **
get f cnt (x,v)    = cnt (f v) (x,v)
change f cnt (x,v) = cnt (x,f v)
put w              = change (const w)
```

Der Zustand einer Interaktion kann als „globale Variable" aufgefaßt werden. In diesem Sinn weist der Aufruf **put a** der globalen Variablen den Wert **a** zu (v:=a), **get f** fragt den Wert ab (f v) und **change f** verändert den Wert (v:=f v). Da der Typ der globalen Variablen nicht näher bestimmt wird, können beliebige Werte (z. B. Zahlen, Tupel oder Assoziationslisten) abgespeichert werden. Eine Anwendung für diese Funktionen lernen wir im abschließenden Beispiel am Ende des Kapitels kennen.

Operationen auf dem UNIX-Dateisystem können in zwei Kategorien eingeteilt werden: In Operationen, die lesend zugreifen und in Operationen, die schreibend zugreifen. Letztere können mit Hilfe der Funktion **produce** bzw. ihrer zweistelligen Variante **produce2** realisiert werden.

```
produce2 :: (*->**->sys_message) ->
            *->**->interactive ***->interactive ***
produce2 f a b cnt inp = f a b:cnt inp


fileid == [char]
fwrites :: fileid->string->interactive *->interactive *
fclose  :: fileid->interactive *->interactive *
shell   :: string->interactive *->interactive *
fwrites = produce2 Tofile
fclose  = produce Closefile
shell   = produce System
```

Die Funktion **fwrites** schreibt einen String in die angegebene Datei, **fclose** schließt die angegebene Datei und **shell** ruft eine (interaktive) Shell auf, die den übergebenen String interpretiert.

Für die Realisierung von Leseoperationen werden die in Abschnitt 10.1 vorgestellten Funktionen verwendet. Die Fortsetzungsfunktion einer Leseoperation wird mit dem Ergebnis des entsprechenden Aufrufs versorgt. Dieses Schema implementiert die Funktion **call**.

```
call :: (*->**) ->
        *->(**->interactive ***)->interactive ***
call f a cnt inp = strict cnt (f a) inp
```

Die Fortsetzungsfunktion wird strikt im ersten Argument gemacht, um die Abarbeitung des Aufrufs zu erzwingen. Die Funktion **call** dient der Definition der grundlegenden Leseoperationen.

```
fmode,fread :: fileid->(string->interactive *)->interactive *
fmode = call filemode
fread = call read
```

Die Funktion **fmode** ermittelt die Zugriffsrechte einer Datei und **fread** liest eine Datei ein.

Die in diesem Abschnitt vorgestellten Ein- und Ausgabeoperationen sind sicherlich nicht erschöpfend. Es geht im wesentlichen darum, die grundlegenden

Prinzipien anhand einiger Beispiele zu vermitteln. Auch wenn sich die Schemata, mit denen die verschiedenen Operationen implementiert werden (`consume`, `produce` und `call`), stark unterscheiden, sollte man dennoch nicht vergessen, daß die Funktionalität der definierten Operatoren einheitlich ist: Einer Operation wird als letztes Argument stets eine Fortsetzungsfunktion übergeben. Wenn die Operation einen Wert vom Typ `t` produziert, dann erhält die Fortsetzungsfunktion den Typ `t->interactive *`, anderenfalls den Typ `interactive *`. Das Ergebnis einer Operation ist stets `interactive *`.

Strukturierte Verwendung von Fortsetzungen

Die Verwendbarkeit der im letzten Abschnitt eingeführten Ein- und Ausgabeoperationen bzw. von Kombinationen dieser Funktionen läßt sich erhöhen, wenn jeweils von einer speziellen Fortsetzungsfunktion *abstrahiert* wird. Betrachten wir das folgende Beispiel.

```
go = start l1
l1 = writeln "one" l2
l2 = writeln "two" l3
l3 = writeln "three" stop
```

Wenn wir die Fortsetzungsfunktionen l2 und l3 direkt in der Aufrufstelle einsetzen, erhalten wir die folgende Variante von l1,

```
l1' = writeln "one" (writeln "two" (writeln "three" stop))
```

bzw. in kompositionaler Schreibweise:

```
l1'' = (writeln "one".writeln "two".writeln "three") stop
```

Durch den Aufruf von `stop` wird die Interaktion in l1'' beendet, d. h., die Funktion l1'' kann nicht als Teil einer größeren Interaktion verwendet werden.

Die Wiederverwendbarkeit wird ermöglicht, wenn von einer speziellen Fortsetzungsfunktion abstrahiert wird, d. h., wenn die Fortsetzungsfunktion zum Parameter der Definition gemacht wird.

```
go' = start (c1 stop)
c1 = writeln "one".writeln "two".writeln "three"
```

Die Interaktion c1 kann somit zweimal hintereinander ausgeführt werden,

```
c2 = c1.c1
```

oder in andere Interaktionen eingebettet werden:

```
c3 = writeln "start".c1.writeln "stop"
```

Der Sequenzoperator „;" in Pascal entspricht somit der Komposition „." von Funktionen. Beachte: sind **f** und **g** zwei Interaktionen, so bedeutet **f.g**, daß zuerst **f** und anschließend **g** ausgeführt wird[4].

Die obige Diskussion macht deutlich, daß es sowohl auf Grund der besseren Lesbarkeit als auch auf Grund der erhöhten Wiederverwendbarkeit günstig ist, Funktionen des Typs closure * bzw. inclosure * ** mit

```
closure * == interactive *->interactive *
inclosure * ** == (*->interactive **)->interactive **
```

zu definieren. Die einfachsten Instanzen des Typs closure * sind die Funktionen skip, end und abort.

```
skip,end,abort :: closure *
skip  = id
end   = const (exit 0)
abort = const (exit 1)
```

Die Funktion **skip** ist das neutrale Element der Komposition, **end** beendet eine Interaktion; **abort** bricht eine Interaktion mit der Indikation eines Fehlers ab. Um eine interaktive Funktion des Typs closure * zu starten, wird die Funktion run verwendet.

```
run :: closure *->output
run f = start (f stop)
```

---

[4]Dem gleichen Phänomen begegnet man, wenn man die semantischen Gleichungen der Fortsetzungssemantik von Pascal betrachtet. Der scheinbare Widerspruch läßt sich am besten mit Hilfe eines kleinen Beispiels auflösen. Die Funktionen **f** und **g** seien wie folgt definiert.

```
f = (+1)          || f m = m+1
g = (*2)          || g n = n+2
```

Wenn Fortsetzungen verwendet werden, um den Kontrollfluß zu steuern, erhält man die folgenden Definitionen.

```
f' c = c.(+1)     || f c m = c (m+1)
g' c = c.(*2)     || g c n = c (n+2)
```

Man sieht leicht, daß zwischen den beiden Varianten der folgende Zusammenhang besteht.

```
f.g = (g'.f') id
```

Somit ist **run skip** das einfachste „interaktive" Programm. Beachte: Die Sequenz

```
run (writeln "before".end.writeln "after")
```

wird bereits nach der ersten Ausgabe beendet, d. h., end terminiert eine Interaktion unabhängig von nachfolgenden Operationen.

Interaktionen, die eine Eingabe konsumieren, sind mit einer Fortsetzungsfunktion vom Typ **t->interactive *** parametrisiert. Um diese Interaktionen geschickt integrieren zu können, definieren wir die Funktion into, die die konsumierte Eingabe der vorangegangenen Interaktion in ihr Argument einspeist.

```
into = converse
```

Der Ausdruck **readln.into writeln** definiert somit eine Interaktion, die eine Zeile einliest und diese unmittelbar wieder ausgibt.

Nachdem wir gesehen haben, daß der Sequenzoperator der Komposition entspricht, liegt es nahe, auch andere imperative Kontrollstrukturen zu definieren. Wie wir in den abschließenden Beispielen sehen werden, erleichtern diese Kontrollstrukturen die Implementierung interaktiver Programme. Die bedingte Anweisung cif erwartet als erstes Argument eine Interaktion, die einen booleschen Wert produziert, und wählt dem Ergebnis entsprechend eine Alternative aus. Die Schleife cwhile erwartet ebenfalls ein Argument vom Typ **inclosure bool *** und iteriert das zweite Argument entsprechend oft.

```
cif    :: inclosure bool *->closure *->closure *->closure *
cwhile :: inclosure bool *->closure *->closure *
cif c t e  = c.into f
             where
             f True  = t
             f False = e
cwhile c b = cif c (b.cwhile c b) skip
```

Aufbauend auf diesen Definitionen implementieren wir die Beispiele aus dem letzten Abschnitt noch einmal neu.

```
name'    = run c11
c11      = writes "Vorname:  ".readln.into c12
c12 s    = writes "Nachname: ".readln.into (c13 s)
c13 s t  = writeln (s++" "++t)

copy' = run c21
```

```
c21   = writeln "High!".
        cwhile noteof (readln.into writeln).
        writeln "Bye."
```

Insbesondere das letzte Beispiel erinnert stark an ein Pascal-Programm. Die Ähnlichkeit ist auch keineswegs zufällig, da wir für die Implementierung von Ein- und Ausgabe Techniken aus der denotationellen Semantik entlehnt haben. Diese Techniken lassen sich leicht übertragen, da die denotationelle Semantik als funktionale Programmiersprache aufgefaßt werden kann.

Ein kleines Hilfesystem

Als abschließendes Beispiel implementieren wir eine interaktive Version des Hilfesystems, das wir in Abschnitt 10.3 vorgestellt haben. Das Hilfesystem wird von der UNIX-Oberfläche mit dem Befehl **help** gestartet. Das System kommuniziert mit dem Benutzer über einen Kommandointerpreter, in dem zu erläuternde Begriffe und einfache Kommandos eingegeben werden. Im einzelnen werden folgende Befehle unterstützt.

<keyword>   Das System zeigt zu dem eingegebenen Stichwort den zugehörigen Hilfetext an. Ist kein Eintrag zu dem Stichwort vorhanden, so wird eine entsprechende Meldung ausgegeben.

/f <file>   Beim Aufruf des Systems wird automatisch die Datei **help.txt** eingelesen. Mit diesem Befehl kann eine andere Stichwortdatei geladen werden. Diese tritt an die Stelle der aktuellen Datei. Ist die angegebene Datei nicht lesbar oder nicht vorhanden, wird das Programm nach Ausgabe einer Fehlermeldung abgebrochen.

/e   Ein Texteditor wird mit der aktuellen Stichwortdatei aufgerufen. Wenn der Benutzer den Editor verläßt, wird die veränderte Datei neu eingelesen.

Die folgenden Zeilen zeigen eine kleine Beispielsitzung. Das Hilfesystem meldet sich mit dem Prompt **help>**.

```
1 ralf@antimon > help
help> abs
Der Absolutwert einer Zahl.
help> arctan
Trigonometrische Funktion (Inverse von Tangens).
help> /e
```

```
...
help>  /f manual.txt
help>  abs
Ein Eintrag zu diesem Stichwort ist nicht vorhanden!
help>  ciao
Das war's!
help>  ^D
Bye.
2 ralf@antimon >
```

Durch Eingabe von Control-D wird das Hilfesystem beendet.

Das Programm ist in Abbildung 10.3 dargestellt. Es verwendet die in Abschnitt 10.4 vorgestellte Methode zur Einbindung in die UNIX-Welt. Die in den letzten beiden Abschnitten definierten Typen und Funktionen werden mittels einer `%include`-Direktive importiert.

Um den Namen der aktuellen Stichwortdatei und die Stichwortliste zu merken, werden zwei „globale Variablen" verwendet. Mit Hilfe der Funktionen `getfid`, `getdic`, `putfid` und `putdic` werden die Variablen, die als Tupel repräsentiert werden, manipuliert. Die Initialisierung der Variablen erfolgt im „Hauptprogramm" `help` mit dem Befehl `put ("help.txt",[])`. Das Hauptprogramm realisiert auch die Eingabeschleife des Kommandointerpreters.

Die Funktion `case` führt die Analyse der Benutzereingaben durch. Um eine Stichwortdatei in die entsprechende globale Variable einzulesen, wird die Funktion `load` verwendet, die auch die Fehlerbehandlung durchführt, wenn die angegebene Datei nicht lesbar ist[5]. Die eigentliche Suche nach einem Stichwort wird in der Funktion `lookup` realisiert.

Man sieht, daß auch ein derartiges, hochgradig interaktives Programm sauber in einer funktionalen Sprache wie Miranda implementiert werden kann.

10.6 Literaturhinweise

Einen guten Überblick über die verschiedenen Möglichkeiten, Ein- und Ausgabe in funktionale Sprachen zu integrieren, gibt [McLoughlin 89].

Ein alternativer Ansatz, auf den wir in diesem Kapitel nicht eingegangen sind, wird in [Thompson 87] und [Reade 89] vorgestellt.

---

[5]Das Problem, daß eine Datei nach einer Veränderung nicht erneut eingelesen wird (vgl. Abschnitt 10.2), tritt an dieser Stelle nicht auf, da der Dateiname stets ein impliziter Parameter der Funktion `load` ist.

```
#! /usr/local/bin/mira -exp
run help

%include "cio"

help = put ("help.txt",[]).
       load.prompt.
       cwhile noteof (readln.into case.prompt).
       writeln "\nBye."

case s  = skip,                     if s=""
        = getfid.into edit.load,    if s="/e"
        = putfid (drop 3 s).load,   if take 2 s="/f"
        = getdic.into (lookup s),   otherwise

load    = getfid.into fmode.into load'
load' s = getfid.into loaddic.into putdic,   if member s 'r'
        = errmsg msg2.abort,                 otherwise

lookup key dic = writeln (info!0),  if info~=[]
               = errmsg msg1,       otherwise
                 where
                 info = [val | (key',val)<-dic; key=key']

|| Hilfsfunktionen:
getfid = get fst;  getdic = get snd
putfid fid = change f where f (fid',dic) = (fid,dic)
putdic dic = change f where f (fid,dic') = (fid,dic)

prompt   = writes "help> "
edit fid = shell ("jove "++fid)

dictionary == [([char],[char])]
loaddic :: fileid->inclosure dictionary *
loaddic = call readvals


msg1 = "Ein Eintrag zu diesem Stichwort ist nicht vorhanden!\n"
msg2 = "Datei kann nicht geoeffnet werden!\n"
```

Abbildung 10.3: Ein kleines Hilfesystem

Aufgaben

Aufgabe 10.1 Was ist der Unterschied zwischen **f** und **g**?

```
f = writeln "hello world"
g = writeln "hello world".end
```

Betrachte die Ausdrücke **run (f.f)** und **run (g.g)**?

Aufgabe 10.2 Warum arbeitet das folgende interaktive Programm nicht wie erwartet?

```
prg = cwhile noteof (writes "> ".readln.into writeln)
```

Aufgabe 10.3 Definiere die Funktionen,

```
readnum  :: (num->interactive *)->interactive *
writenum :: num->interactive *->interactive *
```

die eine Zahl einlesen bzw. ausgeben. Für den Fall, daß der Benutzer keine Zahl eingibt, sind entsprechende Vorkehrungen zu treffen.

Aufgabe 10.4 Um Benutzerdialoge durchzuführen, ist die Funktion **dialogue** mit

```
dialogue :: [string]->([string]->interactive *)->interactive *
```

nützlich. Die Zeichenketten, erstes Argument, werden nacheinander ausgegeben, dabei wird jeweils eine Benutzereingabe eingelesen. Die Liste aller Benutzereingaben wird an die Fortsetzungsfunktion weitergereicht. Die Funktion **name'** kann somit kürzer definiert werden.

```
name''     = run c31
c31        = dialogue ["Vorname:  ","Nachname: "].into c32
c32 [s,t] = writeln (s++" "++t)
```

Aufgabe 10.5* Definiere analog zu den Kontrollstrukturen **cif** und **cwhile** die Konstrukte **cfor**, **crepeat** und **cswitch**.

```
cfor    :: [num]->(num->closure *)->closure *
crepeat :: closure *->inclosure bool *->closure *
cswitch :: inclosure * **->[(*,closure **)]->closure **
```

Die folgenden Beispiele zeigen einige Anwendungen der Kontrollstrukturen.

```
prg1 = cfor [1..10] writenum
prg2 = put 0.
        crepeat (
            writeln "hello world".
            change (+1)
        ) (get (>10))
prg3 = cswitch readln [
            ("+", writeln "ok"),
            ("-", errmsg "oops".abort)
        ]
```

Aufgabe 10.6* Programmiere das folgende interaktive Ratespiel. Das Programm
fordert den Benutzer auf, sich eine Zahl in einem vorgegebenen Intervall auszu-
denken. Anschließend versucht das Programm durch geschicktes Nachfragen die
Zahl zu bestimmen (erlaubt sind nur Ja-Nein-Fragen). Berücksichtige, daß der
Benutzer unter Umständen flunkert.

Aufgabe 10.7* In Abschnitt 5.3 haben wir bereits einige Funktionen eingeführt,
mit deren Hilfe ein Terminkalender verwaltet werden kann. Verwende diese Funktionen für einen interaktiven Terminmanager, mit dem Termine eingefügt, gelöscht
und angezeigt werden können.

Aufgabe 10.8*** Entwickle ein Programm für ein Partnervermittlungsinstitut.
Es soll die Möglichkeit bestehen, Daten von Kunden einzugeben (Name, Adresse,
Geschlecht, Alter, Einkommen und Hobbys) und Kunden gezielt nach bestimmten
Kriterien auszuwählen: Zeige alle Männer unter 30 mit einem Mindesteinkommen
von 8000,- DM an, die gerne reisen.

Aufgabe 10.9 Manchmal ist es vorteilhaft, wenn die Möglichkeit besteht, eine
Folge von Strings in die Standardeingabe eines interaktiven Programms umzulen-
ken. Implementiere die folgenden beiden Funktionen.

```
redirect :: [string]->interactive *->output
isatty   :: (bool->interactive *)->interactive *
```

Die Funktion **redirect** wird statt **start** verwendet, um ein interaktives Programm
auszuführen. Das erste Argument ersetzt die Standardeingabe. Mit Hilfe von
isatty kann überprüft werden, ob **readln** tatsächlich von der Standardeingabe
liest. Auf diese Weise können z. B. Prompts unterdrückt werden, wenn die Eingabe
umgelenkt wurde.

```
prompt = cif isatty (writes "help> ") skip
```

Aufgabe 10.10*** Die Funktionen `readln` und `fread` brechen mit einer Fehlermeldung ab, wenn keine weiteren Eingaben verfügbar sind bzw. wenn die angegebene Datei nicht lesbar ist. Implementiere die folgenden Konstrukte, die eine einfache Fehlerbehandlung realisieren.

```
exception ::= EOF | ReadError | UserError string
handle :: exception->closure *->closure *
raise  :: exception->closure *
```

Es gibt (mindestens) drei Fehlersituationen: `EOF` und `ReadError` werden von den Funktionen `readln` und `fread` ausgelöst, `UserError` kann vom Benutzer für die Behandlung spezieller Fehlersituationen verwendet werden. Für jede `exception` kann mittels der Funktion `handle` eine Fehlerbehandlungsroutine installiert werden. Wenn ein Fehler auftritt, wird automatisch die entsprechende Routine aufgerufen. Nach Abarbeitung der Routine wird an der Stelle fortgefahren, wo der Fehler aufgetreten ist.

Die Funktion `name'` kann mit Hilfe dieser Techniken robust gegenüber vorzeitigem Abbruch der Eingabe gemacht werden.

```
name''' = run (handle EOF bye.c11)
bye = writeln "\nunexpected end of input".abort
```

Beendet der Benutzer die Eingabe vorzeitig mit Control-D, dann bricht `bye` das Programm nach Ausgabe einer Fehlermeldung ab. Beachte: `abort` unterbindet die Fortführung des Programms an der Fehlerstelle.

Die Funktion `raise` kann vom Benutzer verwendet werden, um explizit einen Fehler auszulösen.

A Kleine Projekte

In den vorangegangenen Kapiteln haben wir uns ausführlich mit den Konstrukten der Sprache Miranda und grundlegenden Techniken der funktionalen Programmierung beschäftigt. Die in diesem Anhang aufgeführten Vorschläge für kleine Programmierprojekte bieten die Gelegenheit, die verschiedenen Konzepte zusammenzuführen und auf ein abgeschlossenes Problem anzuwenden. Die Projekte sind so konzipiert, daß sie von einem Einzelnen innerhalb einer Woche bewältigt werden können.

Bei der Bearbeitung der Projekte sollte versucht werden, den Prinzipien des Software-Engineering zu folgen. Die vorliegenden Beschreibungen können im Phasenmodell der Softwareentwicklung als das Ergebnis einer (noch nicht vollständig) abgeschlossenen Sollanalyse angesehen werden, so daß insbesondere der Entwurf noch durchzuführen ist. Um die Auswahl der Projekte zu erleichtern, beginnt jedes Projekt mit einer kurzen Charakterisierung des zu erstellenden Programms und der für die Implementierung notwendigen Programmiertechniken.

Die Projekte können auch als abschließende Aufgabe in einem Programmierkurs oder als einführende Aufgabe in einem Programmierpraktikum verwendet werden. Für diesen Zweck sind bei jedem Vorschlag (redundante) Hinweise zur Durchführung des Projekts aufgeführt.

A.1 Taschenrechner

Ziel des Projektes ist die Entwicklung eines UNIX-Kommandos, das die Funktionalität eines Taschenrechners hat. Neben der Auswertung von Ausdrücken soll die Möglichkeit bestehen, einfache Funktionen zu definieren, die in Ausdrücken verwendet werden können.

In diesem Projekt soll

1. die Syntaxanalyse,

2. der Umgang mit Symboltabellen und

3. die Erstellung interaktiver Programme

eingeübt werden.

Programmbeschreibung

Das Programm wird von einer UNIX-Shell mit dem Kommando `dc` (für <u>d</u>esc <u>c</u>alculator) gestartet.

Die Eingabe des Benutzers wird zeilenweise abgearbeitet, bis ein Dateiendezeichen (Control-D) eingegeben wird. In einer Zeile wird entweder ein Ausdruck angegeben oder eine Funktionsdefinition.

Ein Ausdruck darf die normalen arithmetischen Operatoren enthalten und wird unmittelbar vom System ausgewertet. Das Ergebnis der Auswertung wird in der nächsten Zeile ausgegeben.

Mit Hilfe von Funktionsdefinitionen können Abkürzungen für Ausdrücke festgelegt werden, die in nachfolgenden Ausdrücken und anderen Funktionsdefinitionen verwendet werden können. Es gilt die Regel, daß alle Bezeichner, die in Ausdrücken verwendet werden, vorher durch eine Definition eingeführt werden müssen. Ist das nicht der Fall oder ist die angegebene Definition syntaktisch fehlerhaft, so wird eine entsprechende Fehlermeldung ausgegeben.

Bereits definierte Bezeichner werden durch eine erneute Definition überschrieben. Somit können Konstanten wie Variablen in einer imperativen Sprache verwendet werden.

Die Syntax einer Eingabezeile ist in Abbildung A.1 angegeben. Für die unären und binären Operatoren gelten die in Miranda üblichen Regeln für Assoziativität und Präzedenz.

Beispielsitzung

Der Aufruf erfolgt mit dem Kommando `dc`. Nach dem Aufruf wird das Prompt `dc>` ausgegeben.

```
1 ralf@antimon > dc
dc>  3*5
15
```

Funktionsdefinitionen werden ohne Rückmeldung akzeptiert.

```
dc>  a = (2+7) mod 5
dc>  sq n = n*n
```

Die definierten Bezeichner können in den nachfolgenden Ausdrücken verwendet werden.

```
dc>  sq a
```

<input>	⟶	<expression>	*Ausdruck*
	|	<definition>	*Definition*
<expression>	⟶	<simple> { <simple> }	*Applikation*
	|	<unary op> <expression>	*Operatorausdruck*
	|	<expression> <binary op>	
		<expression>	*Operatorausdruck*
<simple>	⟶	<variable>	*Variable*
	|	<constant>	*Konstante*
	|	(<expression>)	*geklammerter Term*
<variable>	⟶	<letter> { <letter> | <digit> }	*Bezeichner*
<constant>	⟶	<digit> { <digit> }	*Numeral*
<unary op>	⟶	-	*unärer Operator*
<binary op>	⟶	+ | - | * | div | mod	*binärer Operator*
<definition>	⟶	<variable> { <variable> } =	
		<expression>	*Definition*

Abbildung A.1: Syntax einer Eingabezeile (Taschenrechner dc)

```
16
dc> pyth a b = sq a+sq b
```

Bezeichner können neu definiert werden.

```
dc> a = 3
dc> sq a
9
```

Syntaktische Fehler und die Verwendung unbekannter Bezeichner führen zu entsprechenden Fehlermeldungen.

```
dc> b*c
unknown identifier(s): "b" "c"
dc> 7+
syntax error
```

Die Interaktion wird durch Eingabe von Control-D beendet.

```
dc> ^D
2 ralf@antimon >
```

Hinweise

Bevor mit der Programmierung begonnen wird, sollte die Aufgabe zunächst analysiert und strukturiert werden. Unter anderem sollte überprüft werden, ob das Problem hinreichend genau spezifiziert ist. (Ist es z. B. zulässig, daß der gleiche Bezeichner auf der linken Seite einer Gleichung mehrfach auftritt?).

Der Entwurf und die Implementierung erfolgt i. allg. Top-Down, das Testen der Implementierung hingegen Bottom-Up. Gemäß der Top-Down-Methode wird die zu bearbeitende Aufgabe wiederholt in kleinere Teilprobleme unterteilt, bis die Lösung der Probleme trivial ist. Beim Testen geht man umgekehrt vor: Zunächst werden die grundlegenden Funktionen getestet; erst wenn man von der Korrektheit dieser Funktionen überzeugt ist, werden die aufrufenden Funktionen überprüft. Als Testdaten sollten nicht nur häufig auftretende Eingaben verwendet werden, sondern auch ungewöhnliche und falsche Eingaben.

Ein letzter Hinweis: Da ein UNIX-Skript kein gültiges Miranda-Skript darstellt, sollte man erst zum Schluß die Einbindung in das UNIX-Betriebssystem vornehmen.

A.2   Datenbank

Ziel des Projektes ist der Entwurf eines Systems, mit dem sehr einfach strukturierte Datenbanken verwaltet und benutzt werden können.

In diesem Projekt soll

1. die Implementierung effizienter Suchstrukturen (z. B. 2-3-Bäume oder AVL-Bäume),

2. die Erstellung interaktiver Programme und

3. die Benutzung der UNIX-Schnittstelle

eingeübt werden.

Programmbeschreibung

Das Programm kann von einer UNIX-Shell mit dem Kommando db (für data base) aufgerufen werden. Optionale Argumente des Kommandos bezeichnen bereits bestehende Datenbanken, die beim Start automatisch geladen werden.

Die Datenbanken sind sehr einfach strukturiert: Es wird jeweils ein Schlüssel mit einer Nutzinformation assoziiert. Der Schlüssel, wie auch die Nutzinformation, besteht aus einer Zeichenkette. Wie eine Datei, die eine Datenbank enthält,

konkret aufgebaut ist, wird dem Benutzer nicht bekanntgegeben. (Damit wird
beabsichtigt, daß Datenbanken ausschließlich mit dem vom System zur Verfügung
gestellten Kommandos manipuliert werden.)

Das Programm kommuniziert mit dem Benutzer über einen einfachen Kommandozeileninterpreter, in dem Kommandos zum Laden, Speichern, Verändern
und Abfragen von Datenbanken eingegeben werden können. Nähere Angaben zu
den Kommandos wie z. B. ein Dateiname werden vom System nach Eingabe des
Kommandos automatisch zeilenweise abgefragt.

Folgende Kommandos sind verfügbar.

`load`   Der Benutzer wird nach einem Dateinamen gefragt. Die in der
bezeichneten Datei enthaltenen Datensätze werden *zusätzlich* zur
Datenbasis hinzugefügt. Wenn die Datei nicht existiert oder nicht
lesbar ist, wird eine entsprechende Fehlermeldung ausgegeben.

`save`   Das System fragt den Benutzer nach einem Dateinamen. Die in
der Datenbasis enthaltenen Datensätze werden in der bezeichneten
Datei abgespeichert.

`lookup` Der Benutzer kann einen Schlüssel angeben. Der mit dem Schlüssel
assoziierte Eintrag wird ausgegeben. Ist kein Eintrag mit dem angegebenen Schlüssel vorhanden, so wird eine Fehlermeldung ausgegeben.

In dem eingegebenen Schlüssel können auch sogenannte Wildcards
oder Joker (? und *) verwendet werden. So bezeichnet ? ein beliebiges Zeichen und * eine beliebig lange Folge beliebiger Zeichen.
Enthält die Anfrage Wildcards, so werden sowohl die Schlüssel,
die diese Anfrage matchen, als auch die assoziierten Informationen
ausgegeben.

`enter`   Der Benutzer gibt einen Schlüssel und eine Information an, die in
die Datenbasis eingefügt werden. Ein bereits vorhandener Eintrag
mit dem gleichen Schlüssel wird überschrieben.

`delete` Der Eintrag mit dem angegebenen Schlüssel wird gelöscht. Enthält
der Schlüssel Wildcards, werden alle matchenden Einträge gelöscht.
Ist kein Eintrag mit dem angegebenen Schlüssel vorhanden, wird
eine Fehlermeldung ausgegeben.

`clear`   Die gesamte Datenbasis wird gelöscht.

`end`   Das Programm wird beendet.

Bei dem System handelt es sich um eine Hauptspeicher-Datenbank: Die Datensätze müssen zunächst mit `load` in den Hauptspeicher geladen werden; alle Operationen beziehen sich auf die im Hauptspeicher enthaltene Datenbasis. Insofern ist das System *kein* typischer Vertreter einer Datenbank.

Die Such- und Einfügeoperationen sollten höchstens logarithmische Laufzeit benötigen, wenn in dem angegebenen Schlüssel keine Wildcards enthalten sind.

Beispielsitzung

Der Aufruf des Datenbanksystems erfolgt mit dem Kommando `db`. Beim Aufruf können Dateien angegeben werden, die in vorherigen Sitzungen erstellt worden sind und die automatisch geladen werden. Der Kommandozeileninterpreter meldet sich mit dem Prompt `db>`.

```
1 ralf@antimon >  db asterix
db> lookup
key:  ab imo pectore
von ganzem Herzen
```

Nach der Eingabe des Kommandos wird der Benutzer nach weiteren Angaben gefragt (dem Schlüssel). Das Ergebnis der Anfrage wird anschließend ausgegeben.

```
db> enter
key:  beati pauperes spiritu
value:  selig sind die geistig Armen
db> save
file:  asterix
```

In einer Anfrage können auch Wildcards verwendet werden. Das Ergebnis einer derartigen Anfrage ist i. allg. nicht eindeutig. Aus diesem Grund werden sowohl Schlüssel als auch Nutzinformationen ausgegeben.

```
db> lookup
key:  *est*
key               | value
acta est fabula   | vorbei ist vorbei
alea iacta est    | der Wuerfel ist gefallen
```

Wenn in der Datenbasis ein angegebener Schlüssel nicht vorhanden ist, wird eine entsprechende Meldung ausgegeben.

```
db> delete
key:  *ist*
no entry deleted
```

Das Programm wird durch Eingabe von **end** beendet.

```
db> end
2 ralf@antimon >
```

Hinweise

Bevor mit der Programmierung begonnen wird, sollte die Aufgabe zunächst analysiert und strukturiert werden. Unter anderem sollte überprüft werden, ob das Problem hinreichend genau spezifiziert ist. (Wie kann nach den Zeichen ? und * gesucht werden?)

Der Entwurf und die Implementierung erfolgt i. allg. Top-Down, das Testen der Implementierung hingegen Bottom-Up. Gemäß der Top-Down-Methode wird die zu bearbeitende Aufgabe wiederholt in kleinere Teilprobleme unterteilt, bis die Lösung der Probleme trivial ist. Beim Testen geht man umgekehrt vor: Zunächst werden die grundlegenden Funktionen getestet; erst wenn man von der Korrektheit dieser Funktionen überzeugt ist, werden die aufrufenden Funktionen überprüft. Als Testdaten sollten nicht nur häufig auftretende Eingaben verwendet werden, sondern auch ungewöhnliche und falsche Eingaben.

Ein letzter Hinweis: Da ein UNIX-Skript kein gültiges Miranda-Skript darstellt, sollte man erst zum Schluß die Einbindung in das UNIX-Betriebssystem vornehmen.

A.3   KWIC-Index

Ziel dieses Projektes ist die Implementierung eines Programms, mit dessen Hilfe ein KWIC-Index (KeyWord In Context) erstellt werden kann.

In diesem Projekt soll

1. die Verarbeitung von Text,

2. der Umgang mit optimalen Suchbäumen und

3. die Programmierung generischer Sortieralgorithmen

eingeübt werden.

Programmbeschreibung

Mit Hilfe eines KWIC-Indexes ist es bei einer Literaturrecherche möglich, gezielt
zu einem Stichwort Artikel oder Bücher herauszusuchen.

Wenn die folgenden Titel gegeben sind,

```
Introduction to Functional Programming
The implementation of functional programming languages
```

dann enthält der KWIC-Index folgende Einträge.

```
Functional Programming. Introduction to
functional programming languages. The implementation of
implementation of functional programming languages. The
Introduction to Functional Programming.
languages. The implementation of functional programming
Programming. Introduction to Functional
programming languages. The implementation of functional
```

Die Titel werden wortweise rotiert. Die auf diese Weise generierten Strings werden
alphabetisch sortiert, wobei nicht zwischen Kleinbuchstaben und Großbuchstaben
unterschieden wird. Aus der Liste werden darüber hinaus alle Einträge gestrichen,
die mit einem uninformativen Wort, z. B. einem Artikel oder einer Präposition,
beginnen. Ein Punkt markiert in der Ausgabe das Ende eines Titels, so daß der
ursprüngliche Titel wieder rekonstruiert werden kann.

Das Programm **kwic** dient der Generierung derartiger Indexe. Es wird von
einer UNIX-Shell wie folgt aufgerufen.

```
kwic [ -e <file> ] [ <file> ]
```

Das Programm liest standardmäßig die Datei **exceptions** ein, in der Einträge der
Form

```
("",0)
("a",142)
("",55)
("an",35)
("",27)
("and",58)
("",36)
...
("",3)
("with",21)
("",29)
```

enthalten sind, mit deren Hilfe entschieden werden kann, ob ein Wort informativ ist oder nicht (die in der Datei aufgeführten Wörter sind nicht informativ). Da als Suchstruktur ein *optimaler* Suchbaum verwendet wird, wird bei jedem Wort die Häufigkeit verzeichnet, mit der dieses in einem typischen Text auftritt. Ein leerer String zwischen zwei Einträgen bezeichnet die Häufigkeit von Wörtern, die lexikographisch zwischen den beiden Einträgen liegen. Grundlage für die Erstellung einer derartigen Datei könnten statistische Untersuchungen über Worthäufigkeiten in Fachtexten sein (siehe [Knuth 73]).

Mit Hilfe der Option -e kann eine Datei angegeben werden, die an Stelle der Datei `exceptions` geladen wird.

Die als Argument angegebene Datei sollte eine Liste von Titeln enthalten, ein Titel pro Zeile, die von `kwic` prozessiert werden. Existiert die Datei nicht oder ist sie nicht lesbar, wird eine Fehlermeldung ausgegeben. Wenn kein Dateiname angegeben wird, dann werden die Titel von der Standardeingabe eingelesen. Der generierte KWIC-Index wird auf der Standardausgabe ausgegeben.

Die folgenden Beispiele zeigen einige typische Anwendungen für `kwic`.

```
1 ralf@antimon > kwic fp.lit > fp.kwic
2 ralf@antimon > cat fp.lit lp.lit oop.lit | kwic | more
```

Als Suchstruktur für die uninformativen Wörter wird ein optimaler Suchbaum verwendet. Der verwendete Sortieralgorithmus benötigt im schlechtesten Fall eine Laufzeit von $O(n \log n)$.

Hinweise

Bevor mit der Programmierung begonnen wird, sollte die Aufgabe zunächst analysiert und strukturiert werden. Unter anderem sollte überprüft werden, ob das Problem hinreichend genau spezifiziert ist. (Wie werden mehrfach auftretende Einträge behandelt?).

Der Entwurf und die Implementierung erfolgt i. allg. Top-Down, das Testen der Implementierung hingegen Bottom-Up. Gemäß der Top-Down-Methode wird die zu bearbeitende Aufgabe wiederholt in kleinere Teilprobleme unterteilt, bis die Lösung der Probleme trivial ist. Beim Testen geht man umgekehrt vor: Zunächst werden die grundlegenden Funktionen getestet; erst wenn man von der Korrektheit dieser Funktionen überzeugt ist, werden die aufrufenden Funktionen überprüft. Als Testdaten sollten nicht nur häufig auftretende Eingaben verwendet werden, sondern auch ungewöhnliche und falsche Eingaben.

Ein letzter Hinweis: Da ein UNIX-Skript kein gültiges Miranda-Skript darstellt, sollte man erst zum Schluß die Einbindung in das UNIX-Betriebssystem vornehmen.

A.4 Textformatierung

Ziel des Projektes ist die Entwicklung eines Programms, mit dessen Hilfe Literate-Skripte optisch ansprechend aufbereitet werden können.

In diesem Projekt soll

1. die Verarbeitung und Formatierung von Text und

2. die Benutzung der UNIX-Schnittstelle

eingeübt werden.

Programmbeschreibung

Das Programm `justify` wird von einer UNIX-Shell wie folgt aufgerufen.

```
justify [ -<nat> ] [ -t<nat> ] { <file> }
```

Die angegebenen Dateien werden eingelesen und der formatierte Text wird auf der Standardausgabe ausgegeben. Wenn eine der Dateien nicht existiert oder nicht lesbar ist, wird eine entsprechende Fehlermeldung ausgegeben. Ist keine Datei angegeben worden, dann wird der Text von der Standardeingabe eingelesen.

Der Text wird standardmäßig auf eine Breite von 72 Zeichen ausgerichtet, indem zwischen den Wörtern eines Paragraphen Leerzeichen eingefügt werden. Die Breite kann mit Hilfe der Option `-<nat>` den eigenen Bedürfnissen angepaßt werden.

Ein Paragraph besteht aus einer Folge von Textzeilen. Das Ende eines Paragraphen wird durch

1. eine Leerzeile oder durch

2. eine Einrückung der nachfolgenden Zeile

angezeigt. Die Leerzeile und die Einrückung bleiben in der Ausgabe erhalten (auch aufeinanderfolgende Leerzeilen bleiben erhalten). Zeilen, die mit

1. acht oder mehr Leerzeichen beginnen oder mit

2. dem Zeichen > beginnen,

beenden ebenfalls einen Paragraphen. Diese Zeilen werden darüber hinaus buchstabengetreu in die Ausgabe kopiert. Ein Tabulator entspricht jeweils acht Leerzeichen.

Wenn in einer Zeile zwischen zwei Wörtern mehr als 3 Leerzeichen eingefügt werden müßten, um die spezifizierte Breite zu erhalten, dann wird die Zeile unformatiert in die Ausgabe kopiert. Der voreingestellte Wert von 3 Leerzeichen kann mit Hilfe der Kommandozeilenoption -t<nat> überschrieben werden.

Die folgenden Beispiele zeigen einige typische Anwendungen für justify.

```
1 ralf@antimon > justify -67 -t2 ex.m > ex.just
2 ralf@antimon > cat ex1.m ex2.m ex3.m | justify | lpr
```

Die Datei ex.m ist in Abbildung A.2 und das Ergebnis der Formatierung, ex.just, ist in Abbildung A.3 angegeben.

Hinweise

Bevor mit der Programmierung begonnen wird, sollte die Aufgabe zunächst analysiert und strukturiert werden. Unter anderem sollte überprüft werden, ob das Problem hinreichend genau spezifiziert ist. (Wie wird ein Wort behandelt, das nicht in eine Zeile paßt?)

Der Entwurf und die Implementierung erfolgt i. allg. Top-Down, das Testen der Implementierung hingegen Bottom-Up. Gemäß der Top-Down-Methode wird die zu bearbeitende Aufgabe wiederholt in kleinere Teilprobleme unterteilt, bis die Lösung der Probleme trivial ist. Beim Testen geht man umgekehrt vor: Zunächst werden die grundlegenden Funktionen getestet; erst wenn man von der Korrektheit dieser Funktionen überzeugt ist, werden die aufrufenden Funktionen überprüft. Als Testdaten sollten nicht nur häufig auftretende Eingaben verwendet werden, sondern auch ungewöhnliche und falsche Eingaben.

Ein letzter Hinweis: Da ein UNIX-Skript kein gültiges Miranda-Skript darstellt, sollte man erst zum Schluß die Einbindung in das UNIX-Betriebssystem vornehmen.

```
> || maxseg.m, RH, 14.02.91
```

Diese Aufgabe ist aus dem Artikel 'Proofs as Programs' von Bates
und Constable entnommen. Gegeben ist eine Folge von ganzen Zahlen:
        [a1, ..., an]
Finde die zusammenhaengende Teilfolge, deren Summe maximal ist unter
allen zusammenhaengenden Teilfolgen. Fuer die Folge

```
> seg = [-3,2,-5,3,-1,2]
```

ist die Teilfolge [3,-1,2] maximal.
    Die Funktion 'segments x' berechnet alle zusammenhaengenden
Segmente der Liste 'x'.

```
> segments x = s++t
>               where (s,t) = segments' x
```

Ist das Ergebnis der Hilfsfunktion 'segments' x' das Tupel '(s,t)',
so enthaelt 's' alle echten Praefixe von 'x' und 't' alle
uebrigen Segmente von 'x'.

```
> segments' [] = ([], [])
> segments' (a:x) = ([a]:[a:y|y<-s],s++t)
>                where (s,t) = segments' x
```

Die Funktion 'maxsegs x' berechnet auf effiziente Weise die Loesung
fuer das oben genannte Problem, d. h. sie realisiert die
folgende Spezifikation.
        maxsegs x = max [sum s | s<-segments x]
Die Vorgehensweise entspricht im wesentlichen dem oben geschilderten
Verfahren. Beachte, dass 'maxsegs []' undefiniert ist.

```
> maxsegs x = snd (maxsegs' x)
> maxsegs' [a] = (a,a)
> maxsegs' (a:x) = (n,max2 m n)
>                where (l,m) = maxsegs' x
>                       n = max2 a (a+l)
```

Abbildung A.2: Die Datei ex.m

```
> || maxseg.m, RH, 14.02.91
```

Diese Aufgabe ist aus dem Artikel 'Proofs as Programs' von Bates
und Constable entnommen. Gegeben ist eine Folge von ganzen Zahlen:
          [a1, ..., an]
Finde die zusammenhaengende Teilfolge, deren Summe maximal ist
unter allen zusammenhaengenden Teilfolgen. Fuer die Folge

```
> seg = [-3,2,-5,3,-1,2]
```

ist die Teilfolge [3,-1,2] maximal.
    Die Funktion 'segments x' berechnet alle zusammenhaengenden
Segmente der Liste 'x'.

```
> segments x = s++t
>               where (s,t) = segments' x
```

Ist das Ergebnis der Hilfsfunktion 'segments' x' das Tupel '(s,t)',
so enthaelt 's' alle echten Praefixe von 'x' und 't' alle uebrigen
Segmente von 'x'.

```
> segments' [] = ([], [])
> segments' (a:x) = ([a]:[a:y|y<-s],s++t)
>               where (s,t) = segments' x
```

Die Funktion 'maxsegs x' berechnet auf effiziente Weise die Loesung
fuer das oben genannte Problem, d. h. sie realisiert die folgende
Spezifikation.
          maxsegs x = max [sum s | s<-segments x]
Die Vorgehensweise entspricht im wesentlichen dem oben
geschilderten Verfahren. Beachte, dass 'maxsegs []' undefiniert
ist.

```
> maxsegs x = snd (maxsegs' x)
> maxsegs' [a] = (a,a)
> maxsegs' (a:x) = (n,max2 m n)
>               where (l,m) = maxsegs' x
>                       n = max2 a (a+l)
```

Abbildung A.3: Die Datei ex.just

B   Blaise-Compiler

Softwareentwicklung ist in der Regel Teamarbeit. Bei der Konzipierung des in
diesem Anhang vorgestellten Projektes ist diesem Punkt besondere Beachtung
geschenkt worden. So findet man neben der eigentlichen Projektbeschreibung allgemeine Hinweise zur Projektorganisation und einen konkreten Vorschlag für die
Gliederung des Projektes.

Aus diesem Grund bieten sich die Unterlagen insbesondere als Ausgangspunkt
für ein Programmierpraktikum an. Die Bearbeitungszeit kann für eine Gruppe von
12 bis 16 Studenten je nach Vorkenntnissen und Programmiererfahrungen zwischen
drei und sechs Wochen schwanken.

B.1   Ziel des Projektes

Ziel dieses Projektes ist die Entwicklung eines Compilers, mit dessen Hilfe einfache
Pascal-Programme übersetzt werden können, und einer Programmierumgebung,
die einen einfachen Edit-Compile-Run-Zyklus unterstützt.

In diesem Projekt soll neben programmtechnischen Aspekten wie

1. Syntaxanalyse,

2. Übersetzung nach dem derivor-Prinzip und

3. Programmieruhg interaktiver Programme

insbesondere die Organisation eines Projektes und die Arbeit in einer Gruppe
eingeübt werden.

B.2   Projektbeschreibung

B.2.1   Definition von Blaise

Die zu übersetzende Sprache, Blaise, ist wie der Name andeutet eine echte Teilmenge von Pascal. Aus diesem Grund können alle Blaise-Programme mit einem
konventionellen Pascal-Compiler übersetzt werden. Diese Eigenschaft ist während
der Testphase des zu entwickelnden Übersetzers sehr hilfreich.

Gegenüber Pascal stellt Blaise nur skalare Datentypen (`boolean`, `char` und `integer`) zur Verfügung. Es gibt keine Möglichkeit, neue Typen zu definieren. Prozeduren können vom Benutzer definiert werden, aber keine Funktionen. Allerdings verfügt Blaise mit Ausnahme von Sprüngen über fast alle Kontrollstrukturen von Pascal.

Für die Beschreibung der formalen Syntax verwenden wir den gleichen Formalismus, den wir auch für die Definition der Syntax von Miranda benutzt haben. Darüberhinaus bezeichnet das Metasymbol <nt>—sequ eine durch Semikolons getrennte Folge von (mindestens einem) <nt>.

Wie üblich können zwischen zwei Bezeichnern, Zahlen oder anderen Terminalsymbolen Leerzeichen eingestreut werden, ohne daß dies in der Grammatik explizit aufgeführt wird (lexikalische Konventionen). Anstelle von Leerzeichen können auch Tabulatoren, Zeilenvorschübe oder in geschweifte Klammern eingeschlossene Kommentare eingefügt werden.

Ein Blaise-Programm hat die folgende Form.

```
<program>     ⟶   program <identifier> ( <file identifier>–list ) ;
                      <block> .
<block>       ⟶   <constant definition part>
                      <variable declaration part>
                      <procedure declaration part>
                      <compound statement>
<file identifier>  ⟶   input | output
```

Die starre Abfolge von Definitionen bzw. Deklarationen erleichtert die Übersetzung von Blaise-Programmen.

Neben numerischen Konstanten können auch Stringkonstanten definiert werden. Letztere werden aber lediglich bei der Ausgabe verwendet.

```
<constant definition part>  ⟶   ε
                            |   const <constant definition>–sequ ;
<constant definition>       ⟶   <identifier> = <constant>
<constant>                  ⟶   [ <sign> ] <unsigned integer>
                            |   [ <sign> ] <constant identifier>
                            |   <string>
<unsigned integer>          ⟶   <digit> { <digit> }
<sign>                      ⟶   + | -
<string>                    ⟶   ' <character> { <character> } '
<constant identifier>       ⟶   <identifier>
<identifier>                ⟶   <letter> { <letter> | <digit> }
```

Die Konstanten `true` und `false` sind vordefiniert. Soll ein einfacher Anführungsstrich in einem String enthalten sein, muß er zweimal hintereinander aufgeführt werden (`'ab''cd'`). Ein String der Länge 1 ist eine Konstante des Typs `char`.

Es können Variablen der Typen **boolean, char** und **integer** definiert werden.

$$
\begin{array}{rcl}
<\text{variable declaration part}> & \longrightarrow & \varepsilon \\
 & | & \textbf{var } <\text{variable declaration}> -\text{sequ ;} \\
<\text{variable declaration}> & \longrightarrow & <\text{variable}> -\text{list} : <\text{type identifier}> \\
<\text{variable}> & \longrightarrow & <\text{identifier}> \\
<\text{type identifier}> & \longrightarrow & \textbf{boolean} \mid \textbf{char} \mid \textbf{integer}
\end{array}
$$

An eine Prozedur können sowohl Werte- als auch Variablenparameter übergeben werden, Prozedurparameter sind nicht zulässig.

$$
\begin{array}{rcl}
<\text{procedure declaration part}> & \longrightarrow & \{ <\text{procedure declaration}> ; \} \\
<\text{procedure declaration}> & \longrightarrow & <\text{procedure heading}> <\text{block}> \\
<\text{procedure heading}> & \longrightarrow & \textbf{procedure } <\text{identifier}> \\
 & & [(<\text{parameter section}> -\text{sequ})] \\
<\text{parameter section}> & \longrightarrow & [\textbf{ var }] <\text{parameter group}> \\
<\text{parameter group}> & \longrightarrow & <\text{variable}> -\text{list} : <\text{type identifier}>
\end{array}
$$

Da der Rumpf einer Prozedur wiederum aus einem <block> besteht, erlaubt Blaise insbesondere die Deklaration geschachtelter Prozeduren. Diese Möglichkeit erschwert die Implementierung, da Prozeduren auf Variablen zugreifen können, die in umfassenden Prozeduren deklariert sind (siehe Abschnitt B.3.3). Um den Zugriff auf nicht lokale Variablen dennoch relativ einfach gestalten zu können, vereinbaren wir, daß die Prozedurschachtelungstiefe 6 nicht überschreiten darf.

Die meisten Kontrollstrukturen von Pascal sind auch in Blaise verfügbar.

$$
\begin{array}{rcl}
<\text{compound statement}> & \longrightarrow & \textbf{begin } <\text{statement}> -\text{sequ } \textbf{end} \\
<\text{statement}> & \longrightarrow & \varepsilon \\
 & | & <\text{assignment statement}> \\
 & | & <\text{procedure statement}> \\
 & | & <\text{compound statement}> \\
 & | & <\text{if statement}> \\
 & | & <\text{while statement}> \\
 & | & <\text{repeat statement}> \\
 & | & <\text{for statement}> \\
<\text{assignment statement}> & \longrightarrow & <\text{variable}> := <\text{expression}> \\
<\text{procedure statement}> & \longrightarrow & <\text{identifier}> [(<\text{expression}> -\text{list})] \\
<\text{if statement}> & \longrightarrow & \textbf{if } <\text{expression}> \textbf{ then } <\text{statement}> \\
 & & [\textbf{ else } <\text{statement}>] \\
<\text{while statement}> & \longrightarrow & \textbf{while } <\text{expression}> \textbf{ do } <\text{statement}> \\
<\text{repeat statement}> & \longrightarrow & \textbf{repeat } <\text{statement}> -\text{sequ} \\
 & & \textbf{until } <\text{expression}> \\
<\text{for statement}> & \longrightarrow & \textbf{for } <\text{variable}> := <\text{expression}> \\
 & & \textbf{to } <\text{expression}> \textbf{ do } <\text{statement}>
\end{array}
$$

Die Syntax für Alternativen ist mehrdeutig („dangling else"-Problem). Wir vereinbaren, daß ein **else**-Zweig stets zur letzten vorangegangenen **if**-Anweisung gehört.

Es ist nicht notwendig, die Assoziativität und Präzedenz der vorhandenen Operatoren festzulegen, da diese Angaben schon durch die Grammatik bestimmt werden.

```
       <expression>  ⟶  <simple expression>
                     |   <simple expression> <relational operator>
                         <simple expression>
<relational operator>  ⟶  = | <> | < | <= | >= | >
 <simple expression>  ⟶  [ <sign> ] <term>
                     |   <simple expression> <adding operator>
                         <term>
    <adding operator>  ⟶  + | - | or
              <term>  ⟶  <factor>
                     |   <term> <multiplying operator> <factor>
<multiplying operator>  ⟶  * | div | mod | and
            <factor>  ⟶  <variable>
                     |   <constant identifier>
                     |   <unsigned integer>
                     |   <string>
                     |   ( <expression> )
                     |   <function designator>
                     |   not <factor>
<function designator>  ⟶  <identifier> ( <expression>-list )
```

Die Vergleichsoperatoren sind auf allen vordefinierten Typen definiert. Es besteht zwar keine Möglichkeit, Funktionen zu definieren, aber es gibt einige vordefinierte Funktionen: **abs**, **odd**, **ord** und **chr**. Mit Hilfe von **ord** und **chr** können Zeichen auf ihren ASCII-Code und umgekehrt abgebildet werden.

Die Syntax der Ein- und Ausgabeprozeduren weicht in Pascal von der Syntax für Prozeduraufrufe ab. Aus diesem Grund geben wir die Syntax explizit an.

```
<procedure statement>  ⟶  read ( <variable>-list )
                      |   readln [ ( <variable>-list ) ]
                      |   write ( <write parameter>-list )
                      |   writeln [ ( <write parameter>-list ) ]
    <write parameter>  ⟶  <expression>
                      |   <expression> : <expression>
```

Die Parameter der Eingabeprozeduren sind Variablen vom Typ **char** oder **integer**. Mit Hilfe des Konstruktes <expression> : <expression> wird der erste Ausdruck vom Typ **boolean**, **char**, **integer** oder **string** rechtsbündig auf die vom zweiten Ausdruck bestimmte Breite ausgegeben.

B.2.2 Definition der Zielmaschine

Die Zielmaschine für Blaise-Programme ist eine einfache Registermaschine, deren
Instruktionssatz an den der Prozessorfamilie 680xx angelehnt ist. Die Maschine
verfügt über 16 universell verwendbare Register, die jeweils eine Zahl speichern
können. Der Speicher besteht aus einer linearen Folge von Speicherzellen, die ebenfalls jeweils eine Zahl aufnehmen können. Boolesche Werte und ASCII-Zeichen
werden durch entsprechende Zahlenwerte codiert (0 und 1 bzw. ASCII-Code).

Es gibt fünf verschiedene Adressierungsarten: unmittelbare, absolute, direkte
und indirekte Adressierung und indirekte Adressierung mit Versatz.

```
<address>   ⟶   # <integer>
            |    <label>
            |    <register>
            |    ( <register> )
            |    <integer> ( <register> )
<integer>   ⟶   <unsigned integer>
            |    <sign> <unsigned integer>
<register>  ⟶   R0 R1 ... R14 R15
```

Die Registermaschine verfügt über Transferinstruktionen, arithmetische, logische und Vergleichsoperationen, Unterprogrammaufrufe, bedingte und unbe-
dingte Sprünge und Instruktionen zur Ein- und Ausgabe.

```
<instruction>        ⟶   MOVE <address> , <address>
                     |    <binary operator> <address> , <address>
                     |    <unary operator> <address>
                     |    CMP <address> , <address>
                     |    <conditional branch> <address>
                     |    JMP <address>
                     |    CALL <address> , <address>
                     |    RET <address>
                     |    IN <address>
                     |    OUT <address>
<binary operator>    ⟶   ADD SUB MUL DIV AND OR
<unary operator>     ⟶   NEG NOT
<conditional branch> ⟶   BEQ BNE BGT BGE BLE BLT
<label>              ⟶   <identifier>
```

Ein Programm ist eine Folge derartiger Instruktionen.

```
<program>   ⟶   { [ <label> : ] <instruction> }
```

Die Instruktion MOVE R0,R1 kopiert den Inhalt des Registers R0 in das Register
R1.

Die binären Operatoren speichern das Ergebnis jeweils unter der zweiten angegebenen Adresse ab. Die Instruktion SUB subtrahiert den ersten Operanden vom
zweiten. Somit könnte die Instruktionsfolge

```
ADD  -1(R0),-2(R0)
SUB  #1,R0
```

eine Additionsoperation einer Stackmaschine simulieren, wenn R0 auf die erste
freie Stackposition zeigt und der Stack von niedrigen Adressen zu hohen Adressen
wächst.

Die Instruktion CMP vergleicht zwei Werte miteinander und setzt entsprechende
Statusbits, die mit Hilfe der bedingten Sprünge abgefragt werden können. Mit
Hilfe der folgenden Instruktionen könnte die Anweisung if a<5 then s realisiert
werden.

```
    <code a>
    CMP  -1(R0),#5
    SUB  #1,R0
    BGE  l1
    <code s>
l1:  ...
```

Beachte: Die Statusbits werden nur von CMP gesetzt.

Die Instruktionen für Unterprogrammaufrufe sind etwas unkonventionell und
bedürfen aus diesem Grund einer etwas ausführlicheren Erklärung. Normalerweise
wird die Rücksprungadresse bei einem Unterprogrammaufruf auf einen internen
Stack gespeichert, von dem die Adresse beim Rücksprung wieder geladen wird.
Da die Registermaschine keinen expliziten Stack zur Verfügung stellt, wird bei
dem Befehl CALL die Adresse, unter der die Rücksprungadresse gespeichert wird,
zusätzlich angegeben. So springt CALL R1,p zu p und weist die Rücksprungadresse
dem Register R1 zu. Mit Hilfe von RET R1 wird zu der in R1 befindlichen Adresse
zurückgesprungen.

Der Prozeduraufruf p(a,b) und die Prozedurdefinition von p könnten wie folgt
übersetzt werden.

```
    <code a>                      p:       ...
    <code b>
    ADD  #1,R0                             SUB  #3,R0
    CALL -1(R0),p                          RET  3(R0)
```

Für eine sehr einfache Ein- und Ausgabe von Zeichen können die Funktionen IN
und OUT verwendet werden, IN liest ein Zeichen von der Standardeingabe und spei-

chert es unter der angegebenen Adresse ab und `OUT` gibt das angegebene Zeichen aus.

Das folgende Codefragment liest eine Zeile von der Standardeingabe ein und kopiert diese Zeile auf die Standardausgabe.

```
loop:    IN    R1
         CMP   R1,#10
         BEQ   end
         OUT   R1
         JMP   loop
end:     OUT   #10
```

B.2.3 Programmierumgebung

Die Blaise-Programmierumgebung wird von einer UNIX-Shell mit dem Kommando `blaise` gestartet. Die Programmierumgebung basiert ähnlich wie das Miranda-System auf dem Konzept einer Arbeitsdatei. Beim Aufruf der Programmierumgebung kann optional der Name einer Arbeitsdatei angegeben werden.

Blaise-Programme besitzen die Endung „.b". Wenn die Endung nicht angegeben wird, wird sie vom System automatisch ergänzt.

Nach dem Aufruf des Systems, wird eine Übersicht über die zur Verfügung stehenden Kommandos ausgegeben.

```
1 ralf@antimon > blaise
Blaise Compiler Version 1.0

w)ork file
e)dit                   c)ompile                r)un
change d)irectory       l)list directory
q)uit
```

Die Kommandos werden jeweils durch Eingabe des ersten Buchstabens gestartet. Die Kommandos bedeuten im einzelnen:

`w)ork file`	Der Name einer neuen Arbeitsdatei wird erfragt.
`e)dit`	Ein Editor wird aufgerufen, mit dessen Hilfe die Arbeitsdatei verbessert werden kann.
`c)ompile`	Die Arbeitsdatei wird übersetzt. Wenn bei der Übersetzung Fehler auftreten, gibt der Compiler entsprechende Meldungen aus.

r)un   Das übersetzte Programm wird ausgeführt.

change d)irectory   Mit Hilfe dieses Befehls kann das aktuelle Verzeichnis,
                         in der sich jeweils die Arbeitsdatei befindet, gewech-
                         selt werden. Das neue Verzeichnis kann durch Angabe
                         eines absoluten Pfadnamens (z. B. /home/uran/ralf)
                         oder eines zum aktuellen Verzeichnis relativen Pfad-
                         namens (z. B. blaise oder ..) bestimmt werden.

l)list directory   Alle im aktuellen Verzeichnis enthaltenen Dateien mit
                         der Endung „.b" werden angezeigt.

q)uit   Die Programmierumgebung wird verlassen.

B.3 Projektorganisation

Es gibt zwei zueinander orthogonale Arten der Projektorganisation: *Arbeitsteilung*
und *Mengenteilung*.

Der Arbeitsteilung liegt das klassische Prinzip des Taylorismus zugrunde. Dabei wird ein Fertigungsprozeß — als ein solcher Prozeß kann auch die Erstellung von Software angesehen werden — in verschiedene, meist sehr einfache Ar-
beitsgänge unterteilt. In diesem Projekt liegt es wegen der gängigen Unterteilung
eines Übersetzungsvorganges in mehrere Phasen (Scanner, Parser usw.) nahe,
das gesamte Projekt nach diesem Schema auf mehrere, weitgehend voneinander
unabhängig arbeitende Gruppen aufzuteilen.

Innerhalb einer Gruppe kommt das Prinzip der Mengenteilung zur Anwendung.
Bei der Mengenteilung wird ein Produktionsauftrag in mehrere ähnliche Teilaufgaben unterteilt, die jeweils komplett von einem Mitglied der Gruppe bearbeitet
werden. Die Aufteilung der Aufgaben wird eigenverantwortlich durch die Grup-
penmitglieder vorgenommen, ebenso wie die Planung und die *Koordination* der
Arbeit.

Bei der Erstellung von Software erweist es sich abweichend von dem obigen
Grundsatz der Komplettbearbeitung als qualitätsfördernd, wenn die verschiedenen
Teilaufgaben nach dem Rotationsprinzip vergeben werden. Wenn wir von dem
folgenden, vereinfachten Phasenmodell der Softwareentwicklung ausgehen,

1. Entwurf und Spezifikation

2. Validierung der Spezifikation

3. Implementierung der Spezifikation

	Aufgabe 1	Aufgabe 2	Aufgabe 3	Aufgabe 4
Spezifikation	Mitglied A	Mitglied B	Mitglied C	Mitglied D
Validierung	Mitglied D	Mitglied A	Mitglied B	Mitglied C
Implementierung	Mitglied C	Mitglied D	Mitglied A	Mitglied B
Testen	Mitglied B	Mitglied C	Mitglied D	Mitglied A

Abbildung B.1: Aufgabenverteilung innerhalb einer Gruppe

4. Testen der Implementierung

und annehmen, daß sich die Arbeit in vier Teilaufgaben untergliedern läßt und
daß die Gruppe aus vier Personen besteht, dann wird die folgende Aufgabenverteilung vorgeschlagen. Mitglied A führt den Entwurf von Teilaufgabe 1 durch,
validiert die Spezifikation von Teilaufgabe 2, implementiert die Spezifikation von
Teilaufgabe 3 und testet die Implementierung von Teilaufgabe 4. Die vollständige
Aufgabenverteilung ist in Abbildung B.1 angegeben.

Wie auch im täglichen Leben gilt, daß Probleme nicht durch Konfrontation
sondern durch Kooperation gelöst werden sollten.

Der Blaise-Compiler und die Programmierumgebung werden von 4 Gruppen
implementiert, deren Aufgaben im folgenden detailliert beschrieben werden.

B.3.1   Gruppe 1: Lexikalische Analyse und Symboltabelle

Die Aufgabe der lexikalischen Analyse ist die Zerlegung einer Zeichenfolge in sogenannte Tokens, d. h. Teilstrings, die während der Syntaxanalyse als atomar angesehen werden können (Schlüsselwörter, Bezeichner, Interpunktionszeichen etc.).
Darüber hinaus sollten Kommentare entfernt werden.

Mit Gruppe 2 muß das Format der Tokenliste abgesprochen werden.

Der Scanner kann nach dem in Abschnitt 5.5.2 vorgestellten Schema erstellt
werden. Alternativ kann die Technik des Kombinator-Parsing zur Anwendung
kommen. Der Scanner sollte nicht „aussteigen", wenn das zu scannende Programm einen lexikalischen Fehler enthält. Eine vollständige Fehlerbehandlung ist
nicht notwendig, aber es wäre wünschenswert, wenn bei der Ausgabe einer Fehlermeldung zumindest die Zeile angegeben wird, in der der Fehler aufgetreten ist.

Für die Verwaltung von Bezeichnern (für Konstanten, Variablen und Prozeduren) verwendet man in der Codeerzeugung eine sogenannte Symboltabelle.

Da Deklarationen geschachtelt sein können, muß die Symboltabelle hierarchisch
bzw. stackartig organisiert sein.

Die Menge der auf der Symboltabelle operierenden Funktionen muß
zusammen mit Gruppe 3 festgelegt werden.

Symboltabellen würde man normalerweise mit Hilfe von Hash-Tabellen implementieren. Da Miranda nicht über eine Datenstruktur mit konstanter Zugriffszeit
verfügt, genügen stackartig organisierte Assoziationslisten.

B.3.2   Gruppe 2: Syntaktische Analyse

Die Aufgabe der Syntaxanalyse ist die Konstruktion eines abstrakten Syntaxbaums
aus einer Folge von Tokens. Der abstrakte Syntaxbaum sollte die Struktur, insbesondere die hierarchische Struktur, des geparsten Blaise-Programms möglichst
gut widerspiegeln.

Für die Festlegung der Schnittstellen zwischen Scanner und Parser
bzw. zwischen Parser und Codeerzeuger sind Absprachen sowohl mit
Gruppe 1 als auch mit Gruppe 3 notwendig.

Der Parser sollte mit der Technik des Kombinator-Parsing erstellt werden. Die
in Abschnitt B.2.1 aufgeführte Grammatik bedarf allerdings einer Behandlung, bevor sie in einen entsprechenden Parser transliteriert werden kann. Linksrekursion
muß zur Vermeidung von Endlosschleifen eliminiert werden. Darüber hinaus ist es
ratsam, Regeln mit einem gemeinsamen Präfix zu faktorisieren, um die Effizienz
zu steigern.

Bezüglich der Behandlung von Fehlern gelten die zum Scanner gemachten Bemerkungen.

B.3.3   Gruppe 3: Codeerzeugung

Die Aufgabe der Codeerzeugung ist die semantische Prüfung des zu übersetzenden
Blaise-Programms und die Generierung von Maschinencode für die in Abschnitt
B.2.2 definierte abstrakte Maschine.

Gemeinschaftlich mit Gruppe 2 muß das Format des abstrakten Syntaxbaums festgelegt werden. Mit Gruppe 4 muß Einigung über die
Repräsentation der Maschineninstruktionen erzielt werden. Die Menge
der auf der Symboltabelle operierenden Funktionen muß zusammen mit
Gruppe 1 festgelegt werden.

Der Codeerzeuger sollte nach dem Prinzip eines *derivors* entworfen werden. Somit unterteilt sich der Codeerzeuger in den eigentlichen Übersetzer, der den abstrakten Syntaxbaum in eine Folge von Compilezeitaktionen übersetzt, und den Compilezeitaktionen selbst.

Zunächst sollte genau überlegt werden, wie der Zustandsraum beschaffen ist, d. h., welche Informationen für die Übersetzung benötigt werden. Der Zustandsraum sollte zumindest die folgenden Komponenten umfassen:

1. eine hierarchisch organisierte Symboltabelle,

2. Informationen zur Verwaltung von Labeln für die Übersetzung von Schleifenkonstrukten,

3. Informationen zur Überprüfung der Wohlgetyptheit von Ausdrücken und Prozeduraufrufen,

4. Informationen zur Adressierung nicht lokaler Variablen,

5. den generierten Maschinencode und

6. Fehlermeldungen.

Bevor ein Satz von Compilezeitaktionen festgelegt wird, sollte man sich u. a. genau überlegen, wie der Speicher (bzw. der Stack) für die Abarbeitung von Prozeduraufrufen organisiert wird. Um diese Organisation kompetent vornehmen zu können, müssen zunächst Begriffe wie statischer und dynamischer Vorgänger, statische und dynamische Verweiskette und *Display* geläufig sein. Da die Prozedurschachtelungstiefe 6 nicht überschreiten darf, bietet es sich an, das Display vollständig in Registern zu halten.

Bei der Auswertung von Ausdrücken können als wesentliche Optimierung die untersten Stackelemente in Registern gehalten werden. Boolesche Ausdrücke wie auch Ausdrücke, die Vergleichsoperatoren enthalten, können in Sprungketten übersetzt werden.

Neben der eigentlichen Codeerzeugung muß auch eine semantische Prüfung des Programms vorgenommen werden: Sind alle Variablen deklariert? Entspricht die Verwendung der Variablen der Deklaration? Sind die Prozeduraufrufe korrekt?

B.3.4   Gruppe 4: Interpreter und Programmierumgebung

Die Gruppe hat die Aufgabe, die in Abschnitt B.2.2 vorgestellte abstrakte Maschine zu implementieren.

Das Format und die genaue Bedeutung der Maschineninstruktionen muß in Kooperation mit Gruppe 3 festgelegt werden.

Bevor der Interpreter programmiert wird, sollte man sich überlegen, durch welche Informationen der Zustand der abstrakten Maschine bestimmt wird und wie die Maschineninstruktionen diesen Zustand verändern. Aus einer genauen Definition der Wirkung der Maschineninstruktionen läßt sich ein Interpreter systematisch ableiten.

Darüber hinaus ist die in Abschnitt B.2.3 vorgestellte Programmierumgebung zu realisieren.

Um die einzelnen Komponenten der Programmierumgebung (Scanner, Parser, Codeerzeuger und Interpreter) integrieren zu können, sind Absprachen mit allen anderen Gruppen notwendig.

Sowohl der Interpreter als auch die Programmierumgebung sind interaktive Programme. Für die Realisierung von Ein- und Ausgabe bietet sich das auf Fortsetzungsfunktionen basierende Ein-/Ausgabekonzept an.

Literaturverzeichnis

[Aho 86] Alfred V. Aho, Ravi Sethi und Jeffrey D. Ullman, *Compilers: Principles, Techniques and Tools*, Addison-Wesley Publishing Company, 1986.

[Appel 87] Andrew W. Appel und David B. MacQueen, A Standard ML Compiler, In Gilles Kahn, Hrsg., *Functional Programming and Computer Architecture, Portland Oregon, USA*, September 1987, LNCS 274.

[Backus 78] John Backus, Can Programming Be Liberated from the von Neumann Style? A Functional Style and Its Algebra of Programms, *Communications of the ACM*, 21(8), August 1978.

[Barendregt 84] H. P. Barendregt, *The Lambda Calculus - Its Syntax and Semantics*, North-Holland, Amsterdam New York Oxford, 1984, Überarbeitete Version.

[Bellia 86] Marco Bellia und Giorgio Levi, The Relation between Logic and Functional Languages: A Survey, *Journal of Logic Programming*, 3(3):217–236, 1986.

[Bird 84a] R. S. Bird, The promotion and accumulation strategies in transformational programming, *ACM Transactions on Programming Languages and Systems*, 6(4), 1984.

[Bird 84b] R. S. Bird, Using circular programs to avoid multiple traversals of data, *Acta Informatica*, 21:239–250, 1984.

[Bird 86a] R. S. Bird und R. J. M. Hughes, The alpha-beta algorithm: an exercise in program transformation, *Information Processing Letters*, 24:53–57, 1986.

[Bird 86b] R. S. Bird, Transformational Programming and the paragraph problem, *Science of Computer Programming*, 6:159–189, 1986.

[Bird 88a] Richard Bird und Philip Wadler, *Introduction to Functional Programming*, Series in Computer Science, Prentice-Hall International, 1988.

[Bird 88b] Richard S. Bird, Lectures on Constructive Functional Programming, In Manfred Broy, Hrsg., *Constructive Methods in Computer Science*, Springer-Verlag, 1988.

[Bresnan 82] Joan Bresnan und Ronald M. Kaplan, *The Mental Representation of Grammatical Relations*, The MIT Press, 1982.

[Burstall 80] R.M. Burstall, D.B. MacQueen und D.T. Sannella, HOPE: An experimental applicative language, In *Conference Record of the 1980 ACM Symposium on LISP and Functional Programming*, 1980.

[Cardelli 85] Luca Cardelli und Peter Wegner, On Understanding Types, Data Abstraction, and Polymorphism, *ACM Computing Surveys*, 17(4):471–522, Dezember 1985.

[Church 32] Alonzo Church, A set of postulates for the foundation of logic, *Annals of Mathematics*, 2(33):346–366, 1932.

[Church 41] Alonzo Church, The Calculi of Lambda-Conversion, Annals of Mathematics Studies No. 6, Princeton University Press, 1941.

[Davis 89] Kei Davis und John Hughes, Hrsg., *Functional Programming, Glasgow 1989*, Workshops in Computing, Springer-Verlag, 1989.

[Even 79] Shimon Even, *Graph Algorithms*, Computer Science Press, Inc., 1979.

[Field 88] Anthony J. Field und Peter G. Harrison, *Functional Programming*, Addison-Wesley Publishing Company, 1988.

[Gordon 79] Michael Gordon, *The Denotational Description of Programming Languages*, Springer-Verlag, 1979.

[Hanus 86] Michael Hanus, *Problemlösen mit PROLOG*, Micro-Computer-Praxis, B. G. Teubner, Stuttgart, 1986.

[Harper 86] R. Harper, D. MacQueen und R. Milner, Standard ML, Technischer Bericht, University of Edinburgh, 1986, ECS-LFCS-86-2.

[Henderson 80] Peter Henderson, *Functional Programming: Application and Implementation*, Prentice-Hall International, 1980.

[Hoffmann 83] Christoph M. Hoffmann und Michael J. O'Donnell, Implementation of an Interpreter for Abstract Equations, In *Proc. 10th Symposium on Principles of Programming Languages*, 1983.

[Hudak 88] P. Hudak und P. Wadler (Hrsg.), Report on the functional programming language Haskell, Technischer Bericht, Yale University, Department of Computer Science, November 1988, YALEU/DCS/RR656.

[Hutton 89] Graham Hutton, Parsing using Combinators, In Davis und Hughes [Davis 89].

[Jensen 78] Kathleen Jensen und Niklaus Wirth, *Pascal: User Manual and Report*, Springer-Verlag, zweite Auflage, 1978.

[Jones 83] N. D. Jones und M. Tofte, Some principles and notations for the construction of compiler generators, Technischer Bericht, DIKU, Kopenhagen, 1983.

[Jouannaud 85] Jean-Pierre Jouannaud, Hrsg., *Functional Programming Languages and Computer Architecture: Nancy, France, September 1985*, Springer-Verlag, 1985, LNCS 201.

[Jouannaud 90] J. P. Jouannaud und C. Kirchner, Solving Equations in Abstract Algebras: A Rule-Based Survey of Unification, 1990.

[Knuth 68] Donald E. Knuth, *The Art of Computer Programming, Volume 1: Fundamental Algorithms*, Addison-Wesley Publishing Company, 1968.

[Knuth 69] Donald E. Knuth, *The Art of Computer Programming, Volume 2: Seminumerical Algorithms*, Addison-Wesley Publishing Company, 1969.

[Knuth 73] Donald E. Knuth, *The Art of Computer Programming, Volume 3: Sorting and Searching*, Addison-Wesley Publishing Company, 1973.

[Landin 66] P. J. Landin, The Next 700 Programming Languages, *Communications of the ACM*, 9(3):157–166, März 1966.

[MacLennan 90] Bruce MacLennan, *Functional programming: Practice and Theory*, Addison-Wesley Publishing Company, 1990.

[MacQueen 85] David MacQueen, Modules for Standard ML, Polymorphism: The ML/LCF/Hope Newsletter, Vol. 2, No. 2, 1985.

[MacQueen 86] David MacQueen, Gordon Plotkin und Ravi Sethi, An Ideal Model for Recursive Polymorphic Types, *Information and Computation*, 71:95–130, 1986.

[Martelli 82] Alberto Martelli und Ugo Montanari, An Efficient Unification Algorithm, *ACM Transactions on Programming Languages and Systems*, 4(2):258–282, 1982.

[McCarthy 60] J. McCarthy, Recursive Functions of Symbolic Expressions and Their Computation by Machine, Part I, *Communications of the ACM*, 3(4):184–195, April 1960.

[McLoughlin 89] L. McLoughlin und E. S. Hayes, Imperative Effects from a Pure Functional Language, In Davis und Hughes [Davis 89].

[Milner 78] Robin Milner, A Theory of Type Polymorphism in Programming, *Journal of Computer and System Sciences*, 17(3):348–375, 1978.

[Mitchell 88] John C. Mitchell und Robert Harper, The Essence of ML, In *Fifteenth Annual ACM Symposium on Principles of Programming Languages, San Diego, California*, 1988.

[Mosses 90] P. D. Mosses, Denotational Semantics, In J. van Leeuwen, Hrsg., *Handbook of Theoretical Computer Science*, Kapitel 11, Seiten 575–631, North Holland, Amsterdam, 1990.

[Nagl 90] Manfred Nagl, *Softwaretechnik: Methodisches Programmieren im Großen*, Springer-Verlag, 1990.

[O'Donnell 85] Michael J. O'Donnell, *Equational Logic as a Programming Language*, The MIT Press, 1985.

[Peyton Jones 87] Simon Peyton Jones, *The Implementation of Functional Programming Languages*, Series in Computer Science, Prentice-Hall International, 1987.

[Reade 89] Chris Reade, *Elements of Functional Programming*, Addison-Wesley Publishing Company, 1989.

[Reddy 86] Uday S. Reddy, On The Relationship between Logic and Functional Languages, In Doug. DeGroot und G. Lindstrom, Hrsg., *Logic Programming, Functions, Relations, Equations*, Englewood Cliffs, New Jersey, 1986, Prentice-Hall International.

[Robinson 65] J. A. Robinson, A Machine-Oriented Logic Based on the Resolution Principle, *Journal of the ACM*, 12(1):23–41, Januar 1965.

[Sommerville 89] Ian Sommerville, *Software Engineering*, Addison-Wesley Publishing Company, dritte Auflage, 1989.

[Sterling 86] Leon Sterling und Ehud Shapiro, *The Art of Prolog: Advanced Programming Techniques*, The MIT Press, 1986.

[Stoy 77] Joseph E. Stoy, *Denotational Semantics: The Scott-Strachey Approach to Programming Language Theory*, The MIT Press, 1977.

[Thompson 87] Simon Thompson, Interactive Functional Programs, Technischer Bericht 48, Computing Laboratory, University of Kent at Canterbury, 1987.

[Tofte 89] Mads Tofte, Four Lectures on Standard ML, Technischer Bericht, University of Edinburgh, 1989.

[Turner 79] D. A. Turner, SASL Language Manual, Computing Laboratory Report, University of Kent at Canterbury, 1979.

[Turner 82] D. A. Turner, Recursion Equations as a Programming Language, In Darlington, Henderson und Turner, Hrsg., *Functional Programming and its Applications. An advanced course*, Cambridge University Press, 1982.

[Turner 85] D. A. Turner, Miranda: A non-strict functional language with polymorphic types, In Jouannaud [Jouannaud 85], LNCS 201.

[Turner 86] David Turner, An Overview of Miranda, *SIGPLAN Notices*, Dezember 1986.

[Ullman 87] J. D. Ullman, *Principles of Database Systems*, Computer Science Press, 1987.

[Van Hentenryck 89] Pascal Van Hentenryck, *Constraint Satisfaction in Logic Programming*, The MIT Press, 1989.

[Wadler 85] Philip Wadler, How to Replace Failure by a List of Successes, In Jouannaud [Jouannaud 85], LNCS 201.

[Wikström 87] Åke Wikström, *Functional Programming Using Standard ML*, Series in Computer Science, Prentice-Hall International, 1987.

[Wirth 79] Niklaus Wirth, *Algorithmen und Datenstrukturen*, B. G. Teubner, Stuttgart, 2. durchgesehene Auflage, 1979.

Sachwortverzeichnis

Leitfäden und Monographien der Informatik

Bolch: **Leistungsbewertung von Rechensystemen mittels analytischer Warteschlangenmodelle**
320 Seiten. Kart. DM 44,–

Brauer: **Automatentheorie**
493 Seiten. Geb. DM 62,–

Brause: **Neuronale Netze**
291 Seiten. Kart. DM 39,80

Dal Cin: **Grundlagen der systemnahen Programmierung**
221 Seiten. Kart. DM 36,–

Doberkat/Fox: **Software Prototyping mit SETL**
227 Seiten. Kart. DM 38,–

Ehrich/Gogolla/Lipeck: **Algebraische Spezifikation abstrakter Datentypen**
246 Seiten Kart. DM 38,–

Engeler/Läuchli: **Berechnungstheorie für Informatiker**
120 Seiten. Kart. DM 26,–

Erhard: **Parallelrechnerstrukturen**
X, 251 Seiten. Kart. DM 39,80

Eveking: **Verifikation digitaler Systeme**
XII, 308 Seiten. Kart. DM 46,–

Heinemann/Weihrauch: **Logik für Informatiker**
VIII, 239 Seiten. Kart. DM 36,–

Hentschke: **Grundzüge der Digitaltechnik**
247 Seiten. Kart. DM 36,–

Hotz: **Einführung in die Informatik**
548 Seiten. Kart. DM 52,–

Kiyek/Schwarz: **Mathematik für Informatiker 1**
2. Aufl. 307 Seiten. Kart. DM 39,80

Kiyek/Schwarz: **Mathematik für Informatiker 2**
X, 460 Seiten. Kart. DM 54,–

Klaeren: **Vom Problem zum Programm**
2. Aufl. 240 Seiten. Kart. DM 32,–

Kolla/Molitor/Osthof: **Einführung in den VLSI-Entwurf**
352 Seiten. Kart. DM 48,–

Loeckx/Mehlhorn/Wilhelm: **Grundlagen der Programmiersprachen**
448 Seiten. Kart. DM 48,–

Mathar/Pfeifer: **Stochastik für Informatiker**
VIII, 359 Seiten. Kart. DM 48,–

B. G. Teubner Stuttgart

Leitfäden und Monographien der Informatik

B. G. Teubner Stuttgart